犬猫胃肠道营养学

Canine and Feline Gastrointestinal Nutrition

石青松 主编

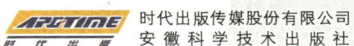

时代出版传媒股份有限公司
安徽科学技术出版社

图书在版编目(CIP)数据

犬猫胃肠道营养学 / 石青松主编.--合肥:安徽科学技术出版社,2025.3 -- ISBN 978-7-5337-9193-3

Ⅰ.S858.2

中国国家版本馆 CIP 数据核字第 2024GB0862 号

QUANMAO WEICHANGDAO YINGYANGXUE
犬猫胃肠道营养学

石青松 主编

出 版 人:王筱文	选题策划:李志成	责任编辑:李志成
责任校对:李 春	责任印制:梁东兵	装帧设计:邵一峰

出版发行:安徽科学技术出版社　　http://www.ahstp.net

（合肥市政务文化新区翡翠路 1118 号出版传媒广场,邮编:230071）

电话:(0551)63533330

印　　制:杭州钱江彩色印务有限公司　　电话:(0571)86603835

(如发现印装质量问题,影响阅读,请与印刷厂商联系调换)

开本:710×1000　1/16　　　印张:19　　　字数:280 千

版次:2025 年 3 月第 1 版　　　印次:2025 年 3 月第 1 次印刷

ISBN 978-7-5337-9193-3　　　　　　　　　　定价:78.00 元

版权所有,侵权必究

主　编　石青松，本硕毕业于南京农业大学动物科学系，硕士学习阶段在消化道微生物重点实验室开展科研；《犬猫营养学》副主译，并拥有多个犬猫营养与健康方向的发明专利。从业期间致力于犬猫消化道营养与健康、宠物食品配方方向的探索和研究，主持或参与国内多个一线品牌的产品研究与开发工作。现任豆柴宠物用品有限公司研发总监，主要从事犬猫营养与健康领域的研究。

副主编　孙皓然，博士，现就职于中国农业科学院特产研究所，研究方向为伴侣动物营养与健康。深耕宠物营养研究与宠物食品开发，具备十余年小型食肉动物营养科研经历以及国内一线宠物食品企业多年全职工作经验。目前主要从事犬猫营养的基础科研工作，以及宠物食品原料评价、功能保健营养和临床营养学研究。

副主编　金巍，南京农业大学动物科技学院教授，长期从事动物消化道微生物与营养代谢研究。主持国家自然科学基金等项目10余项，发表论文30余篇，授权国家发明专利2项。获教育部自然科学奖二等奖1项，兼任南京农业大学-豆柴宠物营养专家工作站站长。

副主编　黄赞，遗传学博士，现就职于南京农业大学动物科技学院，美国明尼苏达大学从事博士后研究工作，研究方向为小动物脂肪发育与营养。曾在 *Nature Communications, Cell Reports, PLOS Biologe* 等国际知名期刊发表论文20余篇。

编写人员

许佳，博士，毕业于比利时根特大学，现任金华职业技术学院副教授。

任曼，博士，毕业于中国农业大学，现任安徽科技学院副教授。

石青松，硕士，毕业于南京农业大学，现任豆柴产品研发总监。

孙皓然，博士，毕业于中国农业科学院，现任中国农业科学院特产研究所助理研究员。

主　审　李莲

参编人员（以姓氏笔画为序）

丁志荣　于　悦　毛胜勇　方素庭　石青松　许　佳
任　曼　孙皓然　李蕾蕾　李怡菲　黄江妮　温超宇
戴文欣

这是一个快速发展的时代，也是一个容易浮躁的时代，很多行业和其从业者都在追求"快"。但是，真正的成功者大多都是坚定前行和厚积薄发的。中国宠物行业较海外发达国家而言起步较晚，宠物基础营养研究薄弱。非常欣喜，在宠物基础营养研究领域可以看到充满活力、脚踏实地、扎根前行的年轻人。我相信，随着越来越多的从业者坚守本心，戒骄戒躁，修炼内功，关注并强化宠物基础营养研究，中国宠物行业必将拥有更加美好的明天！

郝忠礼　中宠股份创始人、董事长

胃肠道营养是犬猫健康的根本。本书传播的不仅是犬猫健康知识，更是我们呵护犬猫健康的理念！无论是在家养环境还是临床中，犬猫胃肠道的健康都应被视作整体健康的重中之重。

赖晓云　东西部小动物临床兽医师大会秘书长

宠物胃肠道运行机制复杂，深入研究困难，本书的作者开展了猫粮、犬粮中使用淀粉，犬粮中使用不同脂类，犬粮中使用水解蛋白，犬粮中使用膳食纤维，猫粮中添加后生元和犬粮中添加木质素多酚等实验观察，对深入了解犬猫胃肠道的具体表现有很好的参考意义。

宠物行业的快速发展离不开科技的进步和对犬猫认知的不断积累。可喜地看到，一批年轻的科技工作者投入到宠物营养研究中来，感谢他们的努力！

聂实践　中宠股份首席科学家、博士

本书系统介绍了犬猫胃肠道营养的知识，并通过丰富的研究案例向读者展示了不同营养素对犬猫胃肠道健康的影响，内容丰富、数据翔实，是一本难得的宠物营养学习参考书。

邓百川　华南农业大学副教授

在当今宠物营养学蓬勃发展的浪潮中，宠物食品行业正面临着前所未有的契机与挑战。《犬猫胃肠道营养学》通过对当下中国乃至国际宠物食品市场的宠物肠道营养、肠道健康功能营养素比例等难题展开深度探究与阐述，聚焦于宠物长久健康，为提升宠物福祉提供了权威的参考依据。

王天飞　中国宠物营养师职业发起人、高级宠物营养师

犬猫的胃肠道，是承载宠物食品营养的第一道"阀门"。犬猫胃肠道健康对于营养物质消化吸收，以及宠物和宠物主人的互动幸福具有重要的关系。希望此书能帮助广大从业人员，把宠物食品做好，把"毛孩子"的健康呵护好！

刘策　山东省农业科学院畜牧兽医研究所博士

肠道健康与多种疾病的发生和发展密切相关。宠物的肠道系统是其消化和吸收营养的关键部分，也是身体防御外部病原

体入侵的重要屏障，不健康的饮食习惯可能导致多种肠道问题。肠道健康还影响着机体的代谢和内分泌功能，与糖尿病、肥胖等代谢性疾病的发生和发展密切相关。因此，关注肠道健康对于预防和治疗多种疾病具有重要意义。

陈浩　盘锦市益友宠物医院渤海路店院长

肠胃健康问题是宠物就诊的常见原因之一。在宠物医疗实践中，消化系统疾病的发病率较高。当肠道健康受损时，肠道微生物群失衡，可能导致免疫功能下降，增加宠物患病的风险。一个健康的肠道环境有助于宠物更好地吸收营养、增强免疫力、预防疾病。而健康的饮食会显著改善宠物的肠道健康，有助于提高宠物的整体健康水平和生活质量。

张春雷　深圳市瑞派福华沙嘴宠物医院主治医师

肠胃与健康长寿息息相关，作为宠物科普自媒体从业者，我们也经常听到消费者关于"毛孩子"肠胃问题的困扰，这本书的出现恰好给了我们一个专业的参考资料，帮助我们更好地服务消费者，是所有宠物从业人员值得一看的"犬猫肠胃指南大全"！

大王球儿（娜姐）

前言

随着中国国内生产总值和城镇化水平日益提升，国内养宠数量呈爆发式增长，尤其是城镇养宠数量在近10年内超过了1亿只。近年来，国民养宠目的从20世纪的"看家护院"转变为"精神陪伴"，犬猫的角色逐渐从"助手"变为"伴侣"，宠物的食物也从原来的"残羹剩饭"逐渐过渡为舶来的宠物食品。与国外养宠环境不同的是，国外的宠物生存活动空间主要为院内和别墅，而国内的宠物受限于住房面积和作息方式，活动空间和时间相对较少，但其摄入食物的能量和营养素需求却依然遵循着国外的标准，并且随着国内宠物食品行业的蓬勃发展，营养指标的"内卷"趋势愈演愈烈。运动量不足、营养素摄入过量是当前中国宠物群体面临的主要问题之一，由此引发的宠物健康问题和人宠和谐问题值得深思。

众所周知，肠胃作为所有营养素的消化吸收部位，其健康状况直接关系着宠物的整体健康表现，比如宠物主人最可以直观感受到的毛发以及心血管系统、泌尿系统、关节系统的表现等。同时，肠胃健康亦是机体整体免疫健康的重要保障。可以说，养好肠胃就是为宠物购买的第一道保险。

本书结合了国内外的相关研究，根据犬猫的消化吸收特点和营养需求，模拟中国养宠环境，对宠物食品配方中的淀粉、蛋白、纤维、脂肪和一些功能性添加剂的类型和来源进行了相关探索和验证。受限于实验条件，部分实验类型章节仅以较为基础的方式进行验证和推论，我们衷心地希望可以加强相关科技工作者和兽医同行的合作，共同努力，为后续的探索工作开拓更先进的研究方法。

希望本书可以为宠物主人、科技工作者和宠物行业从业者提供参考依据，为中国日益庞大的宠物群体和养宠人群谋得福祉。

石青松

2024年7月20日

目 录

- 第一章　犬、猫的消化系统结构特征　　1
- 第二章　犬、猫的消化吸收生理特性　　33
- 第三章　淀粉与犬、猫的肠道健康　　53
- 实验一　猫粮中淀粉含量对猫血清生化指标、免疫指标及肠道菌群多样性的影响　　85
- 实验二　犬粮中不同淀粉类型对犬血清生化指标、免疫指标及肠道菌群多样性的影响　　105
- 第四章　脂肪与犬、猫的肠道健康　　123
- 实验三　不同脂类对犬肠道健康的影响　　147
- 第五章　日粮中的蛋白质与犬、猫的肠道健康　　159

实验四 添加水解蛋白对犬血生化、粗蛋白消化率、免疫功能、肠道菌群的影响　175

第六章 日粮中膳食纤维与犬、猫的肠道健康　195

实验五 不同膳食纤维组合对犬血生化、粗蛋白消化率、免疫功能、肠道菌群的影响　211

第七章 犬、猫的常见肠道健康功能原料　235

实验六 日粮中补充后生元对猫生长性能、血液指标、粪便特性及其代谢物的影响　261

实验七 添加木质素多酚对犬的生长性能、免疫力、消化率的影响　275

附　录　288

第一章
犬、猫的消化系统结构特征

李怡菲　黄江妮　丁志荣

引言

在宠主和伴侣犬猫的日常互动活动中,"喂"和"吃"占据相当大比例的时间和重要性。在传统上便讲究"民以食为天"的中国,宠主会为家庭成员花费大量心思和精力提供饮食,力求提供的食物"健康、卫生、色香味俱全"。作为新晋家庭成员的家养犬猫当然也在饮食方面获得了同样高的关注度。现代大部分家养犬猫几乎完全依赖宠主提供食物,营养支出占宠主为伴侣动物支出的一半以上。深谙"吃得好,身体好"的中国宠主们,一直十分关注提供给"毛孩子"的食物的营养情况、食材新鲜程度和是否含有高价值保健功能原料。近几年来,随着宠主们获取信息的渠道不断拓展,人们越来越了解犬猫与人或其他动物的差异,"猫不是小型犬""与杂食的人或犬不一样,猫是纯肉食动物"等观念已逐渐深入人心。消化系统是与"吃"有最直接关系的动物身体结构,动物需要靠消化系统来摄取、处理、消化、吸收、代谢和排泄食物。除此之外,消化系统还参与血液／淋巴循环调节、神经调控、激素分泌和免疫监视,加上在消化系统内共生的庞大微生物群体,这让消化系统成为动物体内最具活力的复杂动态系统。

消化系统包括主要的胃肠道器官(口、咽、食道、胃、小肠和大肠)、胰脏的外分泌部分、肝脏和胆管系统。本书的重点将放在消化系统内的主要胃肠道器官上,而胰脏、肝脏和胆管系统除参与消化外,本身也是非常复杂的内分泌和代谢器官,在此书中就不展开阐述了,读者可参阅其他专门的相关资料。

与其他哺乳动物一样，所有能量和营养物质要进入犬、猫体内，需要先过消化系统这一关。虽然消化系统位于动物体内，但它贯穿身体头尾，是机体与外界环境发生互动的主要部位。消化系统具有的**六大功能**包括：

（1）运动功能：口腔和胃肠道的能动性让动物能够由口摄入食物，通过食道、胃肠道的收缩、蠕动和有节律的活动将食物由口输送到肛门排出，并在这个过程中混合和分解食物。机体会调节食物通过胃肠道的速度，优化胃肠道分泌、代谢和吸收营养物质的时间。可以说，消化系统的能动功能让食物"穿肠过"，并根据食物成分、环境情况和动物需求调节食物通过的速度。

（2）分泌功能：唾液腺、胃、肠道、胰脏、肝脏和胆管会分泌多种物质进入胃肠腔，这些分泌物包括液体、电解质、酸、碳酸氢盐、黏液、胆盐和酶，调节胃肠道内的环境［含水量、渗透压和酸碱度（pH）等］，有助于消化和吸收进入胃肠道的营养物质。

（3）消化功能：胃肠腔内的酶能消化分解大部分摄入的营养物质，结肠内共生的细菌则通过发酵来消化部分营养物质。

（4）吸收功能：肠道内高度分化的上皮细胞能调节营养物质、电解质、维生素和水等的吸收。

（5）供血功能：消化系统需要大量的供血来支持消化和吸收等代谢活动。比如，成年犬的肠腔进行分泌、消化和吸收时，胃肠道的血流会达到2~4 mL/g组织；空腹时期的胃肠道血流则仅为0.1 mL/g组织[1]。这也是为何人在进食后常会"犯困"——大量血液在进食后的消化吸收期流向了胃肠道，身体其他组织（比如脑部）的供血相应减少。在动物进行运动时，胃肠道供血会转移一部分到四肢上，因此在刚进食后并不建议进行剧烈运动，就是为了避免胃肠道供血转移，影响消化和吸收过程。

（6）保护／免疫功能：动物的消化道直接接触外界环境（外来物质），需要应对多种微生物或有害物质的攻击，在消化道中，肠上皮细胞是外界环境和体内血液之间唯一的屏障。因此，消化系统要建立强大的防御能力，包括分泌酸、酶和黏液来减少外来微生物附着在肠道上，通过胃肠道的收缩和蠕动来排出有害物质，依靠共生菌来"排挤"有害菌等。胃肠道也是体内最大的免疫器官，带有大量的肠相关淋巴组织（如派氏集合淋巴结等），可产生淋巴细胞，分泌免疫球蛋白A（immunoglobulin A，IgA）。IgA可说是肠道防御的第一条防线，可帮助结合和清除肠道内的抗原，不让有害抗原接近肠上皮受体。

可见除消化和吸收这两大功能外，消化系统在机体的整体免疫（抗病力），以及由循环系统给身体其他器官组织提供营养和能量方面也发挥着重要作用。此外，要完成上述六大功能，需要机体的神经系统、内分泌系统和旁分泌系统来调节和整合相关功能。家养犬和家养猫与人一样同属于动物界脊椎动物门哺乳动物纲，消化系统有许多为人熟知的相同特征，比如主要的胃肠道器官组成都是口咽、食道、胃、小肠和大肠，各部位的消化生理机制也基本相同。但是，无论是犬、猫的祖先（狼、非洲野猫），还是现今生活在人类身边的伴侣犬、猫，它们的饮食组成与人的可谓差异巨大。动物的消化系统都是与其饮食相"适配"的，犬、猫的消化系统也有与人不同之处，甚至犬和猫之间也有差异。本章将围绕犬、猫的主要胃肠道器官，分别阐述各部分的结构特征，并强调犬、猫与其他动物（包括人）之间的结构差异，有助于读者后续理解犬猫胃肠道消化的生理差异。

口咽部

口腔是动物的进食器官，也是消化系统的"入口"部分。动物通过口腔来摄取、撕咬、咀嚼、品尝和吞入食物。动物的口腔主要结构组成包括牙齿、牙龈、舌头、软腭和硬腭，其他与摄食相关的结构还包括唾液腺、舌上的味蕾、咀嚼肌和口面神经等。

牙齿和牙龈

与人一样,犬和猫的牙齿也分为乳齿和恒齿。乳齿也就是乳牙,是人和许多动物的第一套牙齿,乳齿脱落后再生的牙齿称为恒齿。鼠类和兔类则只有恒齿,蛇和鲨鱼的牙齿会终身不断脱落并再生。犬、猫通常在出生后的第20~30天开始长乳齿,人则要到6个月大时才长乳齿。乳齿的生长时间与犬、猫开始尝试进食固体食物的时间接近,可以从这个时间开始逐渐给幼年动物断奶。犬、猫在3月龄时开始更换恒齿,均由更换切齿开始,到6~7月龄时全部换为恒齿。乳齿的数量一般要比恒齿少(比如犬的乳齿有28个,恒齿有42个),两者的差异主要还有乳齿不含臼齿(表1-1)。

表1-1 犬、猫及人的乳齿和恒齿数量(个)

动物	乳齿数量/个	恒齿数量/个
犬	28	42
猫	26	30
人	20	32

除以上差异外,乳齿和恒齿的基础结构是一样的。而且,无论形态或功能如何,每一个牙齿的基础结构也都是相同的。牙齿的基础结构包括牙冠、牙釉质、牙骨质、牙本质、牙髓、牙根及牙周韧带(图1-1)。

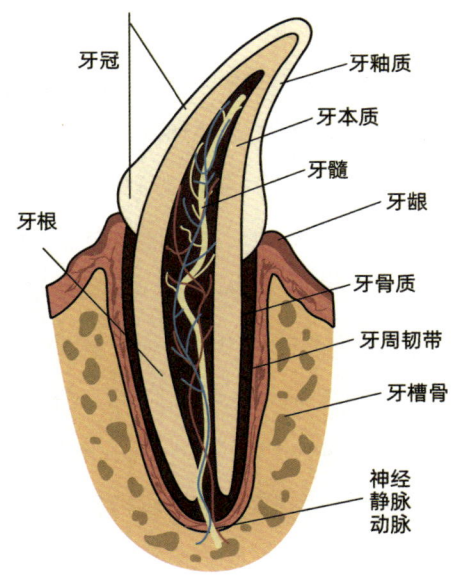

图1-1 牙齿的基础结构

- 牙冠：口腔内可直接看到的牙齿部分。
- 牙釉质：身体内最坚硬的表面，主要成分是矿物质。犬和猫的牙齿通常要比人的更白。牙釉质不可再生，犬、猫啃咬坚硬物品造成牙釉质损伤后则无法修复。
- 牙骨质：覆盖牙根的一层矿化结缔组织。
- 牙本质：牙齿的主要组成结构，颜色偏黄色，结构多孔，主要成分也是矿物质，损伤后可再生。人的健康牙齿牙本质的矿物质密度是$1.72 \sim 1.95$ g/cm^3，猫的为$1.34 \sim 1.45$ g/cm^3，说明猫的牙齿不如人的坚硬，更容易因外力发生齿折等问题[2]。
- 牙髓：包括血管、淋巴管、神经和成牙细胞等，能为牙齿提供营养、触觉和防御修复功能。牙髓受损往往会导致牙齿坏死和脱落，当牙齿损伤触及牙髓腔时也会让动物感到剧烈的疼痛。
- 牙根：主要由牙本质及覆盖表面的牙骨质构成，通过牙周韧带将牙根固定在牙槽骨上。

● **牙周韧带**：主要成分为胶原纤维，也含血管、神经及弹性纤维。与牙髓神经不同，牙周韧带的神经能感受压力和冷热变化。

犬、猫和人的牙齿种类都为4种，包括切齿（门牙）、犬齿（尖牙）、前臼齿和后臼齿（图1-2）。不同种类的牙齿在动物进食过程中承担不同的任务。从恒齿数量来看，犬>人>猫，差异主要是犬、猫的切齿和前臼齿数量要比人的多，后臼齿数量要比人的少；犬的前臼齿和臼齿数量要比猫的多。切齿的功能是切割、衔取和理毛，犬齿用来撕裂、刺穿和抓持，前臼齿和臼齿用来将食物咬碎。从牙齿的形态来看，犬、猫的牙齿"尖"而人的牙齿"平"（图1-3）。这些特征对应了动物的饮食特点，犬和猫的饮食以肉食为主，犬更偏杂食些，而人的饮食中还包含了大量谷物和蔬菜，需要更多较平的牙齿来"研磨"食物。

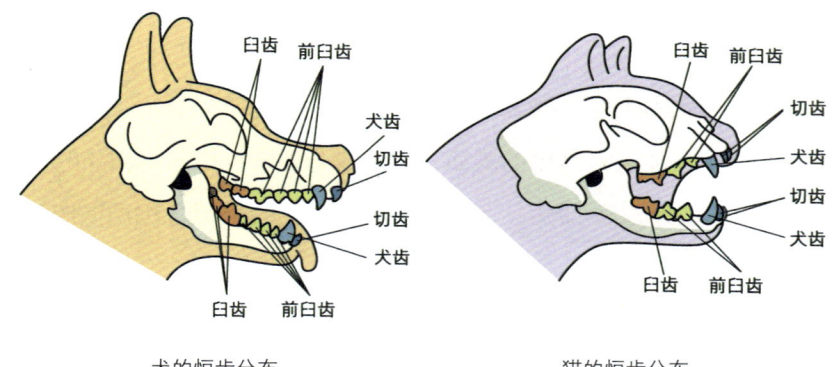

图1-2 犬和猫的恒齿类型与分布

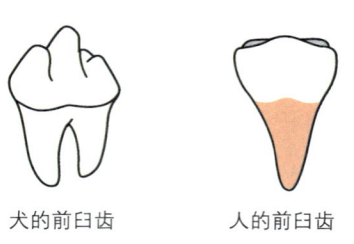

图1-3 犬和人的前臼齿形态差异

第一章　犬、猫的消化系统结构特征

　　家养犬经过数千年的繁育进程，已形成450个品种，从2千克的吉娃娃犬到80千克的圣伯纳犬，不同体型犬的身体尺寸差异巨大，如吉娃娃犬的犬齿平均长度仅4~5 mm，而圣伯纳犬的则达到15~16 mm。因此，在为不同体型的动物选择食物时，应考虑动物叼取、切割食物的能力差异，避免给小型犬饲喂过大颗粒（造成进食困难），给大型犬饲喂过小颗粒（造成进食过快）。

　　此外，犬、猫的头型会影响齿列的空间排布，进而影响动物叼取食物的能力。犬、猫的头型分为3种，包括中头型（如拉布拉多猎犬、德国牧羊犬、家猫）、短头型（如巴哥犬、异国短毛猫、英国斗牛犬）和长头型（如暹罗猫、灵缇犬）（图1-4）。其中，短头型的动物可能因齿列排布问题（更易出现"地包天"或齿列拥挤）而易出现进食困难和无法叼取到食物颗粒的情况。针对这类动物，应饲喂立体设计的食物颗粒（如橄榄球形、枕形、圆柱形），避免扁平颗粒（如圆片、三角片、方形片等）。

拉布拉多猎犬　　　　　异国短毛猫　　　　　灵缇犬

图1-4　中头型、短头型和长头型动物示例

　　牙龈是围绕着牙齿的软组织，覆盖着支撑牙齿的牙槽骨。多数情况下，犬、猫的牙龈呈粉色，少部分牙龈会因有黑色素沉积而呈黑色。牙齿上方积聚过多由

9

糖蛋白和细菌组成的牙菌斑后,易引发牙龈发炎,严重的会导致牙龈萎缩,从而影响对牙齿的支撑,导致牙齿松动(图1-5)。因此,应注意犬和猫的牙齿日常清洁护理,防止因牙齿、牙龈的健康问题而影响到动物进食。

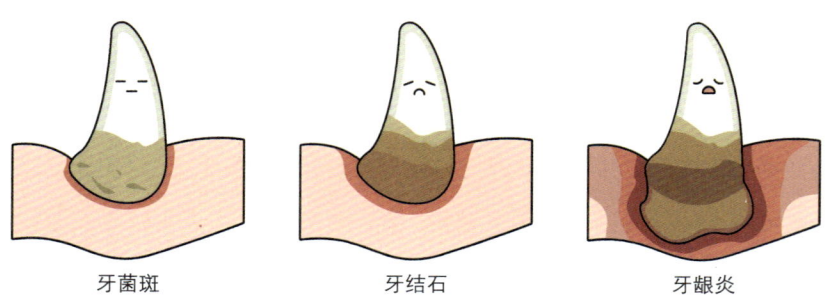

图1-5 牙菌斑、牙结石和牙龈炎

舌头

犬、猫的舌头功能包括品尝食物、舔水、将食物加工为食团和辅助吞咽。

犬的舌头偏长并且较为光滑,当环境温度高时,犬会伸出舌头进行喘息,帮助散热降低体温。猫的舌头表面有坚硬且直立的舌乳头,显得相对粗糙(图1-6)。大部分犬、猫的舌头呈粉色,但松狮犬等品种犬的舌头呈近乎黑色。舌的背侧面有舌乳头,分化为不同的味蕾。味蕾能感知味道,犬的味蕾数量有1 600个,猫的为473个,人则有5 000~10 000个。过去认为舌的不同部位负责感知不同的味道,比如舌尖尝甜、舌根尝苦、舌前部尝咸、舌后部尝酸等。事实上,舌的整个表面都能感受到不同的味觉,只是不同部位因对应味蕾数量不同而感受到的味道强度不同。

第一章 犬、猫的消化系统结构特征

图1-6 猫的舌乳头

味蕾是在舌表面呈球形或卵圆形聚集分布的舌乳头（图1-7）。味蕾上有5种类型的味觉受体，分别感知甜味、酸味、咸味、苦味和鲜味。猫缺乏感知甜味的味觉受体，因此猫对甜味不敏感。口腔内的三叉神经则能用来感受食物的"口感"，如灼烧感、冷感和痛感等。成年犬的舌头上有5种舌乳头：丝状乳头、菌状乳头、轮廓乳头、叶状乳头和圆锥乳头。还有第6种舌乳头，被称为边缘乳头，只有新生动物才有这种舌乳头。其位于舌的边缘，在动物吸奶时帮助嘴部形成密闭空间，断奶后这种舌乳头就消失了[3]。人的舌头则只有4种舌乳头，缺乏圆锥乳头。在这5种舌乳头中，菌状乳头、轮廓乳头和叶状乳头带味蕾，丝状乳头和圆锥乳头不带味蕾，主要起机械、触觉作用。丝状乳头数量众多，主要位于舌的前三分之二处，呈圆锥形，有助于动物理毛，一般不含味蕾。猫的丝状乳头尤其硬和长，朝向尾部方向，俗称猫的舌上"倒刺"。这些倒刺有助于猫在进食时"刮下"附着在骨上的肉，也有助于理毛和自洁，但倒刺朝向导致猫极易吞下梳理下来的毛发，在胃肠道内形成毛球。大约10%的短毛猫和20%的长毛猫会周期性地出现毛球问题[4]。

11

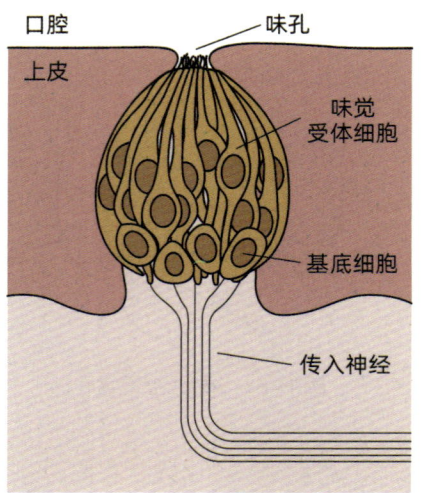

图1-7 味蕾的形态

舌头内特化的神经和肌肉让犬、猫可以用舔水的方式饮水。猫的舌头可以卷曲成"碗状"来盛水饮用，犬的舌头能够卷曲并把水带入口中。在舌部肌肉的帮助下，食物团块能够被推入口腔后段并吞下。除舌部肌肉外，头部的其他肌肉能帮助动物进行咀嚼、进食和啃咬动作。这些肌肉看起来并不像四肢肌肉那么纤细，而是较为厚实，有助于动物更好地撕碎食物。这些肌肉也为犬、猫提供了极强的咬合力，比如人的咬合力为1 724~2 068 kPa，而犬的正常咬合力是2 068~5 516 kPa，瞬间咬合力能达到207~552 MPa[3]。

唾液

动物在看到食物和进食时，口腔内的4对唾液腺会分泌唾液。这4对唾液腺分别是位于耳前方的腮腺、位于每侧下颌底侧的颌下腺、位于舌底的舌下腺和位于眼睛下方的眶腺。唾液的作用是与食物混合，润滑食物，帮助食物形成易通过食道的食团。人的唾液内含有淀粉酶，在进行咀嚼时可对食物内的淀粉成分进行预消化，犬和猫的唾液内则没有淀粉酶，这也是与犬、猫几乎不咀嚼的进食习惯相适配的。食物在犬、猫口腔内的停留时间过短，无法有足够的时间进行预消化。

犬的唾液腺非常发达，能分泌大量唾液，分泌速度能达到人的10倍。犬的唾液pH为7.3~7.8，猫的为7.5，人的为6.6~7.1，也就是说犬、猫的唾液偏碱性，人的唾液偏酸性[5]。动物的唾液内都含有碳酸钙和磷酸钙，这些钙盐在碱性环境下更易沉积，在牙齿表面形成结晶，促进牙菌斑矿化。因此，犬、猫要比人更易形成牙结石。

咽部

与人一样，犬猫的食管和气管的开口都在咽部（会厌部），并通过会厌软骨来控制食管和气管开口不会同时开放，避免在进食时食物进入气管。动物在快速进食时可能会伴有用嘴吸气的动作，这会导致在咽部仍有食物时气管开口开放，小的食物颗粒可能就此进入气管，引发气管堵塞或窒息。因此，要注意控制动物，特别是幼年动物的进食速度。

胃肠道的基础结构与占比

由食道开始，胃、小肠和大肠的腔壁结构组成是类似的，这些结构共同围成了胃的囊状和食道、小肠及大肠的管状结构。但胃肠道的结构不单单是一个"囊袋"或一根"细管"这么简单，腔壁由内腔开始从内向外分为4层，分别是黏膜层、黏膜下层、肌层和浆膜层（图1-8）。

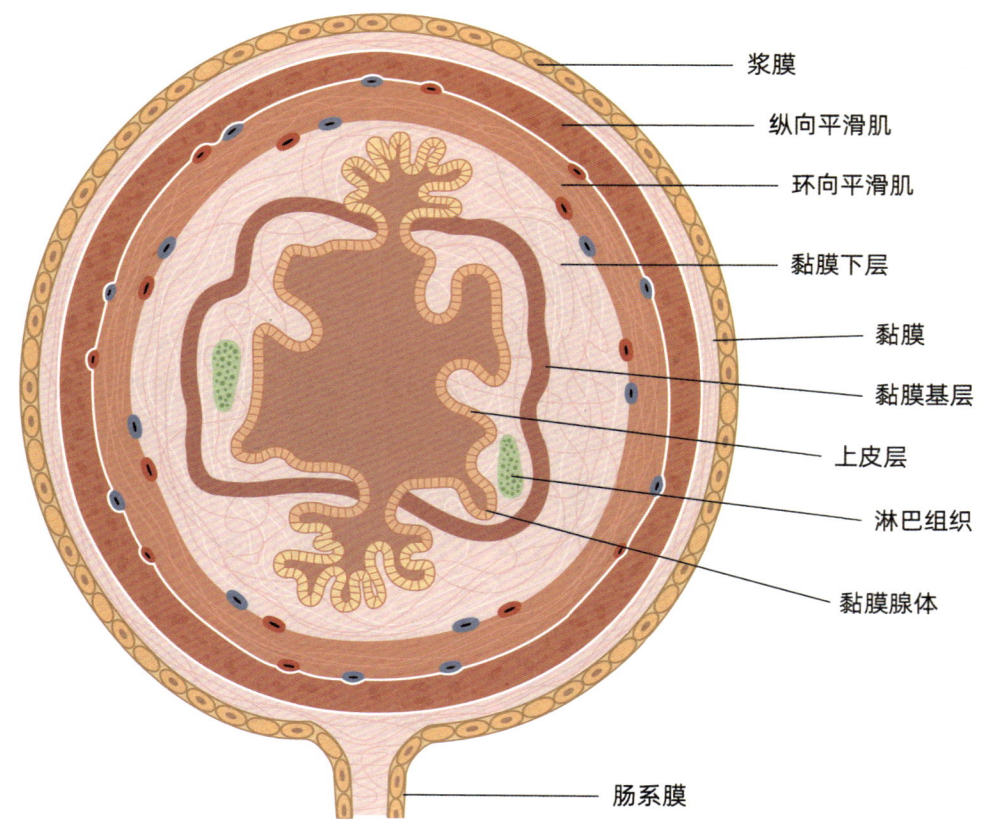

图1-8 胃肠道腔壁的基础结构

● 黏膜层：包括表面的上皮层、固有层和黏膜肌层。上皮细胞主要有消化、分泌和吸收功能，也具备免疫监视功能。固有层包括结缔组织、血液和淋巴管。黏膜肌层主要由平滑肌组成，作用是根据腔体扩张情况改变上皮细胞层的形状和表面积。

● 黏膜下层：包括胶原蛋白、弹性蛋白、分泌腺体和主要血管。

● 肌层：分为环向平滑肌和纵向平滑肌，能为胃肠道提供能动性，这两种平滑肌位于黏膜下层和浆膜层之间。胃肠道的平滑肌负责产生各种类型的收缩、蠕动和活动，以此来控制胃肠道内容物的通过速度。黏膜下神经丛（控制上皮层）和肌间神经丛（控制平滑肌收缩）组成了胃肠道的内在神经系统。

● **浆膜层**：由可分泌浆液的细胞组成的薄层，分泌的浆液能减少胃肠道的肌肉活动产生的摩擦作用。

犬、猫和人的胃肠道腔壁的基础结构是基本类似的，但整个胃肠道系统相对体重或体长的比例、不同部位在整个消化道内的占比、不同部位的结构特征以及不同部位内的物理、化学和微生态环境则有明显差异。在动物的长期进化过程中，消化系统整体都与对应的食物相"适配"，其中胃肠道长度是影响营养物质在消化道内停留时间的一个因素，也会影响消化时间。食物好消化（如肉），动物的胃肠道就较短，结构也更简单；食物不好消化（如草），则动物的胃肠道就较长，结构也更复杂。由于不同动物的体型差异巨大（如猫与老虎），直接比较不同动物的胃肠道长度的绝对值意义不大，一般需要计算出动物的胃肠道长度与动物体长的比值，再比较不同物种或不同体型的动物之间的胃肠道相对长度。

犬和猫的胃肠道很短，一般只有体长的4~5倍（其中猫为4倍，犬为5倍或以上）（图1-9）。猫是纯食肉动物，胃肠道长度与体长的比值要比犬的低，犬消化系统的相对长度要比猫的长约30%。犬和人都是杂食动物，胃肠道长度与体长的比值都在5左右，但是犬的胃部在整个胃肠道内的占比较大，并且犬和猫没有盲肠或者盲肠退化，人则有囊状的盲肠。此外，不同体型犬的胃肠道重量占比也有差异。一般小型犬（如成年体重为5 kg的犬）的胃肠道重量占体重的比例为7%，大型犬（如成年体重为60 kg的犬）的则仅为2.8%，可见大型犬要比小型犬更偏"食肉"。与小型犬相比，大型犬的盲肠与结肠更为发达，这也是为何大型犬的结肠发酵时间相对较长，对应的肠道渗透性较强，粪便含水率要比小型犬的高，导致大型犬更易出现"软便"问题[6]。草食动物的胃肠道长度与体长的比值不仅远高于犬和猫，结构也更复杂。比如马的胃肠道长度与体长比值为10~15，并且有囊状的结肠和非常大的盲肠。绵羊和牛等不仅是草食动物，还是反刍动物，也就是说它们的胃不止一个，会有更多的胃来发酵处理摄入的植物，胃肠道长度占比非常高。

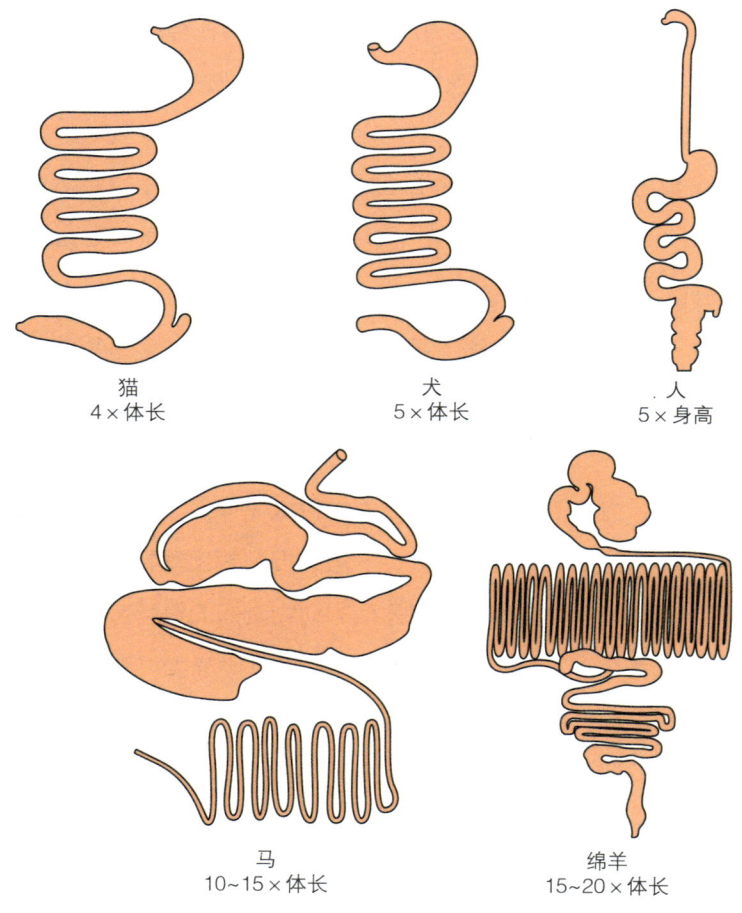

猫
4×体长

犬
5×体长

人
5×身高

马
10~15×体长

绵羊
15~20×体长

图1-9 消化道长度与体长的关系

食道

犬和猫的食道是连通咽部和胃部的管状结构，让经过口腔处理的食物进入胃内，通过食道上、下括约肌来分别控制食物进入食管和胃部，下括约肌还有控制胃内容物反流进入食管的作用。食管的结构包含肌肉，通过肌肉收缩来推送食团；食道的上皮层能分泌黏液和电解质，有助于在食道内推进食团。食道的肌肉分为两种——横纹肌和平滑肌（图1-10）。横纹肌也是四肢的主要肌肉类型（骨骼肌），动物或人可以有意识地控制横纹肌的收缩和伸展，但无法有意识地控制平滑肌的活动。犬和猫的食道肌肉组成有差异，犬的整个食道都是由横纹肌组成的，而猫的前三分之二食道是横纹肌，后三分之一食道是平滑肌（图1-11）。人的食道与猫的类似，但平滑肌的占比更大。由于犬的食道只有横纹肌，因此传播蠕动的速度比较快，食物能更快地由口腔进入胃内。随着食物到达食道末端，贲门括约肌放松，食物进入胃内。贲门括约肌是食道和胃之间的环状肌肉，感受到食道蠕动就会开始松弛，在食物通过后会立即收缩，不让胃内容物反流回食道下端。

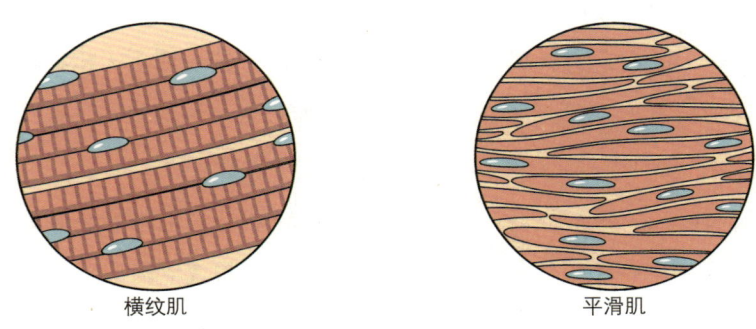

图1-10　横纹肌和平滑肌

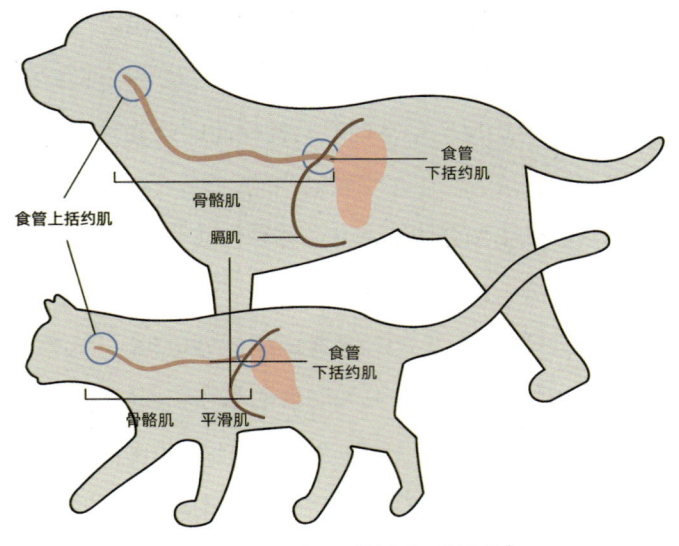

图1-11　犬和猫的食道结构

当犬和猫有长期厌食或不进食的问题，如猫患脂肪肝时，需要给动物放置鼻饲管饲喂食物。经由鼻腔插入鼻饲管，饲管的末端开口就是在食道内。另外，在给犬、猫服用药品时，在喂药后也应注意用注射器让动物服用6 mL水，用水将药片冲下食道，避免药片黏附在食道上引发食道炎。

○ 胃

胃是动物体内能用来暂时储存食物的"囊袋状容器"，通过分泌胃液对食物进行初步消化，以一定的速度向小肠排出经过预消化的食糜。犬和猫的胃与人的胃一样都属于单胃（只有1个胃），禽类的胃则有2个——腺胃和肌胃，腺胃负责分泌胃液，肌胃负责储存和磨碎食物，鸡的肌胃就是俗称的鸡胗。牛、羊等反刍动物的胃有4个，分别是瘤胃、网胃、瓣胃和皱胃，分别也就是俗称的草肚、金钱肚、百叶和牛/羊肚。与单胃动物的大部分胃肠道微生物都生活在后肠（大肠）不同，反刍动物的胃（主要是瘤胃）内有大量微生物，可帮助反刍动物发酵消化富含纤维的草料。按照中国的《宠物饲料标签规定》，含动物源性成分（乳和乳制品除外）的产品应当标示"本产品不得饲喂反刍动物"字样。由于大部分宠物食品都含动物源性成分，因此大部分宠物食品包装背面都会标示"本产品不得饲喂反刍动物"。不得给反刍动物饲喂动物源性成分的原因主要有2个，一个原因是防止牛摄入同源性成分（牛）引发疯牛病，另一个原因就跟瘤胃内的这些微生物有关。瘤胃内的微生物会快速发酵动物源性成分，产生大量气体和酸，导致胃膨胀，使牛、羊无法正常反刍。

犬的胃部扩张性很强，小型犬的胃容量最低为0.5 L，大型犬的胃容量可达8 L，可容纳大量食物，犬的胃区分为明显的前腔和后腔。猫的胃容量小，最大仅有0.4 L的容量，稍大于乒乓球，整个胃没有区分出明显的前腔和后腔（图1-12）。犬和猫的胃部结构特点与它们的进食模式相符。犬的祖先为群体合作捕猎，可以捕食体型较大的猎物，同时为了与同伴抢夺食物，需要在短时间内吞入大量食物。猫的祖先大多为独自捕猎，猎物多为小型动物，每日需进食20多次。因此，现代的家养犬常表现出一次性吃光眼前所有食物的行为，并且进食速度很快，食物进入口中后未经切割或咀嚼就吞咽，大多数犬也能很好地适应每日1餐或2餐的喂养方式。在有选择的情况下，大多数家养猫则会每次进食少量食物，24小时内多次去进食。进食时先将颗粒状食物叼入口中，用口腔侧面的前臼齿切割食物，再吞下食物，这也是为何猫在进食时会稍微侧脸或"歪头"。但是，经过调整适应，大多数猫也能很好地适应"一日三餐"模式，这个模式也有利于控制猫的进食量，同时便于宠主能及时发现猫的进食异常情况。

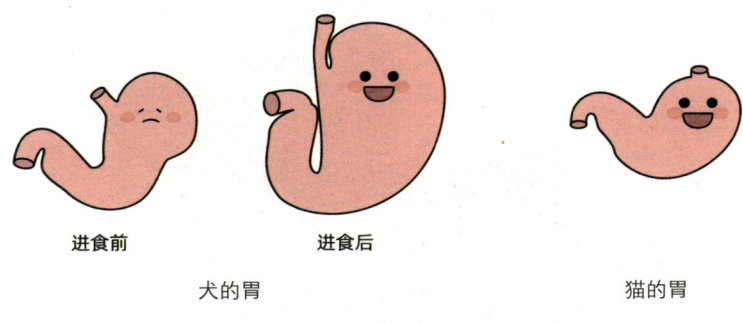

图1-12　犬和猫的胃

胃的基础结构包括贲门（胃的入口）、胃底、胃体和幽门（胃的出口）（图1-13）。犬的胃的不同部位的黏膜分泌不同物质，靠近胃的入口处的胃黏膜较薄，主要分泌黏液和碳酸氢盐；胃的中间部位的胃黏膜较厚，主要分泌盐酸和胃蛋白酶原，此处也会产生胃蠕动来推动食物进入肠道；靠近胃的出口处的胃黏膜很厚，主要分泌黏液和碳酸氢盐。与犬不同，猫胃内的胃黏膜均匀统一，没有明显差异。当食物进入胃内后，先与黏液和盐酸混合，如果是干粮颗粒就会在此处吸水膨胀，之后再与胃蛋白酶混合。经过充分混合后，食物逐渐被酶分解为半流质状的糊状食糜。胃通过连续紧张性收缩来混合、推动食糜，通过蠕动逐渐让食糜通过幽门括约肌进入小肠。胃的排空速度受多种因素影响，包括胃容积、胃内容物的物理性质（黏度、密度和大小）、环境温度、十二指肠的酸含量和饮水量等。一项研究显示，猫在饲喂前、后的胃排空中位时间分别为94分钟（约1.5小时）和1 068分钟（约18小时），犬胃排空二分之一的时间为72分钟（约1.2小时)~240分钟(约4小时)[7]。

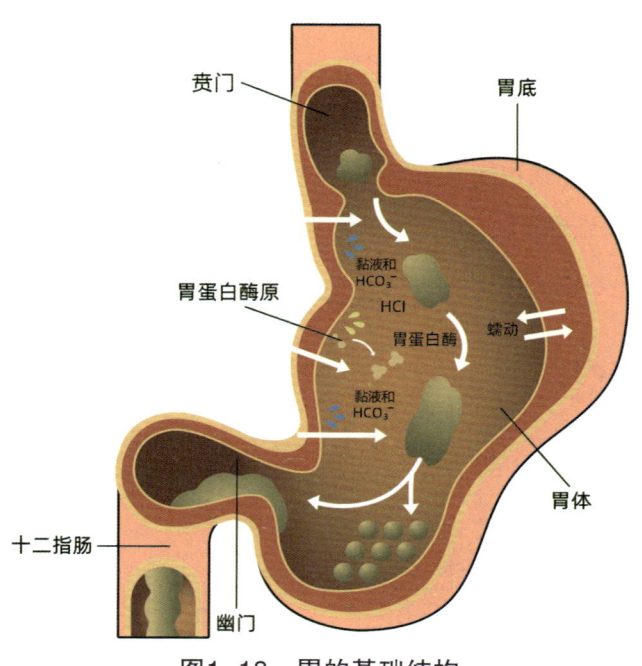

图1-13 胃的基础结构

犬和猫的胃液pH为1.5~3.7(空腹时为1.5~2.0,进食后为2.5~3.7),人的胃液pH为1.5~2.0(空腹),可见犬、猫和人的胃液酸度十分相似[7]。一些生食喂养者提出犬和猫的胃液更酸,比人更能耐受生食带有的细菌和寄生虫等,这个观点并不正确。此外,即使在胃内如此酸的环境下,实际上也有微生物在其中长期生存,只是数量要比肠道少得多。比如,犬的胃内长期有10^4~10^5 CFU/g的变形杆菌和螺杆菌(占98%),而人的胃内微生物主要是变形杆菌和厚壁杆菌。螺杆菌中的幽门螺杆菌对人是致病菌,常引发胃炎、胃溃疡或胃癌。健康犬、猫的胃内螺杆菌一般不引发病症,主要是猫螺杆菌、海尔曼螺杆菌和犬螺杆菌,并不是常感染人的幽门螺杆菌,但这些螺杆菌也会刺激机体产生局部和全身免疫反应,可能引发胃炎和癌症[8]。

当有胃炎、胃内有异物/有害物质或消化不良等刺激胃部的因素时,胃部会剧烈收缩，同时胃的入口处（贲门）和食道的括约肌打开，胃内容物被挤压出胃，让动物呕吐出不同分解程度的胃内容物，如果呕吐时动物的胃已排空，则可能仅吐出液体。在猫的呕吐物中，常能看到毛发或毛发形成的毛球。猫会通过舔毛的方式来清理身体，由此会吞入大量毛发，这些毛发可能在猫的胃内逐渐积累，并且胃液和消化酶无法分解毛发，在胃蠕动的作用下，最终形成大小不一的毛球。毛球可能堵塞胃的出口（幽门），也可能堵塞任何一部分肠道，导致肠道或胃内压力升高，引发猫呕吐。对易因毛球问题引发呕吐的猫，应注意日常定期为猫梳理毛发和饲喂高纤维食物（特定的干粮或小麦草等），以减少猫因舔毛"吃进"的毛发数量，帮助猫由粪便排出体内毛发或毛球。在空腹阶段，除吞入的唾液、少量的黏液和细胞残渣外，胃内通常是空的。此外，上一餐剩下的未消化固体也可能残留在胃中。胃的移行性复合运动（migrating motility complex，MMC）会清除这些残渣。由于MMC清除胃内残渣的能力如此显著，有时也称其为胃肠道的"消化间期管家"。胃肠道激素胃动素会调节MMC。猫和兔子没有MMC，只有排空能力弱很多的移行性尖峰运动（migrating spike complex，MSC），因此猫的胃内更易蓄积无法被消化的毛球或食入的异物[7]。

小肠

犬和猫的小肠由前往后的结构组成差异不大，小肠包括十二指肠、空肠和回肠，是营养物质被消化、吸收的主要场所。犬的小肠长度为1~3 m，其中十二指肠占10%，空肠占85%，回肠占5%。人的回肠长度则占小肠总长度的60%。这可能意味着犬的回肠功能与人的不同。犬的小肠直径（1 cm）也要比人的窄（5 cm）。猫的肠道则极短，小肠仅1.0~1.7 m长[7]。

在十二指肠部位，有胆管（连接胆囊和肝脏）和胰管（连接胰腺）的开口，分别能往十二指肠内分泌含胆盐的胆汁、各种消化酶、碳酸氢盐等，让小肠发挥正常的消化、吸收功能。与人、犬的胆管、胰管在十二指肠有分开的开口不同，猫的胰管和胆管是连接在一起形成总胆管后再接入十二指肠的（图1-14）。这个结构特征导致猫易患"三体炎"——胰腺炎、肝脏／胆囊炎和十二指肠炎。有理论提出，由于这三个器官有一个互通的开口，其中一个器官发炎时，易波及另外两个器官，特别是因感染因素引发的炎症。由胰管和胆管分泌进入十二指肠的胰液和胆汁中含有大量碳酸氢盐，能提高进入十二指肠的食糜的pH，保护小肠免受胃酸的刺激和腐蚀。

健康幼犬的十二指肠上皮细胞的高度和宽度要比健康成年犬的小（高度分别为16.89 μm和24.61 μm，宽度分别为5.37 μm和5.54 μm），但健康幼犬的回肠上皮细胞的高度和宽度要比健康成年犬的大（高度分别为19.87 μm和18.66 μm，宽度分别为4.78 μm和4.62 μm）。健康幼犬的空肠上皮细胞的高度要比健康成年犬的小（高度分别为18.22 μm和21.12 μm），但宽度要比健康成年犬的大（宽度分别为4.7 μm和4.4 μm）[9]。由于不同营养物质在肠道内被吸收的部位有所不同，比如，脂溶性维生素A、D、E、K主要在十二指肠和空肠被吸收，脂肪、单糖、氨基酸和小肽主要在空肠被吸收，胆盐和胆汁酸主要在回肠被吸收，因此这也可能说明健康幼犬和成年犬的不同部位小肠的吸收能力不同。

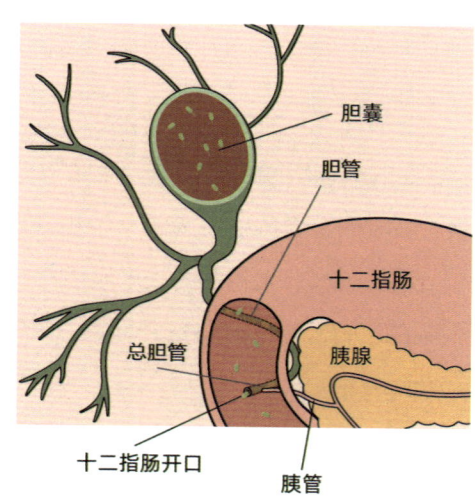

图1-14 猫十二指肠的胆管、胰管开口

整个小肠的结构不单单是一根"细管"那么简单，肠管外侧有两层分布方向不同的平滑肌，负责产生各种类型的肠蠕动。小肠肠管的肌层内侧分布有血管和淋巴管，再往内侧就是肠黏膜层，该结构包含多种细胞，其中肠上皮层有一种特殊结构——小肠绒毛。小肠绒毛并不是"毛发"，而是在肠黏膜上覆盖的一层突入肠腔内的指状结构，每个小肠绒毛内都通有血管和淋巴管，表面也都覆盖着微绒毛，也被称为小肠刷状缘（图1-15、图1-16）。小肠绒毛的表面是肠上皮细胞，这些细胞就是肠道内吸收营养物质的部位。形成绒毛结构能让肠道在有限的空间内获得极大的吸收面积，大大加强了小肠的吸收能力。如果将人的肠道完全"拉平"，面积甚至能达到175 m^2。虽然成年人的小肠要比最大体型犬的小肠都要长，但是犬和猫的肠绒毛高度是人的2倍。此外，犬和猫的每厘米肠道对应的肠道面积是相似的（空肠分别为54 cm^{2}和50 cm^2，回肠分别为38 cm^{2}和36 cm^2），但是猫的单位面积肠道的吸收能力要比犬的低10%[10]。如果疾病导致肠绒毛萎缩，甚至破坏了微绒毛时，就会引发肠道吸收障碍和腹泻。大肠不具备绒毛结构，因此大肠的吸收面积远小于小肠，吸收能力也就远不如小肠。

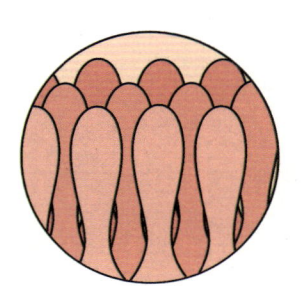

图1-15　小肠绒毛

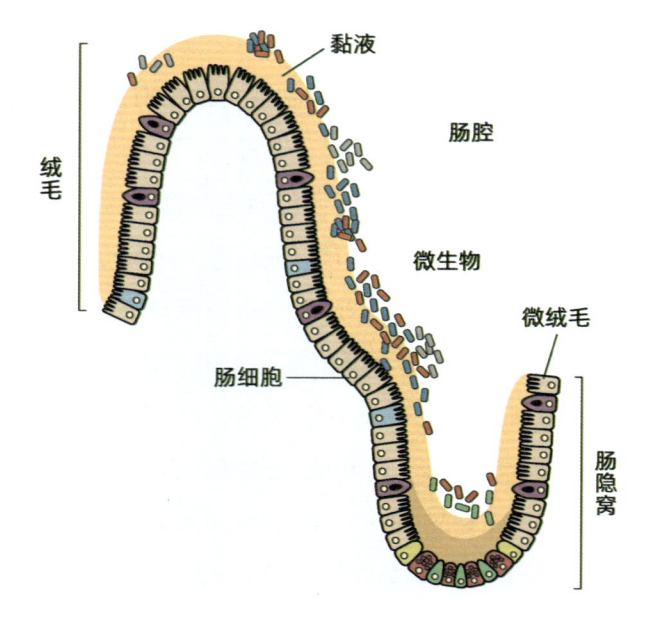

图1-16　小肠绒毛结构

除肠上皮细胞外，小肠的其他细胞包括杯状细胞、肠内分泌细胞和潘氏细胞。

- **杯状细胞**：分泌黏液（在小肠的数量较少，约占5%小肠细胞），起保护和润滑作用。健康幼犬肠道的杯状细胞与肠细胞的数量比值由低到高依次为十二指肠、空肠、回肠和结肠；健康成年犬的则为十二指肠、回肠、空肠和结肠[9]。这反应了不同部位肠道的黏液分泌量有差异。胃肠道黏液是一道高度黏稠的"筛子"，组成成分包括细胞外蛋白、糖化蛋白和黏蛋白、脂质和胞外DNA。由这些物质组成的网格会阻止大颗粒和细菌接近上皮层，只让机体所需的营养物质和药物等通过。胃肠道黏液也是一种润滑剂，帮助胃肠腔内的内容物排出。小肠黏液的主要成分是水，含水量达到85%。小肠区域的黏液孔通常要比胃部和大肠的小和圆。犬空肠黏液中的脂质和代谢物含量要显著高于近端和远端结肠内的含量。大肠黏液的含水量更高，达到95%。大肠的黏液孔较大、较长。虽然大肠黏液的含水量高，但黏稠度要比小肠的高[9]。

● **肠内分泌细胞**：分泌产生超过15种激素，包括胆囊收缩素（cholecystokinin，CCK，在十二指肠内脂肪酸、氨基酸、氢离子的刺激下让胆囊收缩，促进胰腺分泌酶）、肠促胰液素（在十二指肠内的氢离子和脂肪酸的刺激下促进胰管细胞、胆管上皮和十二指肠分泌碳酸氢根和水）、肠胰高血糖素（在十二指肠、回肠的脂肪酸、碳水化合物、脂质等刺激下抑制胃分泌氢离子，促进胰岛细胞分泌胰岛素，抑制胃排空和分泌等）、YY肽（在氢离子和脂质刺激下抑制回肠排空和胰酶分泌）和5-羟色胺（在氢离子作用下促进肠蠕动和分泌）等。

● **潘氏细胞**：是肠道先天免疫的重要组成部分，能分泌抗菌蛋白。犬的小肠共有约20种潘氏细胞，大小为数毫米到4 cm。但是，犬的回肠部分只有1种潘氏细胞，该处的潘氏细胞与十二指肠和空肠的不同，T淋巴细胞数量较少，主要发挥生成B淋巴细胞的作用。大多数肠细胞的分化是沿着肠绒毛底部逐渐向肠绒毛顶端进行，但潘氏细胞是在肠隐窝内分化。此外，一般肠细胞的更新周转时间为3~5天，潘氏细胞则达到了3周，说明肠道免疫细胞的更新较慢，要改善动物的肠道免疫时，可能需要更长的时间[7]。

犬十二指肠的pH平均为6.2，猫为5.7，空肠和回肠的pH分别为6.4和6.6[7]。猫进食后，其胃部和肠道pH都会显著下降。这个肠道pH也接近各种消化酶发挥最佳酶解作用的最适pH。犬的肠道动力学与人的差异很大。在非空腹状态下，人的小肠最高压力为15.87 kPa，犬只有10 kPa，但其胃部收缩的最高频率都是3.7次/min[10]。小肠的收缩主要具有3种功能：将食糜与消化酶和其他分泌物相混合；有利于肠内容物接触肠黏膜；往尾部推送肠内容物。小肠的收缩模式有4种：分段收缩、蠕动、肠-肠抑制和MMC。

● **分段收缩**：如果收缩没有与上下活动协调，肠道内容物在收缩期间会同时往近端和远端移动，在肠管放松期间则往头侧移动。这种收缩会将肠道"分段"，因此被称为分段收缩（图1-17）。分段收缩主要由环向平滑肌收缩产生，作用是局部混合肠内容物。

● **蠕动**：小肠也能产生一种高度协调的推进波动。当食糜扩张了肠管时，扩张处的头侧发生收缩而尾侧放松。这个过程会让食糜往肠道的尾侧移动。犬和猫的肠道常发生短节段蠕动。如果肠管依次发生短节段蠕动，会在短时间内将食糜推送通过整个肠道。

● **肠-肠抑制**：如果某段肠管高度扩张，那么剩余肠管的收缩会被抑制。这个反射的作用是可以预防食糜被推送进入已经高度扩张或阻塞的肠管节段。

● **MMC**：通过MMC能将空腹时胃内未被消化的物质、黏液和分泌物推送到结肠。肠神经系统负责调节MMC的发生周期和活动，胃肠道激素胃动素起强化MMC作用。

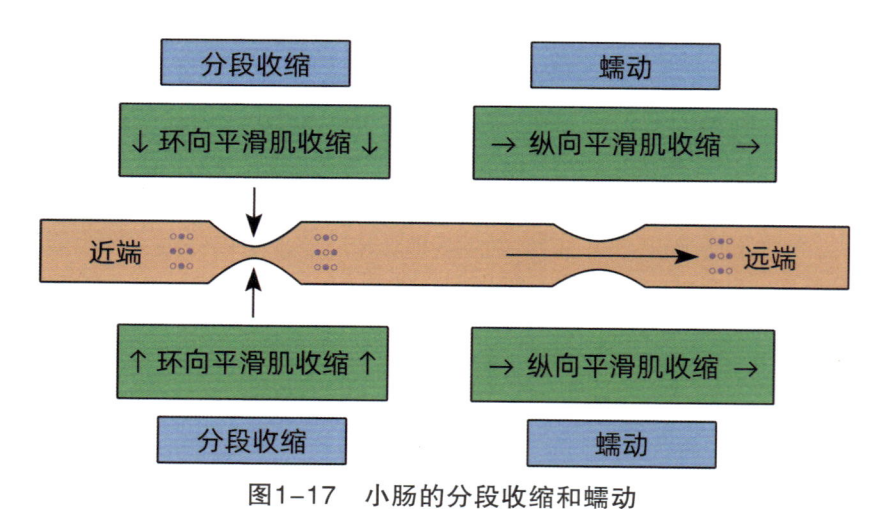

图1-17 小肠的分段收缩和蠕动

大肠

大肠由盲肠、结肠和直肠构成（猫的盲肠已退化），约占肠道总长度的15%。主要功能是吸收水分和电解质，仅8%~10%的食物在这里被吸收。大肠内能进行微生物发酵，形成粪便。犬和猫的大肠长度都比较短（犬为0.6 m，猫为0.4 m），体积相对于草食动物和杂食动物而言较小，表明其微生物发酵能力较弱，利用膳食纤维的能力弱。肉食动物的盲肠已经退化，犬的盲肠较猫的大（盲肠占体重的比值），这也侧面说明犬比猫更适合杂食。结肠黏膜与小肠黏膜不同，缺乏肠绒毛，微绒毛和内分泌细胞数量更少，带有更多的杯状细胞，由肠隐窝到上皮细胞层的更新周转速率更慢。大肠的肠腺从浆膜表面延伸到黏膜，分泌碱性黏液，保护大肠黏膜免受机械和化学损伤，起润滑作用，有利于粪便的排出，分泌的重碳酸盐能中和微生物发酵产生的酸。未消化的食物在犬和猫的大肠中存留的时间大约是12小时[7]。

大肠主要吸收水、钠、钾、氯、维生素K、生物素和短链脂肪酸（short-chain fatty acids，SCFA）。除吸收水和电解质外，结肠的另一个重要功能是储存粪便和控制粪便排出。近端和远端结肠都能发生分段收缩。在近端结肠，分段收缩的作用是让结肠内容物来回移动进行混合，让内容物充分接触黏膜，有利于结肠吸收水和电解质。在远端结肠，分段收缩的作用是提供阻力，减缓内容物由近端结肠流往直肠。结肠还会发生特征性的块体移动收缩，此时分段收缩被抑制，这种收缩模式能将结肠内容物往尾侧移动。块体移动收缩结束后，结肠继续发生分段收缩和相动性收缩。

当粪便积聚在肛门直肠管内时，会刺激直肠壁的平滑肌发生收缩，同时抑制肛门内括约肌。由于肛门外括约肌的限制作用，并不会立即发生排便。肛门外括约肌由横纹肌组成，受自主控制，仍处于张力收缩状态。如果外界环境不适合进行排便，肛门外括约肌的自主收缩状态能抑制排便反射。肛门内括约肌只会短暂放松，直肠壁内的受体能适应直肠扩张带来的刺激。肛门内括约肌重新获得张力，直到更多内容物进入直肠前，都不会有要排便的感觉。当外界环境适合排便时，直肠括约肌反射被触发，动物开始排便。此时胃内如有食物便会扩张胃，这能提高结肠的能动性，加快大肠内容物的移动速度，这个反射被称为胃-结肠反射，受胆囊收缩素和胃动素调控。

胃肠道微生物

胃肠道微生物在胃肠道健康和疾病方面发挥着重要作用，但我们对肠道生态系统的组成、动态情况和功能仍处于初步理解阶段。胃肠道内的微生物总量有

10^{12}~10^{14}个，这几乎是体细胞数量的10倍。据估计肠道内生活着数千种细菌。这个由宿主细胞和定居的微生物组成的互动系统被称为肠道微生态，这是个由厌氧菌、需氧菌、病毒、原生动物、真菌和胃肠道上皮细胞构成的复杂生态系统。胃肠道微生态的功能包括发酵和吸收碳水化合物，抑制病原菌，以及刺激先天免疫反应等。总体而言，从胃到小肠到结肠的微生物数量或种类逐渐增多。肠腔和黏膜内都能找到细菌，但细菌通常不会穿透肠壁。结肠内的微生物主要是细菌，结肠内的细菌数量也是胃肠道内最高的，达到每克粪便有10^{11}个细菌。胃肠道的微生态组成受多种因素影响，包括宿主物种、品种、发育阶段、日粮情况、环境情况、地理位置、结肠能动模式、疾病和用药史等。

虽然同一物种不同个体的主要肠道微生物世系相似，但在物种和品系方面有巨大差异，不同个体动物的微生物物种和品系重叠率仅为5%~20%[7]。尽管有这些差异，不同个体的肠道代谢终产物是相似的。由于解剖结构差异，每个胃肠道部分都有独特的微生态系统，其中的微生物会利用宿主提供的营养物质来完成特定功能，同时回馈宿主，吸收其代谢物。每只犬、猫的胃肠道内都有独特的微生物。犬、猫的胃内的细菌计数为10~10^6 CFU/g，十二指肠和空肠内为10^2~10^9 CFU/g。这个数量要显著高于人的十二指肠内的细菌计数（<10^5 CFU/g）。与犬相比，猫的小肠内有更多数量的厌氧菌。回肠是空肠和结肠之间的过渡段，与前端空肠相比带有更为多样的微生物和更高的细菌计数（10^7 CFU/g肠内容物）。结肠的细菌计数为10^9~10^{11} CFU/g肠内容物。犬、猫肠道内的主要细菌包括拟杆菌属、梭菌属、乳杆菌属、双歧杆菌属和肠杆菌科。一般而言，近端肠道的需氧菌或兼性厌氧菌的比例更高，而结肠内以厌氧菌为主。在胃内，主要微生物是黏附在胃黏膜上的螺杆菌，其次是多种乳酸菌和梭菌。近端小肠的微生物多样化程度要比胃内的高，带有10种不同类群的微生物，主要是梭菌、乳酸杆菌和变形菌。在近端胃肠道内，变形菌和螺旋体比例较高，但其在健康动物的大肠内的占比低于1%。犬、猫粪便内的微生物主要是厚壁菌，其次是拟杆菌、放线菌和梭杆菌[11]。家养犬、猫虽与宠主共享生活环境，但胃肠道内的细菌分布有较大差异

（图1-18）。

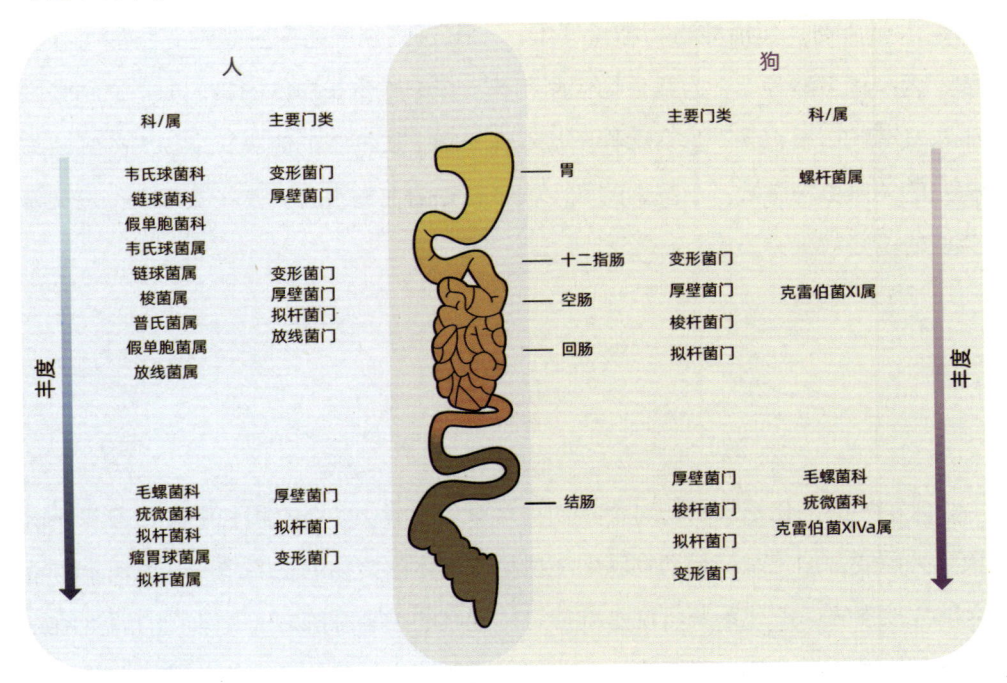

图1-18　人和犬的胃肠道微生物分布比较

平衡的肠道微生态系统有利于动物的免疫系统，能帮助抵御肠道病原，并能为宿主带来营养益处。动物能在无菌环境下生活得很好，但是在比较了传统环境下长大和无菌环境下长大的动物的形态和免疫差异后，发现共生的微生物对于胃肠道生理和免疫功能的发育和维持至关重要。无菌环境下长大的动物的肠固有层变薄，肠上皮细胞周转率下降。在引入细菌后，动物的免疫系统很快得到恢复[7]。肠道内的微生物对维持肠道屏障也十分重要，它们通过与外来微生物竞争氧气、营养物质、黏膜黏附位点和创造不利外来微生物的环境，来阻止外来微生物定居在肠道内。动物断奶时，若肠道内的微生物丰度较高（种类更多样），将更有利于断奶动物抵御病原。此外，肠道内的微生物还可促进肠道免疫系统成熟。大肠和小肠内的细菌对胃肠道健康的作用不同。大肠微生物对宿主主要起有益作用，主要功能是利用未被消化的食物来产生能量，通过竞争机制抵制病原定居。大肠微生物能利用脱落的上皮细胞、黏液和未被消化的食物。后者主要是复杂碳水化合物，包括淀粉和膳食纤维。发酵这些物质能产生短链脂肪酸（如乙酸、丙酸和丁酸等），为微生物代谢和肠上皮细胞生长提供能量。但是，结肠微生物发酵蛋白质也会产生有毒物质，不利于肠上皮细胞的健康。小肠内的细菌与宿主的关系更为微妙。小肠内的微生物主要黏附在黏膜上。这些微生物也是黏膜免疫的重要刺激物。

总结

犬和猫的消化系统结构对于它们正常摄入、消化、吸收和利用食物内营养物质至关重要。消化系统是动物获取能量和排泄体内废物的主要途径，也是体内最大的免疫器官。消化系统可说是维持身体健康的关键系统之一。动物的消化系统是与其饮食相适配的，了解犬、猫的消化系统结构与其他动物的差异，有助于理解犬、猫的饮食和营养需求特点，以此为基础可更好地为犬、猫设计和提供有利于其胃肠道健康和整体健康的营养方案。

参考文献

[1] NOWICKI P T. Physiology of the circulation of the small intestine[M]// Physiology of the Gastrointestinal Tract. ed 4. New York: Academic Press, 2006: 1627-1647.

[2] SILVA G, BABO P S, AZEVEDO J, et al. Evaluation of feline permanent canine tooth mineral density using micro-computed tomography[J]. Veterinary Sciences, 2023, 10(3): 217.

[3] WIGGS R B, LOBPRISE H B. Oral anatomy and physiology[M]// Veterinary Dentisitry: Principles and Practice. Philadelphia: Lippincott-Raven, 1997: 55-86.

[4] CANNON M. Hair balls in cats: a normal nuisance or a sign that something is wrong?[J]. Journal of Feline Medicine and Surgery, 2013, 15(1): 21-29.

[5] AWATI A. A review of the physiology of the feline digestive tract related to the development of in vitro system[R]. TNO Report, 2000: 10-15.

[6] WEBER M, MARTIN L, BIOURGE V, et al. Influence of age and body size on the digestibility of a dry expanded diet in dogs[J]. Journal of Animal Physiology and Animal Nutrition, 2003, 87(1/2): 21-31.

[7] WASHABAU R J, DAY M J. Canine & Feline Gastroenterology[M]. St Louis: ELSEVIER SAUDERS, 2013: 1-31.

[8] WIINBERG B, SPOHR A, DIETZ H H, et al. Quantitative analysis of inflammatory and immune responses in dogs with gastritis and their relationship to helicobacter spp. infection[J]. Journal of Veterinary Internal Medicine, 2005, 19(1): 4.

[9] DUBBELBOER I R, BARMPATSALOU V, RODLER A, et al. Gastrointestinal mucus in dog: Physiological characteristics, composition, and structural properties[J]. European Journal of Pharmaceutics and Biopharmaceutics, 2022, 173: 92-102.

[10] MASKELL I E, JOHNSON J V. Digestion and absorption[M]// The Waltham Book of Companion Animal Nutrition. Oxford: Pergamon Press, 1993: 25-44.

[11] PILLA R, SUCHODOLSKI J S. The gut microbiome of dogs and cats, and the influence of diet[J]. Veterinary Clinics of North America: Small Animal Practice, 2021, 51(3): 605-621.

第二章
犬、猫的消化吸收生理特性

黄江妮　李怡菲　于　悦

引言

犬、猫的消化系统包括口腔、胃、小肠、大肠及其附属消化器官（唾液腺、胰腺、肝脏和胆囊）等。犬属于杂食动物，而猫是典型的肉食动物，相比于其他哺乳动物，犬、猫的消化道相对较短。犬、猫摄入食物后，需经过消化过程，将复杂的大分子营养物质分解成易消化的小分子营养成分，进而促进机体对营养素的吸收和利用。犬和猫的消化系统有许多相似之处，也有一些不同。本章将介绍犬、猫消化吸收的显著生理特性，重点阐述口腔、胃、小肠和大肠的消化和吸收机制。

犬、猫胃肠道的生理功能

唾液的生理功能

犬和猫都有4组唾液腺，分别是腮腺、颌下腺、舌下腺和眶腺（图2-1），唾液的分泌都受自主神经系统调节。唾液有五大功能：

（1）产生水合作用来帮助咀嚼和吞咽食物。

（2）蒸发散热。由于犬和猫的皮肤都缺乏汗腺，在热天时主要通过张嘴哈气、蒸发唾液来降温。

（3）分泌免疫球蛋白IgA。

（4）在消化的初始时期分泌碳酸氢盐（HCO_3^-）。

（5）分泌用来转运维生素B_{12}的R因子结合蛋白[1,2]。

犬和猫的唾液中没有唾液淀粉酶，主要含有Na^+、Cl^-和HCO_3^-。

图2-1 犬的唾液腺分布情况

胃的生理功能

胃的生理功能包括启动蛋白质消化，杀灭摄入的细菌、病毒和寄生虫，分泌能与维生素B_{12}相结合的因子，促进Fe^{3+}的吸收，分泌调节胃和胰腺分泌的激素，分泌黏液润滑胃内容物，并保护胃黏膜免受H^+和胃蛋白酶的腐蚀作用[3]。胃通过分泌不同的物质来发挥这些不同的功能，包括：

（1）壁细胞或泌酸细胞分泌H^+和内因子。

（2）主细胞分泌胃蛋白酶原。

（3）内分泌细胞分泌胃泌素和胃饥饿素。

（4）表面上皮细胞分泌HCO_3^-和前列腺素。

（5）颈上皮细胞和表面上皮细胞等分泌含有硫酸糖蛋白的黏液。

（6）肠嗜铬细胞分泌组胺。

分泌胃酸

20世纪初，巴甫洛夫在其经典著作中第一次描述了犬分泌胃酸的时间分期，分为基础期、头期、胃期和肠期[3]。基础期是指在没有预期或生理刺激的情况下分泌少量胃酸的时期，此期分泌的胃酸的作用是调节胃内的细菌菌群并分解难以消化的固体。嗅觉、视觉和听觉信号能刺激启动胃酸分泌的头期，咀嚼和吞咽食物也能刺激启动该过程。胃的扩张和氨基酸对壁细胞及胃窦G细胞的直接、间接作用能刺激启动胃酸分泌的胃期。十二指肠内的氨基酸则能刺激启动胃酸分泌的肠期。头期分泌的胃酸量占胃酸总分泌量的20%~30%，胃期分泌的则占到了50%~60%，肠期分泌的占到了10%（图2-2）。

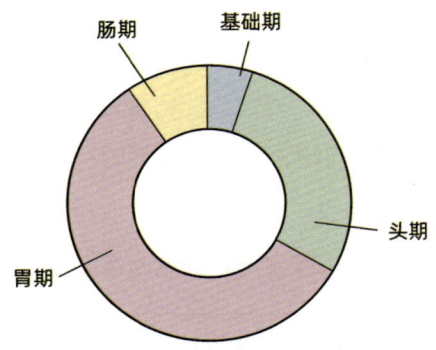

图2-2 胃酸分泌的不同时期

分泌胃蛋白酶原

主细胞和黏液细胞在头期和胃期分泌胃蛋白酶原。壁细胞分泌的 H^+ 能促进无活性的胃蛋白酶原转化为有活性的胃蛋白酶[4]。胃蛋白酶发挥作用的最佳pH是1~2，也就是由胃酸维持的胃内pH；当pH>5.0时胃蛋白酶会变性失活，因此胃蛋白酶进入十二指肠后（pH>5.0）就会失活，不再发挥消化作用。胃蛋白酶会优先水解肽键中含有苯丙氨酸、色氨酸、酪氨酸等芳香族氨基酸的蛋白质。

分泌内因子

内因子是一种由壁细胞分泌的糖蛋白，用来结合和运输维生素B_{12}到回肠远端再被吸收。犬的内因子由壁细胞产生，但猫的内因子更多是由胰导管细胞合成的[5,6]。因此，当犬、猫患胃肠道疾病或猫患胰腺疾病时，内因子的产生和分泌量可能下降，这会影响患病犬、猫对维生素B_{12}的吸收，因此需要给患胃肠道或胰腺疾病的动物补充维生素B_{12}。

分泌胃黏液和构成胃黏膜屏障

胃部会产生由硫酸糖蛋白组成的黏液，这些黏液形成附着于胃黏膜的不流动层，构成了胃黏膜屏障。黏液能隔离H^+，防止H^+扩散到黏膜和黏膜下层。如前所述，H^+能促进无活性的胃蛋白酶原转化为有活性的胃蛋白酶，若让H^+到达黏膜和黏膜下层激发此处的胃蛋白酶原，可能会让胃蛋白酶损伤胃黏膜和黏膜下层（图2-3）。其他构成胃黏膜屏障的因素包括上皮细胞分泌的HCO_3^-，该离子能中和胃酸；胃受损的上皮细胞能快速迁移重建；胃固有层内的血液能运输和缓冲吸收H^+，以及胃内分泌的内源性前列腺素能对细胞发挥多重保护作用[7]。

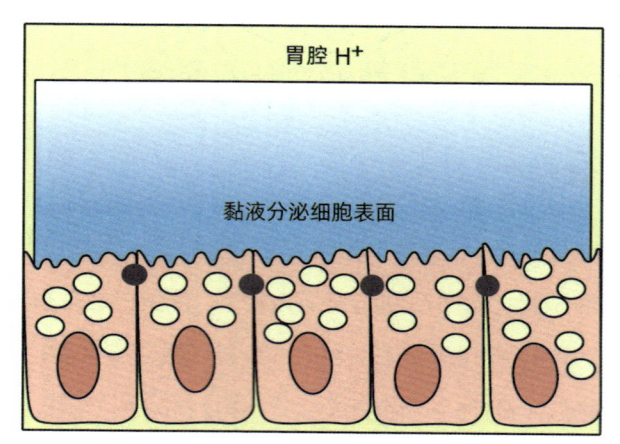

图2-3 胃黏膜的保护作用

胃的内分泌

除了分泌对胃酸和胰酶分泌起作用的胃泌素，胃还分泌一种生长激素释放肽。生长激素可以刺激食欲，促进身体生长和脂肪沉积。胃在餐后能分泌促生长激素分泌的激素，表明通过肠道-下丘脑-垂体轴能影响生长激素分泌、身体生长和食欲，这直接影响机体摄入营养和热量的情况。此外，胃分泌的胃饥饿素和瘦素相当于一种能用来调控能量摄入的"阴阳"系统，胃饥饿素能促进食欲，让机体增加能量摄入；瘦素能抑制食欲，让机体减少能量摄入（图2-4）。这两种激素都将外围信息传递给大脑，指导身体适当地维持能量储备和营养摄入。

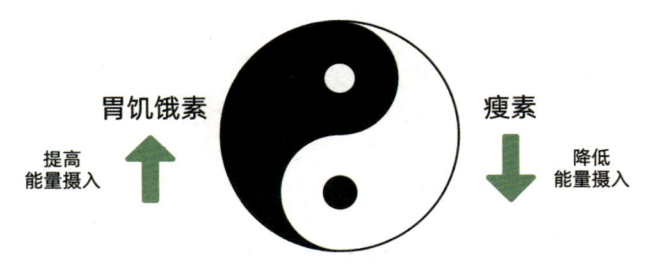

图2-4 胃饥饿素和瘦素构成的"阴阳"系统

小肠的生理功能

肠上皮细胞的主要作用是在肠刷状缘处消化营养物质，并且能分泌和吸收液体、电解质。肠隐窝是肠上皮细胞的"生发中心"，由干细胞分化出隐窝上皮细胞和绒毛上皮细胞。隐窝上皮细胞的主要功能是分泌水和电解质到肠腔内，溶解食糜与中和胃酸。绒毛上皮细胞的主要功能是吸收水、电解质、葡萄糖等单糖、氨基酸和小肽、游离脂肪酸和甘油、矿物质和维生素及其他营养素。隐窝上皮细胞的液体分泌量超过绒毛上皮细胞的吸收负荷量时，就会导致严重的腹泻和脱水。

除黏膜能分泌黏液外，十二指肠还能由布伦纳腺（Brunner's gland）分泌黏液。布伦纳腺主要分泌碱性黏液，这类黏液的作用包括：①保护十二指肠免受食糜酸性物质的侵害；②为脂肪酶和胶原酶提供碱性的、最佳活化环境；③润滑流经肠道的食糜；④捕获、灭活和调节肠道细菌群。

胰腺的生理功能

胰腺是一种具有多种生理功能的分泌器官。胰腺的腺泡细胞能分泌消化酶原，用来消化蛋白质、碳水化合物和脂质；导管细胞能分泌HCO_3^-和水，用来中和十二指肠中的胃酸。此外，腺泡细胞分泌的抗菌蛋白能调节小肠菌群[8]，导管细胞分泌的内因子能促进维生素B_{12}的吸收。

在进食、胆囊收缩素和胆碱能神经传递的作用下，胰腺腺泡细胞向胰腺导管系统分泌非活性酶原[8]。除胰淀粉酶和脂肪酶外，其他胰酶都以非活性酶原形式分泌（如胰蛋白酶原、糜蛋白酶原、弹性蛋白酶原、羧肽酶原等）。肠激酶能将非活性胰蛋白酶原转化为活性胰蛋白酶，胰蛋白酶又能激活或转化其他消化酶原（图2-5）。

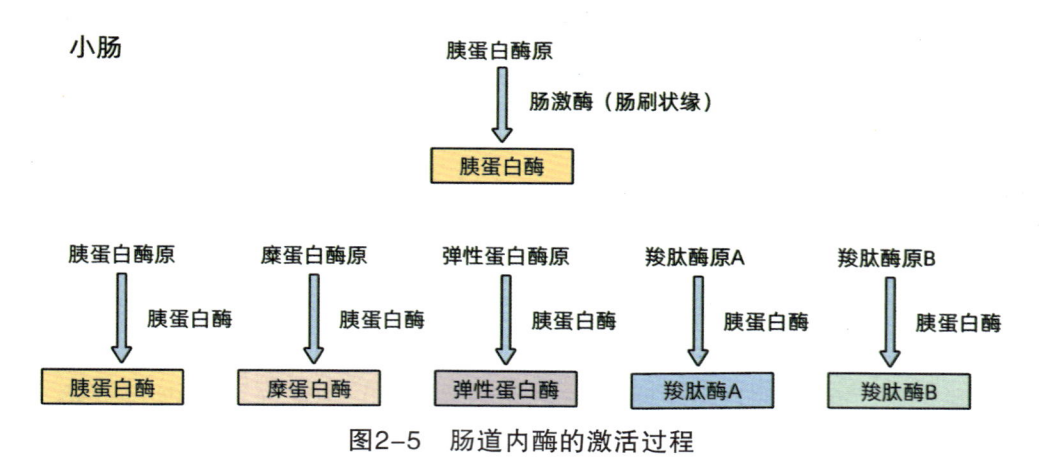

图2-5 肠道内酶的激活过程

与胃分泌类似，胰腺分泌也分为头期、胃期和肠期。在胰腺分泌头期，乙酰胆碱（acetylcholine，ACh）、胃泌素和组胺会刺激顶细胞分泌H^+，进而刺激十二指肠产生肠分泌素。肠分泌素会与分泌素受体或胰腺导管上皮结合，刺激肠细胞分泌水和HCO_3^-[9]。在胰腺分泌胃期，胃泌素和胃部扩张会刺激胃酸分泌，进而刺激肠分泌素释放,最后刺激胰腺导管分泌HCO_3^-。胰腺分泌肠期是胰腺分泌最重要的阶段,胃排空的氨基酸、肽和脂肪酸会刺激十二指肠内分泌细胞释放胆囊收缩素(CCK)。CCK进入肠道激素循环,与胰腺腺泡细胞上的CCK受体结合并刺激胰酶分泌。胰腺分泌的神经调控部分与CCK的内分泌效应平行,胆碱通过神经传递刺激胰酶分泌[8]。

胆汁的生理功能

胆汁分泌物能提供胆汁酸来促进脂肪的消化和吸收,还含有HCO_3^-,能缓冲十二指肠中的H^+。胆汁酸是胆汁的主要成分,占总量的1/2到2/3。胆汁中还含有水、电解质、胆固醇、磷脂、激素、蛋白质和胆红素等。

胆汁由肝细胞合成、储存和分泌,在没有神经或激素刺激的情况下(如空腹状态),胆囊处于放松状态,此时末端胆管括约肌收缩,大量胆汁储存在胆囊中。当胆汁储存在胆囊中时,水和大部分电解质被胆囊黏膜重吸收。在进食过程中,乙酰胆碱和CCK刺激胆囊收缩,胆管括约肌松弛,胆汁被排入十二指肠。

胆汁酸是由胆固醇合成的,当初级胆汁酸分泌进入肠腔时,会被肠道细菌去羟基化产生次级胆汁酸、去氧胆酸和石胆酸[10]。在分泌之前,胆汁酸与牛磺酸和/或甘氨酸结合形成胆盐。犬和猫的胆汁酸主要与牛磺酸结合,如果缺乏牛磺酸,犬可以让胆汁酸与甘氨酸结合,但猫的胆汁酸只能与牛磺酸结合,因此牛磺酸是猫的必需氨基酸[10](图2-6)。

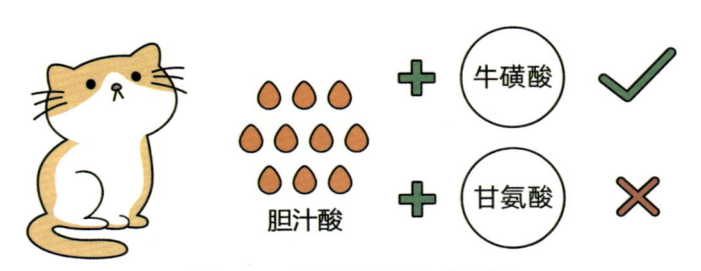

图2-6 猫的胆盐形成过程

胆盐是双亲性分子，具有极性和非极性特性。胆盐可将食物中的脂肪滴分解成更小的颗粒，这有利于脂质在肠道内水解消化。胆盐与脂肪形成脂肪微滴后，能进一步协助肠道吸收脂肪酸、单甘油酯、胆固醇和其他脂质。这些微滴有助于将消化后的脂质转移到黏膜上。在协助脂肪乳化和形成脂肪微滴后，大多数胆盐进入回肠并被回肠上皮细胞吸收进入门静脉。

大肠的生理功能

调节电解质和水分

大肠能调节粪便的电解质和水分组成。升结肠和降结肠的电解质转运机制有明显差异。一般来说，犬、猫的结肠主要吸收水、Na^+和Cl^-，同时分泌K^+和HCO_3^-[11]。醛固酮刺激结肠中Na^+通道的合成，从而导致Na^+潴留而K^+分泌。分泌碳酸氢盐是结肠生理功能的另一个重要特征，这有助于中和细菌发酵产生的酸。碳酸氢盐分泌的主要细胞机制是交换Cl^-和HCO_3^-。

分泌黏液

黏液在结肠黏膜和肠腔之间形成了润滑层，这是重要的生理屏障。黏液是一种由杯状细胞分泌的不断变化的分泌物和脱落的上皮细胞的混合物，主要成分是高分子糖蛋白或黏蛋白。

胃肠道内的消化过程

水解作用

水解作用主要是将复杂的大分子化合物分解为小分子成分，以促进机体对营养物质的消化、吸收和利用。水解发生在肠绒毛上皮刷状缘。胃肠道内的消化过程主要是胃酶（胃蛋白酶和脂肪酶）和胰酶（淀粉酶、蛋白酶和脂肪酶）的消化作用。肠膜上的消化过程主要是将糊精和二糖进一步水解为单糖，将肽类进一步水解为氨基酸。

碳水化合物的消化过程

淀粉和糖原是日粮中最重要的碳水化合物。淀粉消化开始于胃，在胃内进行一些有限的酸水解，结束于小肠，在小肠内被胰淀粉酶消化。淀粉酶水解淀粉可得α-糊精、麦芽三糖和麦芽糖，刷状缘酶（麦芽糖酶、异麦芽糖酶、乳糖酶和蔗糖酶）将这些多糖进一步水解为单糖（图2-7）。葡萄糖和半乳糖通过肠上皮细胞的Na^+转运系统被主动吸收，果糖则是通过被动扩散方式吸收[12]。犬、猫唾液中α-淀粉酶活性较低，犬的胰腺中的淀粉酶活性较高，对高淀粉日粮具有较高耐受性，而猫的胰腺中的淀粉酶几乎没有活性。犬摄入足够的淀粉和糖原可以减少对糖异生氨基酸的利用，而猫消化淀粉和糖原的能力有限，过量摄入可能对消化道有害，增加其代谢紊乱的风险[13]。幼犬和幼猫断奶后，小肠乳糖酶活性开始下降，一些成年犬、猫出现乳糖不耐受，通常伴随着肠道相关疾病[14]。

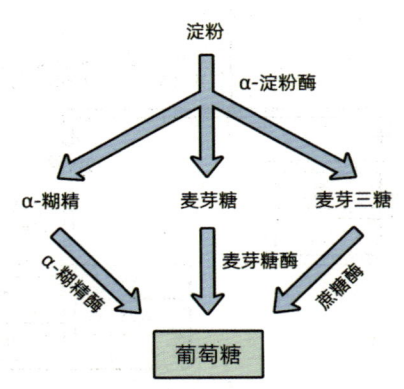

图2-7 碳水化合物的消化过程

蛋白质的消化过程

蛋白质的水解消化开始于胃，结束于小肠。胃蛋白酶是一种内肽酶，胃内的蛋白质和低pH环境刺激胃蛋白酶分泌。当胃内容物进入小肠的碱性环境时，胃蛋白酶即失活。食糜的进入刺激小肠释放CCK，同时刺激胰腺分泌胰蛋白酶、凝乳胰蛋白酶、胰肽酶和羧肽酶等，每一种酶都有特定的蛋白质水解位点。食物进入胃，蛋白质被胃蛋白酶被分解成多肽，这些多肽和部分未经消化的蛋白质随后进入小肠，在胰蛋白酶、肠蛋白酶等作用下水解生成氨基酸，还有部分蛋白质被肠道细菌分解利用。肠细胞有吸收、转运氨基酸的特定系统。此外，一些完整的小肽也可轻易地穿过肠细胞膜被吸收（图2-8）。胃分泌胃脂肪酶、胃蛋白酶、盐酸和保护胃壁的黏液，犬、猫的胃蛋白酶活性在分解胶原蛋白时最高，因此犬、猫比较容易消化肉类。

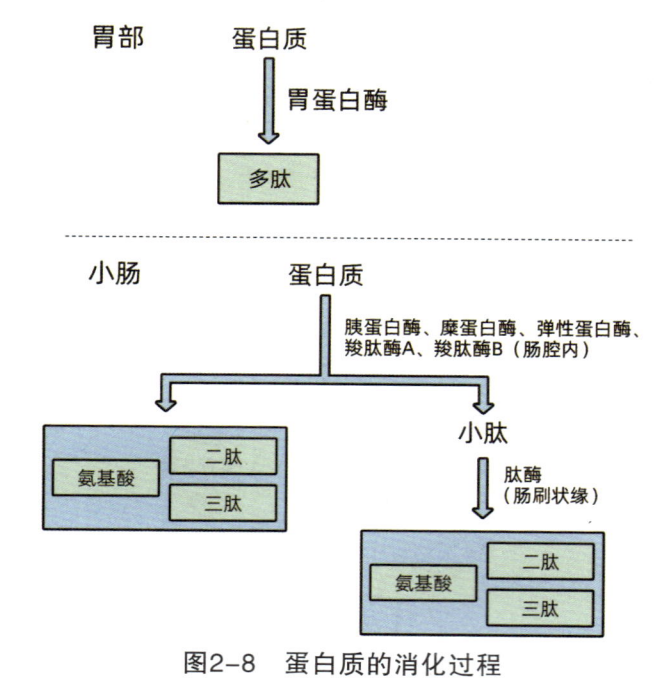

图2-8 蛋白质的消化过程

甘油三酯的消化过程

甘油三酯是日粮中的主要脂质。脂肪的消化起始于口腔和胃部，最后在小肠中通过胰脂肪酶、胆固醇酯水解酶和磷脂酶A_2完成水解（图2-9）。甘油三酯在舌上、胃内初步分解，在胰脂肪酶的作用下被分解为单甘油酯和脂肪酸。食物中的胆固醇酯被胆固醇酯水解酶进一步水解为胆固醇和脂肪酸。磷脂酶A_2将磷脂水解，生成溶血卵磷脂和脂肪酸。受脂质的溶解特性影响，脂质的消化和吸收过程更为复杂，涉及胆盐乳化脂肪，胰脂肪酶水解脂肪，生成脂肪酸和单甘油酯互溶形成微滴后被吸收、再酯化形成乳糜微粒，最后被转运进入肠淋巴或门静脉循环内等一系列复杂过程[15]。

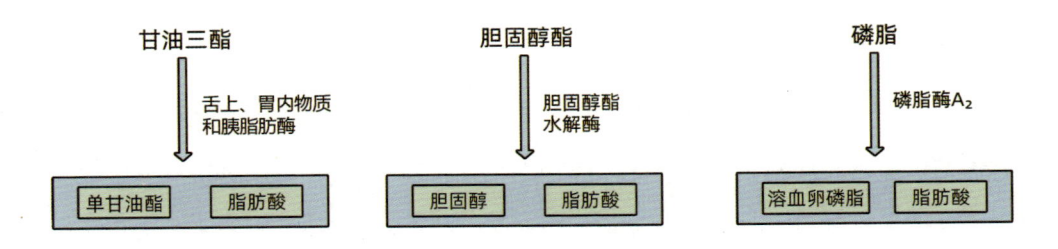

图2-9 脂质的消化过程

胃肠道内的发酵过程

在胃肠道内，结肠中的细菌浓度最高。结肠菌群主要通过产生短链脂肪酸（short-chain fatty acid，SCFA）发挥重要作用。进入胃肠道内的主要纤维发酵底物包括纤维素、半纤维素和果胶，这些底物通常无法被胰酶或肠酶消化。在结肠内产生的SCFA里，乙酸、丙酸和丁酸的量占到了85%以上，在犬和猫结肠中的浓度可高达150 mmol/L。SCFA能被结肠黏膜迅速吸收，容易被结肠上皮细胞代谢，具有各种生理作用，包括能促进结肠细胞的分化和增殖，促进结肠细胞吸收水和电解质，其能为动物提供的能量占动物总能量需求的10%~14%，并能影响或改变胃肠道的动力学[16]。

胃肠道内的吸收过程

小肠

小肠的主要功能之一就是吸收。在小肠内，水、溶质、葡萄糖和其他单糖、氨基酸和小肽、游离脂肪酸和甘油、矿物质和维生素、胆盐以及其他营养物质会被从管腔内吸收到肠绒毛上皮细胞中[12,15,16]。

水和溶质

肠绒毛上皮细胞能吸收Na^+、Cl^-和水，这个吸收过程受副交感神经和交感神经调节。血管活性肠多肽和含有乙酰胆碱的副交感神经元能抑制肠绒毛上皮细胞对液体的吸收作用，而去甲肾上腺素能神经元和阿片类神经元则能刺激这些细胞吸收液体。空肠是小肠吸收Na^+的主要部位，Na^+通过几种不同的Na^+依赖性协同转运蛋白被空肠的肠细胞吸收。碳酸氢钠（$NaHCO_3$）的净吸收发生在空肠，而氯化钠（NaCl）的净吸收发生在回肠[17]。

单糖和氨基酸

葡萄糖和半乳糖通过肠上皮细胞中的钠-葡萄糖共转运蛋白被主动吸收，果糖的吸收则不涉及能量或者协同转运。氨基酸、二肽和三肽通过与Na^+偶联的特定载体蛋白被主动转运到肠细胞中。多肽在肠细胞内被水解成氨基酸后，再通过辅助扩散从肠细胞内转运到门静脉循环[18]（图2-10）。

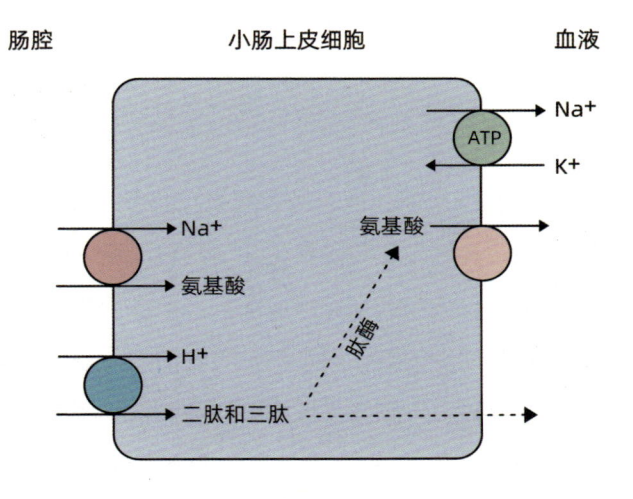

图2-10 小肠内的氨基酸吸收过程

脂质

脂质的主要吸收部位在空肠。空肠细胞会吸收由单甘油酯、溶血卵磷脂、胆固醇和游离脂肪酸组成的混合微滴。在这个过程中，胆盐会从脂质部分中分离出来，并在回肠中被重吸收。在空肠细胞内，脂质水解产物与脂肪酸再酯化形成甘油三酯、磷脂和胆固醇酯。再酯化的脂质和载脂蛋白被吸收进乳糜微粒中，大部分乳糜微粒被转运到小肠乳糜管内，随后转运到门静脉毛细血管内[15]。

水溶性/脂溶性维生素

水溶性维生素（B_1、B_2、B_6、B_{12}、C、叶酸、烟酸和泛酸盐）通过依赖Na^+协同的转运蛋白被吸收。唯一的例外是维生素B_{12}，它的吸收受R蛋白和内因子在进入回肠刷状缘之前的结合程度影响。脂溶性维生素（A、D、E、K）在小肠内被胆汁乳化，与胆盐分离后被肠细胞吸收，之后与胆固醇、脂蛋白和甘油三酯一起进入乳糜微粒，然后进入淋巴循环。

大肠

电解质

大肠的吸收机制与小肠相似，但有数种重要的区别（表2-1）。葡萄糖、氨基酸和单甘油酯主要在小肠被吸收。除新生儿早期外，没有证据表明结肠也会吸收葡萄糖或氨基酸。结肠是大肠的主要组成部分。钠在结肠中的吸收机制与小肠内不同，葡萄糖和氨基酸引发的钠转运是小肠吸收钠的一个公认特性，因此可以口服葡萄糖电解质溶液来减少小肠感染性腹泻的发病率。与此不同，结肠中并不会发生与葡萄糖偶联的钠转运，钠在结肠中主要依赖电解质转运。大肠对盐皮质激素的反应也不同[11]，比如醛固酮可以显著增加钠在结肠中的转运效率，但在小肠中的作用有限。

表2-1 小肠和大肠的生理特性差异

小肠	大肠
有肠绒毛	没有肠绒毛
吸收氨基酸	不吸收氨基酸
吸收葡萄糖	不吸收葡萄糖
吸收脂质	不吸收脂质
吸收维生素	不吸收维生素
有葡萄糖/钠离子偶联吸收	没有葡萄糖/钠离子偶联吸收
少量吸收SCFA	大量吸收SCFA

氨和短链脂肪酸

氨是氨基酸代谢的重要副产物。肠道是体内产生氨的最主要部位，主要通过结肠中的细菌脲酶作用于内源性尿素或日粮中的胺类产生氨。结肠细菌产生的氨会进入门静脉循环，被转运到肝脏后进行尿素循环转化。大肠微生物发酵还会产生SCFA（主要是乙酸、丙酸和丁酸）。在非电离形式下，SCFA呈脂溶性，可以迅速扩散穿过细胞膜。然而，在电离形式下，SCFA则变为水溶性的，并且大多数因为太大而无法通过小离子途径被转运吸收。在犬科和猫科动物中，SCFA能提供高达15%左右的结肠代谢能量。

胃肠道免疫系统

胃肠道中含有多种免疫细胞，包括T细胞、B细胞、浆细胞、巨噬细胞、树突状细胞、肥大细胞、嗜酸性粒细胞和中性粒细胞等。犬、猫的胃肠道免疫情况受到许多变量的影响，如动物的年龄[16,17]、饮食史和用药史等，并且一直是相当有争议的主题。世界小动物兽医协会（World Small Animal Veterinary Association，WSAVA）胃肠道标准化组采用循证医学方法[18]建立了犬、猫的胃肠道免疫细胞参考范围。大多数研究采用苏木精和伊红（hematoxylin & eosin，H&E）染色评价[19-25]，其他一些研究则使用免疫组织化学（immunohistochemistry，IHC）来标记和进行白细胞计数测定[26-28]。这些研究的细节已在胃肠道标准化组织的档案中发表了。

总结

随着科学养宠观念的提升，越来越多宠主关注宠物食品的适口性和营养作用。从口腔、胃、小肠和大肠等消化道，以及唾液腺、胰腺等消化腺着眼食物的摄入、消化、吸收和利用方式，了解犬、猫的消化吸收生理特性，为提高采食量和营养物质的消化率提供参考。食物中的三大养分碳水化合物、脂肪和蛋白质需经过消化道的分解，在消化腺的介导下，将大分子化合物分解成结构简单、可吸收的小分子营养成分，经消化道上皮细胞进入血液和淋巴系统被机体吸收、利用。而未被消化吸收的部分，经大肠吸收水和电解质后，以尿液和粪便的形式排出体外。食物中不同营养物质在特定消化道的消化和吸收特性较为复杂，需建立一套完备的犬、猫消化系统知识体系，以保障犬、猫胃肠道健康，满足犬、猫健康生长和稳定发育的基本需求。

参考文献

[1] YOUNG J, COOK D I, LENNEP E W, et al. Secretion by major salivary glands[J]. Physiology of the Gastrointestinal Tract, 1987(1): 773-815.

[2] ALLEN R H, SEETHARAM B, PODELL E, et al. Effect of proteolytic enzymes on the binding of cobalamin to R protein and intrinsic factor[J]. Journal of Clinical Investigation, 1978, 61(1): 47-54.

[3] SHULKES A, BALDWIN G S, GIRAUD A S. Regulation of gastric acid secretion[M]// Physiology of the Gastrointestinal Tract. Amsterdam: Elsevier, 2006: 1223-1248.

[4] HERSEY S J. Pepsinogen secretion [J]. Physiology of the Gastrointestinal Tract, 1987: 947-958.

[5] BATT R M, HORADAGODA N U. Gastric and pancreatic intrinsic factor-mediated absorption of cobalamin in the dog[J]. American Journal of Physiology, 1989, 257(3 Pt 1): 9344-9349.

[6] FYFE J C. Feline intrinsic factor is pancreatic in origin and mediates ileal cobalamin absorption[J]. J Vet Intern Med, 1993(7):133.

[7] NEUTRA M R, FORSTNER J F. Gastrointestinal mucus: synthesis, secretion, and function[J]. Physiology of the Gastrointestinal Tract, 1987: 975-1010.

[8] WILLIAMS J A, YULE D I. Stimulus-secretion coupling in pancreatic acinar cells[M]// Physiology of the Gastrointestinal Tract. Amsterdam: Elsevier, 2006: 1337-1369.

[9] KONTUREK S J, PUCHER A, RADECKI T. Comparison of vasoactive intestinal peptide and secretin in stimulation of pancreatic secretion[J]. The Journal of Physiology, 1976, 255(2): 497-509.

[10] DAWSON P A, SHNEIDER B L, HOFMANN A F. Bile formation and the enterohepatic circulation[M]// Physiology of the Gastrointestinal Tract. Amsterdam: Elsevier, 2006: 1437-1462.

[11] WASHABAU R J, HOLT D E. Diseases of the large intestine [J]. Textbook of Veterinary Internal Medicine, 2005, 1378-1408.

[12] WRIGHT E M, LOO D D F, HIRAYAMA B A, et al. Sugar digestion and absorption [J]. Physiology of the Gastrointestinal Tract, 2006: 1654-1667.

[13] LI P, WU G Y. Characteristics of nutrition and metabolism in dogs and cats[J]. Advances in Experimental Medicine and Biology, 2024, 1446: 55-98.

[14] CRAIG J M. Food intolerance in dogs and cats[J]. The Journal of Small Animal Practice, 2019, 60(2): 77-85.

[15] SHIAU Y F. Lipid digestion and absorption [M]// Physiology of the Gastrointestinal Tract,

1987: 1527-1556.

[16] BAUM B, MENESES F, KLEINSCHMIDT S, et al. Age-related histomorphologic changes in the canine gastrointestinal tract: a histologic and immunohistologic study[J]. World Journal of Gastroenterology, 2007, 13(1): 152-157.

[17] KLEINSCHMIDT S, MENESES F, NOLTE I, et al. Distribution of mast cell subtypes and immune cell populations in canine intestines: evidence for age-related decline in T cells and macrophages and increase of IgA-positive plasma cells[J]. Research in Veterinary Science, 2008, 84(1): 41-48.

[18] WALLACE E. Evidence-based clinical practice: concepts and approaches[J]. Annals of Internal Medicine, 2000, 132: 768.

[19] SPINATO M T, BARKER I K, HOUSTON D M. A morphometric study of the canine colon: comparison of control dogs and cases of colonic disease[J]. Canadian Journal of Veterinary Research, 1990, 54(4): 477-486.

[20] ROTH L, WALTON A M, LEIB M S, et al. A grading system for lymphocytic plasmacytic colitis in dogs[J]. Journal of Veterinary Diagnostic Investigation, 1990, 2(4): 257-262.

[21] HART J R, SHAKER E, PATNAIK A K, et al. Lymphocyticplasmacytic enterocolitis in cats: 60 cases (1988–1990) [J]. J Am Anim Hosp Assoc, 1994, 30: 505-514.

[22] BAUM B, MENESES F, KLEINSCHMIDT S, et al. Age-related histomorphologic changes in the canine gastrointestinal tract: a histologic and immunohistologic study[J]. World Journal of Gastroenterology, 2007, 13(1): 152-157.

[23] KLEINSCHMIDT S, MENESES F, NOLTE I, et al. Distribution of mast cell subtypes and immune cell populations in canine intestines: evidence for age-related decline in T cells and macrophages and increase of IgA-positive plasma cells[J]. Research in Veterinary Science, 2008, 84(1): 41-48.

[24] HALL E J, BATT R M. Development of wheat-sensitive enteropathy in Irish setters: morphologic changes[J]. American Journal of Veterinary Research, 1990, 51(7): 978-982.

[25] PAULSEN D B, BUDDINGTON K K, BUDDINGTON R K. Dimensions and histologic characteristics of the small intestine of dogs during postnatal development[J]. American Journal of Veterinary Research, 2003, 64(5): 618-626.

[26] JERGENS A E, MOORE F M, KAISER M S, et al. Morphometric evaluation of immunoglobulin A-containing and immunoglobulin G-containing cells and T cells in duodenal mucosa from healthy dogs and from dogs with inflammatory bowel disease or nonspecific gastroenteritis[J]. American Journal of Veterinary Research, 1996, 57(5): 697-704.

[27] JERGENS A E, GARNET Y, MOORE F M, et al. Colonic lymphocyte and plasma cell populations in dogs with lymphocytic-plasmacytic colitis[J]. American Journal of Veterinary Research, 1999, 60(4): 515-520.

[28] STONEHEWER J, SIMPSON J W, ELSE R W, et al. Evaluation of B and T lymphocytes and plasma cells in colonic mucosa from healthy dogs and from dogs with inflammatory bowel disease[J]. Research in Veterinary Science, 1998, 65(1): 59-63.

第三章
淀粉与犬、猫的肠道健康

孙皓然

引言

淀粉作为一种重要的能量供应物质，属于动物机体三大营养素之一的碳水化合物。淀粉根据其特性具有不同的分类，不同种类的淀粉原料对加工工艺、动物生理作用及肠道健康均有不同程度的影响。未经小肠消化吸收的淀粉及其他碳水化合物可进入犬、猫后肠经肠道微生物进行发酵，对肠道菌群的结构和功能发挥具有调节作用。然而，目前宠物食品市场的宣传导向致使大众对淀粉类原料的认知和应用存在一定误区，因此我们需要从营养学的角度正确认识淀粉在宠物食品中的价值并科学合理地利用。

碳水化合物的分类

在了解淀粉对犬、猫肠道健康的作用之前，有必要了解与之密切相关的碳水化合物。碳水化合物（carbohydrate）亦称为糖类，是由碳、氢、氧3种元素组成的一类有机化合物。按照化学结构不同，营养学上常将碳水化合物分为单糖、二糖、寡糖和多糖等（表3-1）。淀粉属于多糖类别。

表3-1 碳水化合物的分类与举例

分类		举例
单糖	丙糖	甘油醛、丙酮
	丁糖	赤藓糖
	戊糖	阿拉伯糖、木糖、木酮糖、核糖、核酮糖、5-脱氧核糖
	己糖	葡萄糖、果糖、半乳糖、甘露糖
	庚糖	景天庚酮糖、甘露庚酮糖、L-甘油-D-甘露庚糖
寡糖	二糖	蔗糖、乳糖、麦芽糖、异麦芽糖、纤维二糖
	三糖	棉子糖、蔗果三糖、麦芽三糖、车前糖、松三糖
	四糖	水苏糖和剪秋罗糖
多糖	同聚多糖	戊聚糖[$(C_5H_8O_4)_n$]，如阿拉伯聚糖、木聚糖 己聚糖[$(C_6H_{12}O_6)_n$]，如淀粉、纤维素、甘露聚糖、果聚糖、糖原
	杂聚多糖	半纤维素、果胶、树胶渗出物、海带多糖、褐藻胶、卡拉胶、氨基多糖（如软骨素和透明质酸）、硫酸化多糖（如软骨素硫酸盐）等
共轭糖	糖脂	甘油糖脂、鞘脂
	糖蛋白	黏蛋白、免疫球蛋白、膜上结合激素的受体

单糖

单糖是最简单的糖类，每分子含有3~7个碳原子，主要为葡萄糖、果糖和半乳糖等。葡萄糖和果糖都是植物中常见的单糖，一般而言，在植物中，葡萄糖含量高于果糖。葡萄糖分为D-型和L-型（图3-1），动物细胞只能代谢前者而不能利用后者[1]。葡萄糖可为犬、猫快速提供能量。在犬、猫的临床治疗中，葡萄糖也是肠外营养中一种非常重要的营养素，可通过静脉滴注等方式为疾病期的虚弱犬、猫快速补充能量[2]。

木糖还原生成的木糖醇作为一种天然甜味剂在人类食品中广泛使用。与葡萄糖相比，人类进食木糖醇所引起的胰岛素水平的变化可以忽略不计。与此相反，犬进食木糖醇后机体会将其快速吸收，并且可能导致胰腺大量释放胰岛素。因此，木糖醇对犬类具有严重的毒性作用。过量食入木糖醇后，犬会出现严重的低血糖症及肝脏等器官损伤，不及时救治会危及生命[3]。目前暂未发现木糖醇对猫的毒性作用[4]。

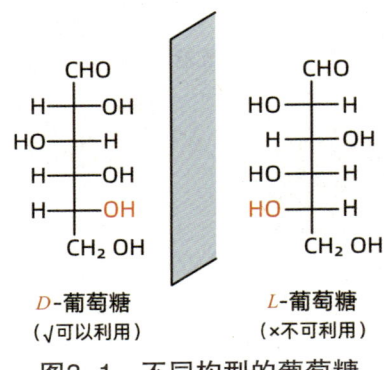

图3-1 不同构型的葡萄糖

二糖

二糖是由2分子单糖以糖苷键相互连接而成的，常见的二糖有蔗糖、麦芽糖和乳糖。大多数自然产生的二糖存在于植物中，例如蔗糖（由1分子葡萄糖和1分子果糖组成）在甘蔗和甜菜中含量较多，麦芽糖（由2分子葡萄糖组成）主要来源于大麦淀粉，乳糖（由1分子葡萄糖和1分子半乳糖组成）则是在哺乳动物的乳腺中合成（图3-2）。除犬、猫的母乳中会含有乳糖外，在宠物食品中的乳糖主要来源于奶类及奶制品。蔗糖具有明显甜味，犬对甜味食物感兴趣，而猫对甜味敏感度较低，因而犬会对含蔗糖的食物存在一定兴趣，而猫不会。另外，犬和猫体内的蔗糖酶活性较低，过量的蔗糖在犬和猫的小肠中无法被充分消化吸收，部分会进入后肠进行发酵。乳糖对于成年犬和猫也存在上述类似情况，因此乳糖和蔗糖在犬和猫的食物中是抗性二糖[2]。

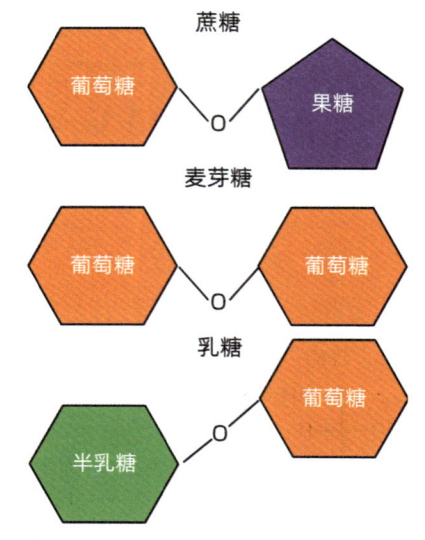

图3-2 麦芽糖、蔗糖和乳糖的组成成分

寡糖

寡糖又称低聚糖，是由3~10个单糖构成的一类小分子糖。绝大多数天然存在的寡糖都是在植物中发现的，比较常见的寡糖有棉子糖、水苏糖和异麦芽低聚糖等。棉子糖和水苏糖是豆类中含有的主要寡糖，不能被小肠消化酶分解和吸收，但可在大肠中被肠道细菌代谢，代谢时产生气体从而引起胀气[5]。因此，必须对这些豆类原料进行适当的加工处理以减少不良影响。肠道中的双歧杆菌等有益菌可以利用寡糖作为益生元，促进益生菌的增殖，并产生短链脂肪酸。低聚半乳糖（galacto-oligosaccharides，GOS）是在乳糖分子的半乳糖基一侧以β（1,4）和β（1,6）糖苷键为主连接形成的低度聚合糖，可归类为杂低聚糖的一种，分子式为（Galactoes）$_n$-Glucose（n=2~5）。在关于人类新生儿、仔猪及其他动物研究中，GOS被证明是有效的益生元成分，具有改善肠道微生物群、屏障功能和其他有益于健康的作用[6-8]。GOS已经在人类婴儿配方奶粉中广泛使用，可调节婴幼儿的肠道菌群、预防早产儿坏死性小肠结肠炎等病症，并可预防呼吸道感染，起到与母乳低聚糖相似的功效[9,10]。GOS还具有改善粪便、促进矿物质吸收、管理体重和缓解过敏症状的作用，被视为众多低聚糖中安全性最高、肠道健康效果最好的益生元之一[11-13]。GOS在宠物食品中的研究较少，在已应用的宠物食品产品中表现效果尚佳[14]。

多糖

多糖是由10个以上的单糖组成的一类大分子碳水化合物的总称，其中通过单一类型单糖分子连接而成的聚多糖称为同聚多糖，由2种或2种以上不同类型单糖形成的聚多糖则称为杂聚多糖。

自然界中，植物来源的同聚多糖有淀粉（由α-D-葡萄糖构成的葡聚糖）、纤维素（由β-D-葡萄糖构成的葡聚糖）、果聚糖和半乳聚糖等。糖原存在于动物细胞中，是哺乳动物体内唯一的同聚多糖。哺乳动物主要在肝脏和肌肉内储存糖原（分别称为肝糖原和肌糖原），机体可利用肝糖原维持正常的血糖水平，利用肌糖原提供运动所需的能量。

植物来源的杂聚多糖包括半纤维素、菊粉、甘露聚糖、果胶、树胶渗出物等。动物来源的杂聚多糖包括透明质酸、硫酸软骨素、硫酸皮肤素、硫酸乙酰肝素、硫酸肝素和硫酸角质素等。这些杂聚多糖在动物体内具有多种生理功能，包括构成骨骼、结缔组织或特定血液组分的有机成分，发挥抗凝作用，以及进行细胞信号传达[1]。脂多糖也被称为内毒素，是革兰阴性菌外膜上的糖脂，也是一种高效的动物免疫反应促进剂，当其进入循环系统时也会引起机体的强烈炎性反应。黄原胶、琼脂、海藻酸、卡拉胶等都是由微生物产生或天然存在于藻类和海藻中的杂聚多糖，可在宠物食品中用于增稠，或者发挥益生元作用。

上述多糖中，除淀粉外的植物多糖被统称为非淀粉多糖（non-starch polysaccharides，NSP），即我们所熟知的膳食纤维。NSP分为水溶性NSP（如果胶、菊糖、黄原胶、海藻酸盐和卡拉胶钠盐）和非水溶性NSP［纤维素、半纤维素、抗性淀粉、甲壳素和木质素（非碳水化合物）］（图3-3）。其中，水溶性NSP与水接触后会形成黏稠溶液，且黏稠程度随多糖浓度增加而增加。水溶性NSP具有中度或高度发酵能力，即可被犬、猫的后肠微生物发酵分解，产生短链脂肪酸。短链脂肪酸可以为肠道上皮细胞提供能量，有益于肠道健康；但若产生大量发酵产物，则会造成粪便质量下降。因此，摄入过量的水溶性NSP会使动物消化道内的食糜变黏，进而阻碍养分接触肠道黏膜表面，降低营养物质的消化利用率；如果这类NSP同时具有高度发酵能力，则还可能造成动物粪便稀软[2]。在日粮中错误使用水溶性NSP会使其表现出抗营养作用，因此应当选用具有中度发酵能力并能为肠道黏膜提供充足短链脂肪酸的纤维原料。

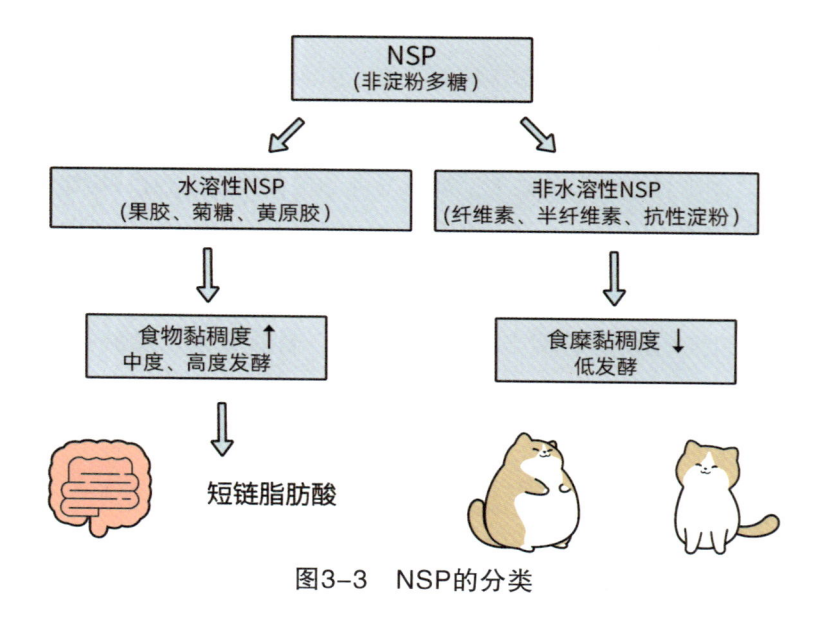

图3-3 NSP的分类

非水溶性NSP可以在其纤维孔隙结构内部保留部分水分，并不会形成黏稠液体。纤维素和木质素等非水溶性NSP较难被肠道微生物分解利用，可能会降低日粮内其他营养物质的消化利用率。因此，宠物食品往往使用此类碳水化合物来降低日粮的能量密度，增加饱腹感，这对需要减重的犬和猫非常重要。

第三章 淀粉与犬、猫的肠道健康

碳水化合物的生理功能

储存和提供能量

碳水化合物是最主要且最经济的能量来源，每克葡萄糖在体内氧化可产生15.5 kJ（3.7 kcal）的能量。葡萄糖是大脑神经系统、肌肉组织、脂肪组织、胎儿生长发育和乳腺等器官组织代谢的主要能量来源（图3-4），也是动物代谢活动中最有效的营养物质。多余的葡萄糖还可在机体内被转化为糖原和脂肪，用来储存能量。

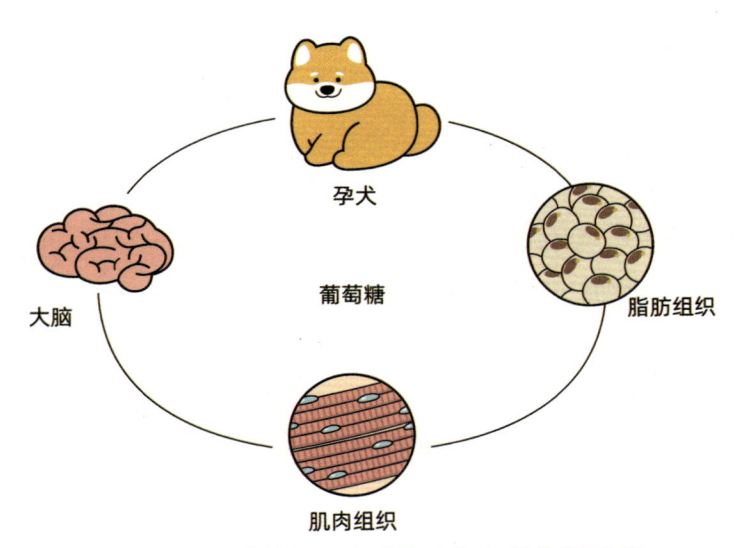

图3-4 葡萄糖影响多种器官组织的能量代谢

构成机体组织和重要的生命物质

碳水化合物参与细胞的组成，各类组织中还广泛含有多种糖结合物，如糖脂、糖蛋白等。碳水化合物还参与构成一些具有重要生理功能的物质，如抗体、

61

酶和激素等。

蛋白质节约效应

碳水化合物供应不足时，机体通过分解蛋白质和脂肪进行糖异生产生葡萄糖；碳水化合物供应充足时，可预防体内或食物蛋白质被消耗供能，减少用于供能的蛋白质，进而发挥节约蛋白质的作用。同样，碳水化合物充足时，也会减少脂肪的供能作用，促进脂肪在体内沉积。

增强肠道功能

纤维素、果胶和抗性淀粉等抗消化的碳水化合物虽不能在小肠内被消化吸收，但可以刺激肠道蠕动，增加结肠发酵产生的短链脂肪酸，有益于肠道菌群增殖，有助于消化和增加排便量。

参与美拉德反应

在宠物食品生产加工过程的高温、高压等条件作用下，碳水化合物可与蛋白质或氨基酸发生美拉德反应，赋予产品独特的风味，提高适口性，但也可能会影响机体对蛋白质和氨基酸的消化吸收利用。这是由于还原糖的羰基与蛋白质或肽游离的氨基之间发生了缩合反应（图3-5），产生褐变，生成动物自身分泌的消化酶不能降解的氨基-糖复合物，影响了氨基酸的吸收利用，降低了食物的营养价值。其中，赖氨酸尤其容易发生美拉德反应。

第三章 淀粉与犬、猫的肠道健康

蛋白质　　　　　糖　　　　　高温　　　　褐色、独特风味
　　　　　　　　　　　　　　　　　　　　　提高适口性

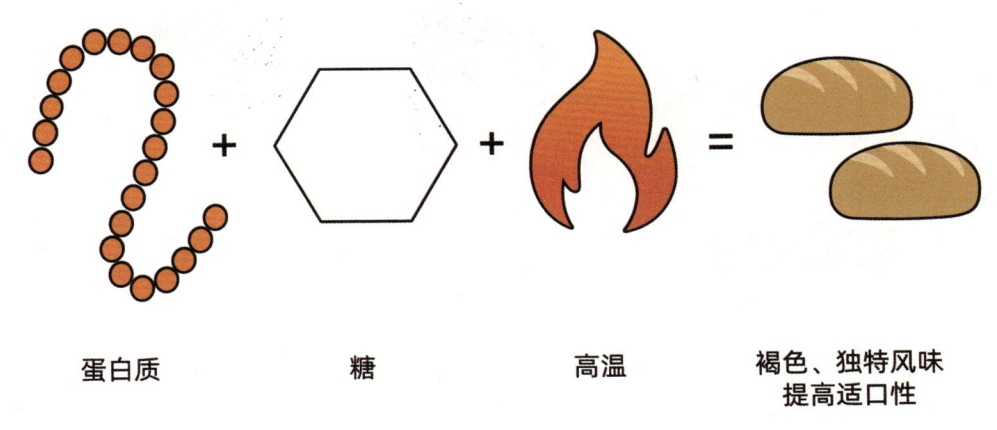

图3-5　美拉德反应

淀粉的分类

淀粉是碳水化合物的主要贮藏形式之一，是人类和动物赖以生存和发展的最基本和最重要的食用资源。淀粉广泛存在于高等植物的根部、块茎、果实、种子和花粉等组织中，所有植物均可以产生淀粉，淀粉也是产量仅次于纤维素的第二大可再生资源。在宠物食品中，淀粉不仅可以优化产品的质构，还可以为犬、猫提供能量。随着对淀粉研究的不断深入以及研究维度的变化，对淀粉的分类标准产生不同的体系。

按来源分类

（1）谷类淀粉：以玉米、大米、小麦、高粱、燕麦和荞麦等粮食为原料加工而成，主要存在于种子的胚乳中。

（2）薯类淀粉：以马铃薯、甘薯、木薯和山药等薯类为原料加工而成，主要来源于植物的根和茎。

（3）豆类淀粉：以绿豆、豌豆、蚕豆和红豆等豆类为原料加工而成，这类淀粉的直链淀粉含量较高。

（4）其他淀粉：以莲藕、菱、西米、香蕉、芭蕉、菠萝等为原料加工

63

而成。

另外，一些细菌和藻类也含有淀粉。不同种类的淀粉具有不同的性能，来自不同产地及不同成熟期的同种淀粉，其理化性能也可能具有差异性。

按结构分类

淀粉是由多个葡萄糖分子通过α-1,4糖苷键重复连接起来的高分子化合物（图3-6），分子式为$(C_6H_{10}O_5)_n$。$C_6H_{10}O_5$是组成淀粉分子的葡萄糖单位，n为一个不定数，称为聚合度，表示淀粉分子由大量葡萄糖单位组成。

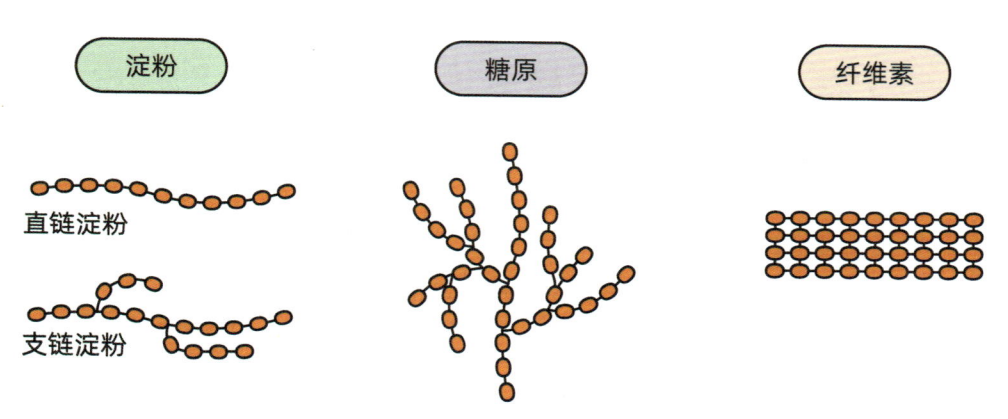

图3-6 淀粉、糖原、纤维素的结构示意图

淀粉分子存在两种形式的结构，即具有直链结构的直链淀粉和具有分支结构的支链淀粉，前者易使食物老化，后者易使食物糊化。通过水、热和压力的复合作用或机械力的作用，使淀粉颗粒完全膨胀破坏的过程，即为糊化。完全糊化的淀粉，在较低温度下自然冷却或缓慢脱水干燥，会使在糊化时已被破坏的淀粉分子的氢键发生再度结合，胶体发生离水使部分分子重新变成有序排列，结晶沉淀为凝胶体。上述现象称为淀粉的老化，可以视作糊化的逆过程。然而，淀粉的老化是不可逆的，不仅会降低食物的口感，还会降低其在肠道内的消化吸收率。一般淀粉原料都是由直链淀粉和支链淀粉这两种类型的淀粉混合组成的，只是组成

比例不同（表3-2）。

表3-2　常见淀粉原料的直链、支链淀粉含量

淀粉来源	直链淀粉含量/%	支链淀粉含量/%
蜡玉米	1	99
玉米	23	77
大麦	21	79
黑麦	27	73
黑小麦	23	77
燕麦	25	75
小麦	24	76
马铃薯	22	78
木薯	17	83
红薯	20	80
高粱	27	73
大米	20	80
糯米	0	100

直链淀粉

直链淀粉是由葡萄糖单位通过α-1,4糖苷键连接成的直链状大分子，直链淀粉的分子大小差别很大，葡萄糖单位聚合度可在100~6 000个，一般为300~800个。同一类型淀粉原料内部的直链淀粉分子量不尽相同。不同类型淀粉原料的直链淀粉分子量相差更大，谷类的直链淀粉分子量较小，薯类的则较大。各种植物淀粉中的直链淀粉含量也不一样，如谷类和薯类淀粉中的直链淀粉含量一般为

17%~27%[10]。

直链淀粉的凝沉性较强，即糊化后会重新聚合的可能性较强，易发生老化。凝沉速度和凝沉程度受淀粉分子大小、温度和pH等因素影响。在动物机体消化淀粉的过程中，直链淀粉的消化速度较慢，会有部分直链淀粉直接进入到后肠被肠道微生物发酵。

支链淀粉

支链淀粉是近似球形的大分子，聚合的葡萄糖单位可在1 000~3 000 000个，一般在6 000个以上，平均分子量约为1 000 000，是最大的天然高分子化合物之一。支链淀粉的主链是以α-1,4糖苷键连接的直链结构，侧链部分是以α-1,6糖苷键连接的枝杈结构。由于支链淀粉的分支链在50个以上，每条分支链由23~27个葡萄糖单位组成，所以支链淀粉的分子量要比直链淀粉高很多。植物淀粉一般含约75%的支链淀粉，由于支链淀粉的枝杈较多，被动物肠道消化时的消化速度很快，能用来快速提供葡萄糖。

支链淀粉和直链淀粉在消化特性上不仅有较大差别，在理化性质上也存在差异。一般来讲，支链淀粉的黏度高，易溶于水，可形成稳定的溶液，并且具有易糊化的特点。而直链淀粉则与之相反，黏度较低，在水中具有较强的凝沉性。

按消化特性分类

根据淀粉颗粒的消化特性，可将淀粉分为可吸收淀粉和抗性淀粉。抗性淀粉主要指那些在健康动物的小肠中不能被消化吸收的淀粉及其产物。根据淀粉的消化速度，在营养学中可将淀粉分为快消化淀粉和慢消化淀粉。

快消化淀粉

快消化淀粉（rapidly digestible starch，RDS）指在20分钟内能够被小肠消化吸收的淀粉，如精制面粉等。RDS会在小肠上部被迅速消化和吸收，并能使血糖水平快速上升，为机体快速提供能量，减轻消化系统的负担。

慢消化淀粉

慢消化淀粉（slowly digestible starch，SDS）指需要20~120分钟才能够被小肠完全消化、吸收的淀粉，如天然玉米淀粉等。SDS会在整个小肠中被缓慢消化，可以持续释放葡萄糖，因此其使血糖水平的上升速度较慢。

抗性淀粉

抗性淀粉（resistant starch，RS）指不能在120分钟内在小肠中被消化吸收，可到达结肠并被结肠微生物发酵，继而发挥有效生理作用的淀粉。RS又称难消化淀粉、抗酶解淀粉，是一种新型膳食纤维。RS有良好的结构特性，已被广泛应用于各种人类食品中，可以提高产品质量，改善营养结构，在宠物食品中也具有较高的应用价值。

RS在胃和小肠中不能被消化吸收，但在进入大肠后能被微生物发酵产生大量短链脂肪酸，这些脂肪酸有利于健康的微生物菌群，能发挥益生功能[15]。同时，RS能增加饱腹感，具有类似膳食纤维的生理功能，起到很好的减肥作用[16]。此外，RS能减少肠道炎症和降低结肠癌发病风险，还能降低血清胆固醇和甘油三酯，具有降低血糖、提高胰岛素敏感性、预防心脑血管疾病、促进矿物质吸收等生理功能[17]（图3-7）。针对老年犬中的研究表明，RS可以降低粪便pH，增加短链脂肪酸产量，提升降结肠隐窝深度[18]。同时，有研究表明，在全价宠物食品中添加高直链大米等富含RS的原料也具有促进犬减重的潜力[19]。

图3-7 抗性淀粉的益处

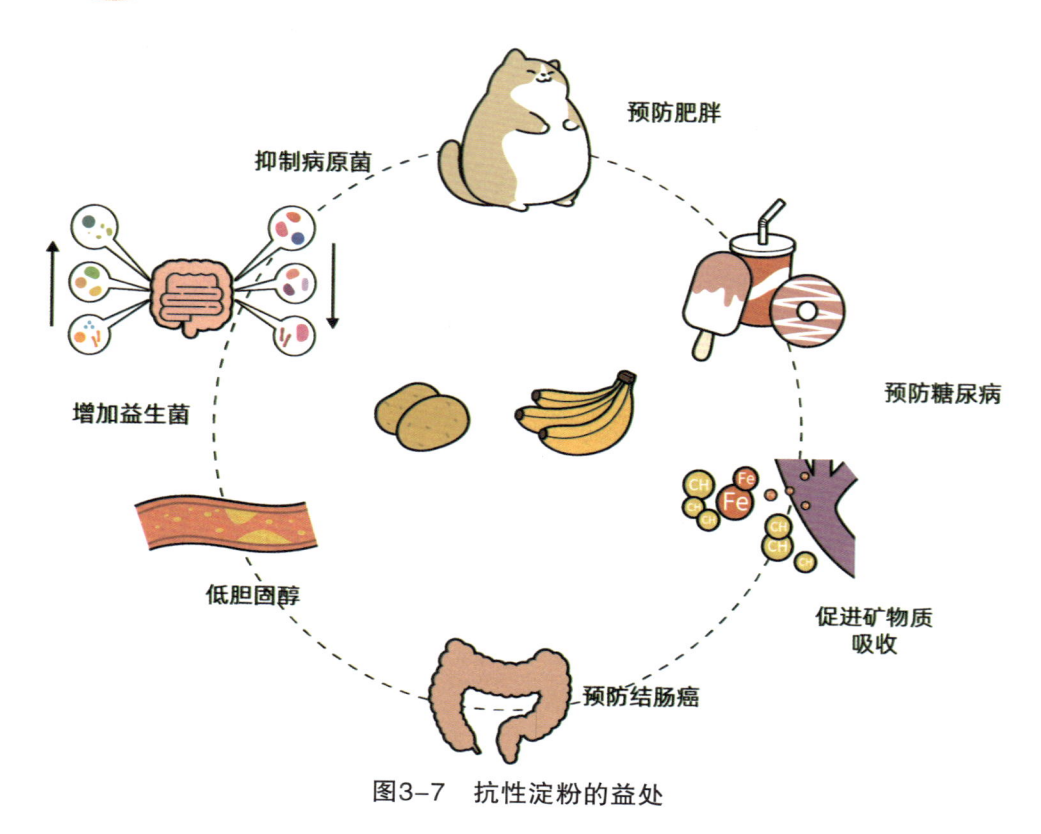

依据来源和酶解机制，可将RS分为以下5类：RS1物理包埋淀粉（physically trapped starch）、RS2天然抗性淀粉颗粒（resistant starch granules）、RS3回生淀粉（retrograde starch）、RS4化学改性淀粉（chemically modified starch）、RS5直链淀粉-脂类复合物（starch-lipid complexes）。其中，RS1和RS2属于天然淀粉。各种RS的特性如下：

（1）RS1是被植物组织基质包埋的淀粉颗粒，多存在于豆类和谷类中。在植物组织的细胞壁或蛋白质遮蔽下，淀粉酶难以接近这些淀粉颗粒，难以发生酶解作用。通过研磨、粉碎、咀嚼或用蛋白酶处理，可以降低RS1的抗性。

（2）RS2多存在于生马铃薯、青香蕉及高直链玉米淀粉中，产生酶抗性的原因包括完整颗粒的大小、多孔、高密性和存在某些淀粉酶抑制剂组分。提高直链淀粉比例可增加RS2含量。经加热糊化处理后，RS2的抗性可消失，从而能被完全消化吸收。

（3）RS3是糊化后的直链淀粉老化重结晶形成双螺旋结构，再凝聚成的有序的高度致密晶体，这导致消化酶接触不到糖苷键。冷米饭和冷面包等食物都含有较多的RS3。与普通膳食纤维相比，RS3不会影响食物本身的颜色、口感和气味。

（4）RS4是指通过改变淀粉分子结构或引入新官能团，使得淀粉具有酶抗性的一种RS。最常用的改性方式有乙酰化、甲基化和磷酸化等。此外，让淀粉和其他多糖（如果胶）共轭结合也可以制备RS4。

（5）RS5是指淀粉和脂类在加工过程中形成的单螺旋复合物，加入脂类能改变淀粉的分子结构，使消化酶不易接触淀粉，从而产生酶抗性。当RS5具有较多的长链脂肪酸且形成结晶复合物时，酶抗性更高。RS5常见于富含脂质和淀粉的谷物和食品中。

淀粉在犬、猫肠道内的消化、吸收和利用

淀粉的消化在犬、猫的整个消化道内都在发生，涉及物理消化、酶消化和微生物消化过程。犬、猫的口腔内主要进行淀粉的物理消化，即通过简单的咀嚼完成。犬、猫与人类不同，其唾液中缺乏α-淀粉酶，因此淀粉的酶解过程并不在口腔中开始。在胃部，食物与胃液混合，该过程主要消化食物中的蛋白质，对淀粉的消化较少。淀粉主要在小肠中被消化和吸收，胰酶可消化分解大部分的淀粉，小肠黏膜上皮细胞刷状缘分泌的酶则在淀粉消化和吸收的最后阶段发挥重要作用。

在小肠中，直链淀粉被α-淀粉酶裂解，产生麦芽糖和麦芽三糖；支链淀粉被分解为麦芽糖、麦芽三糖和α-糊精。其中，空肠的α-淀粉酶活性最强，因此大部分的淀粉主要在空肠中被消化。刷状缘分泌的寡糖酶将较大的葡萄糖链裂解成单

一葡萄糖分子或二糖，二糖又进一步由胰腺和肠黏膜产生的二糖酶（麦芽糖酶、蔗糖酶和乳糖酶）彻底分解为单糖，然后被肠上皮细胞吸收。犬、猫会随着年龄的增长而分泌更多的淀粉酶和麦芽糖酶，这些酶在幼年哺乳期的犬、猫体内活性较低，而成年期较高。例如，幼年犬的淀粉酶活性在出生后第21天增加，在第63天进一步增加[20]。这种模式表明幼年犬对食物中淀粉的消化能力会越来越强。未经小肠消化吸收的淀粉会进入结肠被微生物发酵分解。

淀粉在消化道内被消化分解为葡萄糖，通过肠上皮细胞经主动转运被吸收，未被吸收的葡萄糖随食糜向回肠移动，吸收率逐渐下降。被吸收进入体内的葡萄糖通过门静脉到达肝脏。肝脏在合成、储存、转化和释放葡萄糖供其他器官使用方面起着核心作用。餐后血糖反应低的碳水化合物的升糖指数（glycemic index，GI）较低，血糖浓度在该过程中受到了胰岛素和胰高血糖素的精细调控[21]。对于糖耐量受损的犬、猫应饲喂GI相对较低的食物（图3-8），并改变碳水化合物的来源或增加日粮中的纤维含量[22,23]。中枢神经系统和红细胞需要葡萄糖来提供能量，其他组织则可以使用其他底物来供能。葡萄糖通过糖酵解和三羧酸循环进行代谢，经有氧氧化被完全分解为二氧化碳、水、三磷酸腺苷（adenosine triphosphate，ATP）和热量。如果组织中缺氧，如在剧烈运动时，则葡萄糖通过无氧氧化产生ATP，并被代谢为丙酮酸，之后经乳酸脱氢酶转化为乳酸。

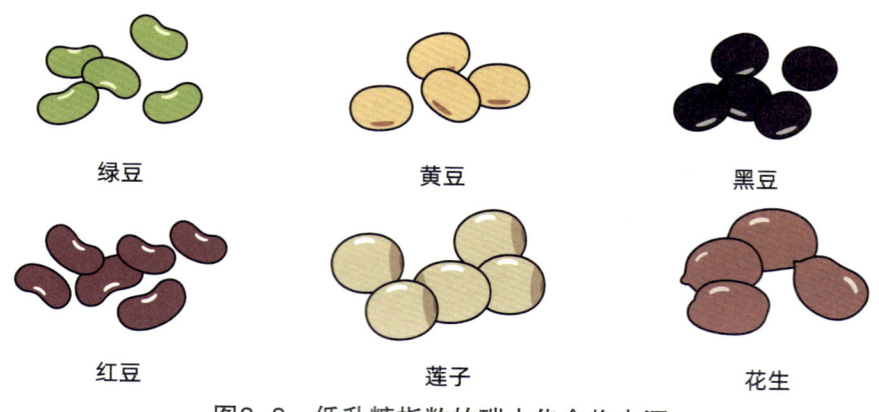

图3-8 低升糖指数的碳水化合物来源

当摄入的葡萄糖超过自身需求时,机体可通过糖原合成酶将其储存为糖原。人类耐力赛运动员使用碳水化合物负荷(即在比赛前几天进食大量富含淀粉的食物)来最大化地储存肌糖原。虽未广泛研究赛犬的碳水化合物负荷作用机制,但在实践过程中发现其具有一定效果[24]。在糖原储存充足后,额外摄入的碳水化合物会被转化为长链脂肪酸储存在脂肪组织中。

碳水化合物正常代谢产生的排泄物包括呼吸中的二氧化碳、身体散发出的热量和水。在淀粉吸收不良的情况下,肠道微生物发酵增加可能导致呼出的气体和胀气中出现更多的氢气,以及粪便中出现更多短链脂肪酸。碳水化合物代谢紊乱的动物(如糖尿病、酮症、糖原沉积病以及果糖酶、半乳糖酶和丙酮酸酶缺乏症患病动物)的尿液或血浆中可能会出现与特定疾病有关的中间代谢产物(如葡萄糖、酮体、乳酸、草酸等)水平升高。

犬和猫的淀粉需求

犬、猫对必需氨基酸或脂肪酸都有明确的需要量,但目前仍缺乏犬、猫对碳水化合物,尤其是对淀粉的绝对需要量数据。现实情况是犬、猫确实需要有充足的葡萄糖或淀粉来为中枢神经系统提供必要的能量。动物的能量需要量较高且合成代谢旺盛时(如生长期、妊娠期和哺乳期),应给犬、猫提供含有易消化淀粉的日粮。如果日粮不含有足量的葡萄糖,机体将通过糖酵解途径分解机体组织中的脂肪和蛋白质来产生葡萄糖前体物质,由此产生维持生命活动所必需的葡萄糖。在此过程中,机体的分解代谢增加,尤其是更多的蛋白质无法用于构成机体组织或发挥功能,而是被用来分解产生能量,长久下来会导致机体获得的氨基酸不能满足体内蛋白质的合成需求。由此也可看出,全价宠物食品在配方设计时在营养构成方面应当首要关注蛋白质与能量之间的比例,以及三大能量物质之间的比例,同时也要关注营养物质的来源与形式,针对不同生理阶段的营养物质需求特点设计产品配方。

从现实情况看，大多数宠物商品粮的淀粉含量远远超过了供应葡萄糖的需求。反而是家庭自制食品或某些为了商业宣传而含有极端低淀粉的宠物食品出现了营养不均衡问题，导致动物无法通过日粮获得充足的葡萄糖。宠物商品粮的淀粉大部分来源于玉米、大米、小麦、马铃薯和豌豆等，并经过了挤压膨化或高温熟化处理，让淀粉具有极高的消化吸收率，对动物胃肠道的负担较低。

犬对淀粉的需求

犬在妊娠期和哺乳期对葡萄糖的需求会增加，主要是为了支持胎儿的生长，以及用于乳汁中合成乳糖。在一项研究中，进食高脂肪零碳水化合物食物［26%代谢能（metabolic energy，ME）来自蛋白质］的怀孕母犬与进食含有44% ME淀粉的母犬相比，前者在产前1周出现了低血糖，血浆中的乳酸和丙氨酸浓度降低，活产仔数减少，精神沉郁，母性能力下降[25]。对犬的大量研究表明，在不含淀粉的食物中，应有至少33%的ME来自蛋白质才可提供足量的、必要的葡萄糖前体物质[26]。如果无法给处于妊娠期和哺乳期的犬提供足量碳水化合物，尤其是淀粉，会产生胎儿异常、胚胎吸收、酮症和产奶量减少等不利影响。

总体而言，建议给妊娠期和哺乳期的母犬饲喂至少含有23%碳水化合物的饲粮，饲粮中即便含有过多的淀粉通常也不会引起犬的健康问题。挤压膨化犬粮中通常含有30%~60%的碳水化合物，并且主要是淀粉，并未发现因此产生了不良影响。对于动物个例而言，一些动物由于原发性或继发性缺乏二糖酶，可能会出现不耐受碳水化合物的情况。对于患有肥胖症或糖尿病的动物，可以使用低GI的食物来控制餐后血糖。

猫对淀粉的需求

正常情况下，猫进食低碳水化合物、高蛋白质的食物即可维持正常的血糖水平。这是由于相较于犬，猫具有一些独特的代谢差异，限制了其有效利用大量淀粉的能力。猫产生的胰淀粉酶量只有犬的5%，并且猫的肠道二糖酶（蔗糖酶和乳糖酶）的活性较低。此外，猫肠道中的糖类运输系统不能适应日粮内不同水平的碳水化合物（图3-9）。与犬不同，猫缺乏肝脏葡萄糖激酶和果糖激酶活性，这限制了猫代谢大量简单碳水化合物的能力（图3-10）。犬和猫之间对碳水化合物的代谢差异，也说明应将猫归为严格的肉食动物，能适应低碳水化合物日粮；应将犬归为杂食动物，即可适应中等含量碳水化合物日粮。如果给猫饲喂大量碳水化合物［如超过食物干物质水平（dry matter，DM）的40%］，则会出现消化不良的症状（如腹泻、腹胀和排气），还会出现不良代谢作用（如高血糖和糖尿）[28]。

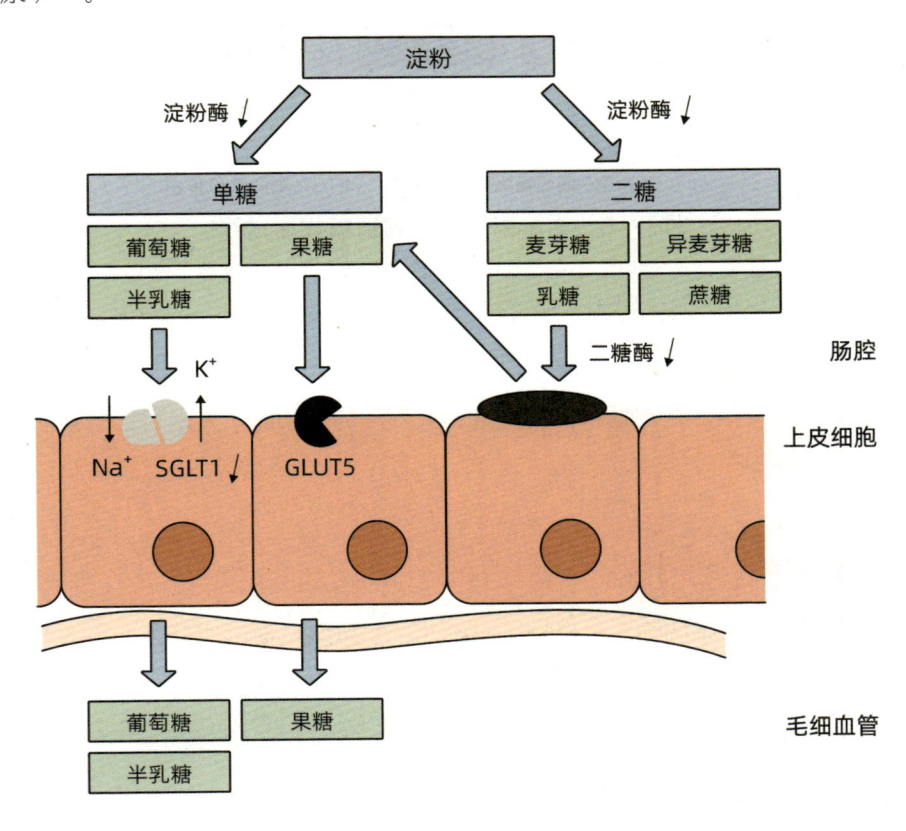

SGLT1 Na^+—葡萄糖转运载体　　GLUT5—葡萄糖转运载体5

图3-9　猫消化淀粉和吸收单糖的能力较弱

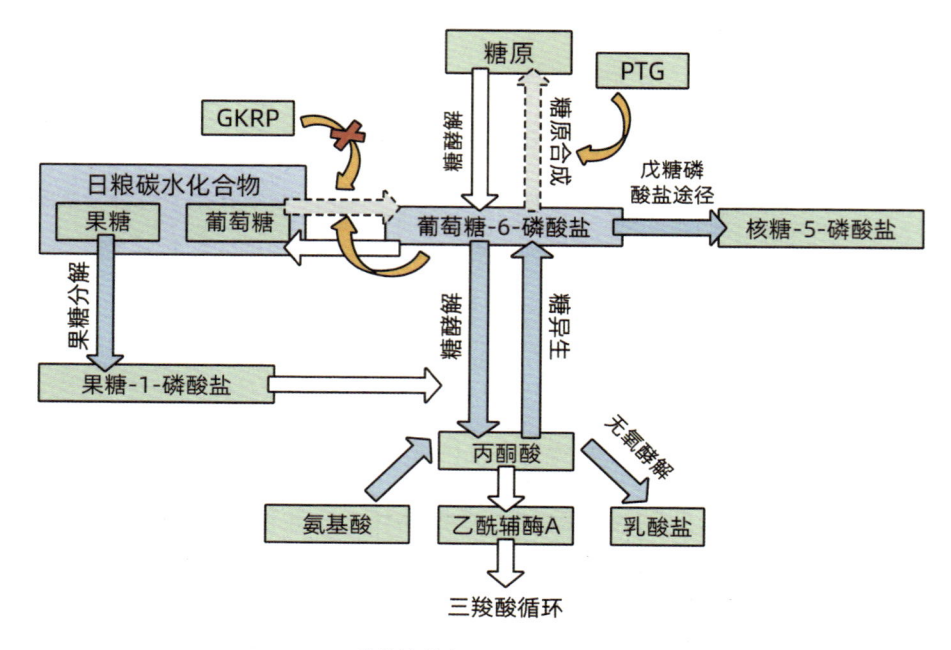

GKRP—葡萄糖激酶调节蛋白　　PTG—靶向糖原蛋白

图3-10　猫肝细胞内的葡萄糖代谢过程

尽管猫消化和代谢碳水化合物的能力受限，但猫仍能很好地消化、利用商品猫粮中的淀粉（最高达DM 35%）[29]。由于不同淀粉的GI不同，淀粉原料对猫的血糖影响也有差异。在谷物中，与玉米、大麦和高粱相比，大米对猫的餐后血糖水平影响最大[28]。

淀粉的重要性

在宠物食品中添加碳水化合物和淀粉的主要目的是提供能量，淀粉的供能约为17.2 kJ/g（4.1 kcal/g）。犬、猫本身对淀粉没有最低的营养需求，但动物的某些器官和组织（如大脑和红细胞）需要葡萄糖供能。除了从食物中获取葡萄糖，机体还可以通过分解自身蛋白质和脂肪获取葡萄糖，机体自身始终需要保持给关键组织供应葡萄糖。因此，如果无法由食物获得足够的葡萄糖，就需要将氨基酸从肌肉生长、胎儿生长和母乳生产中分流出来，转而用来合成葡萄糖。动物的能量需求较高，或者机体处于能量需要量较高且合成代谢旺盛时（如生长期、妊娠期和哺乳期），必须有充足的淀粉来维持机体的正常代谢。在上述情况下，碳水化合物，尤其是淀粉，就变成了一种条件性必需营养物质。因此，在饲喂生长期的犬、猫和有高能量需求的犬、猫时，应让日粮含有至少20%的碳水化合物[28]。

除营养因素外，碳水化合物在宠物食品加工中也很重要。膨化宠物食品可通过淀粉为产品颗粒提供结构、质地和形状，挤压膨化过程可使淀粉糊化，让淀粉能在犬、猫的小肠中被迅速消化。带有肉汁和酱汁的宠物食品可使用淀粉来改善产品的质地和外观，如通过添加淀粉增加罐装宠物食品的稠度或黏性，提高产品均一性，改善质地。

宠物食品中的淀粉对犬、猫肠道健康的影响

淀粉是玉米、小麦、马铃薯等宠物食品植物原料中的主要碳水化合物，肉类原料则几乎不含有淀粉。当含有淀粉的食物与水加热时，淀粉晶体会被糊化。淀粉颗粒被破坏的程度和糊化程度受许多因素影响，包括研磨、水分、熟化时间和温度等。大多数淀粉的消化率随糊化程度的增加而增加。罐装宠物食品（也就是湿粮）的蒸煮过程也会让淀粉糊化，提高淀粉消化率。尤其对于犬，能够适应高淀粉食物是其被人类驯化的关键一步，并且在与人类协同进化的上万年时间里，犬逐步适应了人类的饮食习惯，并开始出现与人类相近的代谢性疾病，逐渐与狼的习性发生差异[30]。

相关研究表明，犬、猫可以很容易地消化宠物商品粮中的淀粉[31-33]。当给犬饲喂含有30%~57%经膨化的玉米、大麦、米或燕麦的宠物食品时，来自谷物的淀粉几乎100%在小肠中被消化，基本没有残余淀粉会进入结肠[34]。也有研究比较了未经熟化的玉米淀粉、木薯淀粉和马铃薯淀粉及熟化后的大米淀粉的消化率[35]，每组食物的淀粉含量均为40% DM。当淀粉到达结肠时，未熟化玉米淀粉的消化程度与

熟化大米淀粉相同（消化率>94%）；未熟化马铃薯（0%）和木薯淀粉（<70%）在小肠中的消化率则很低。未熟化木薯淀粉会增强后肠细菌发酵，表现为粪便中的短链脂肪酸浓度升高。结肠中有大量易发酵的淀粉（如木薯淀粉）会增加过度发酵的风险，这会产生大量气体和胀气，破坏微生物菌群平衡。

猫的饲喂实验证明，让猫进食4.7 g/[kg体重（body weight，BW）·d]熟化玉米淀粉后，这些淀粉几乎被全部消化吸收，未熟化玉米淀粉则只有60%~70%被消化[36,37]。未熟化马铃薯淀粉的摄入量在8.8~8.9 g/（kgBW·d）时，只有≤40%被消化。大多数商品全价猫粮的淀粉含量为30%~35%DM，甚至更低，经折算后的淀粉摄入量为5~8 g/（kgBW·d），这一般不会让猫产生消化或代谢负担[28]。

不管是否经过熟化，大多数来自谷物的淀粉在犬、猫的小肠中都很容易被消化。马铃薯中含有抗性淀粉，未熟化马铃薯淀粉被包裹在晶体颗粒中，使其消化率降低，但刚熟化完的马铃薯淀粉则具有高度可消化性。经挤压膨化后，马铃薯淀粉中的RDS含量从24%增加到65%[38]。在开始冷却或干燥时，马铃薯淀粉会重新结晶。针对人类的体内研究表明，高达13%的重结晶马铃薯淀粉会抑制胰淀粉酶的消化作用，导致未被消化的淀粉在结肠中被发酵[39]。

谷物（大米、大麦、小麦、高粱和玉米）和马铃薯粉中的RS可通过低温或高温挤压被转化为RDS。犬、猫肠道中的微生物一般能够利用上述RS，并且在发酵5小时后，消耗掉39%有机物[38]。一项体外研究表明，饲料原料中的RS浓度与回肠消化率成反比。其中，豆类的平均RS含量为25%，回肠淀粉消化率为21%；谷物的平均RS含量为15%，小麦粉RS含量为3%，回肠淀粉消化率分别为60%和65%[40]。RS在后肠中发酵，可作为膳食纤维发挥功能特性。RS在结肠中发酵产生丁酸盐，这对结肠细胞的健康有益[41,42]。一些豆类（如大豆）含有大量的棉子糖和水苏糖，不能被犬、猫的消化酶消化，但可以被肠道微生物消化。这些寡糖被细菌发酵后会产生气体废物，导致消化系统出现胀气等异常情况。因此，应适当控制豆粕等原料在宠物食品中的使用量。

不同淀粉原料由于淀粉类型组成不同，对犬、猫后肠菌群组成的影响及其代谢产物也有所不同[27,43]。在最新的一项研究中，使用马铃薯、甘薯、木薯、大米、小麦为主要碳水化合物来源饲喂猫，在28天的实验中未发现对正常生长和粪便评分产生影响，但会影响猫的糖脂代谢以及粪便微生物组成[32]。上述实验中，以木薯作为碳水化合物主要来源的猫的血糖相关指数最低，且甘油三酯、总胆固醇、低密度脂蛋白胆固醇及高密度脂蛋白胆固醇均低于其他各组。此外，甘薯和木薯饲粮倾向于增加肠道微生物的多样性，梭形杆菌属（*Fusobacterium*）、韦永球菌属（*Veillonella*）和放线杆菌属（*Actinobacillus*）的相对丰度在甘薯组中较高，代尔夫特菌属（*Delftia*）、申氏杆菌属（*Shinella*）、罗斯菌属（*Rothia*）和嗜氢菌属（*Hydrogenophage*）的丰度在木薯组中最高。

除淀粉类型会影响犬、猫肠道健康及机体代谢外，淀粉含量也同样会对后肠微生物及宿主产生影响。一项关于猫的研究中，通过不同比例谷物原料（玉米、大米和小麦）和蛋白质原料（鸡肉、豌豆蛋白）配制出三款不同蛋白质和无氮浸出物水平的猫粮，结果显示猫摄入高蛋白质低无氮浸出物（蛋白质55%，无氮浸出物23%，P55组）的饲粮时粪便pH、氨气和支链脂肪酸（branched-chain fatty acids，BCFA）均高于摄入低蛋白质高无氮浸出物（蛋白质28%，无氮浸出物51.3%，P28组）和中等蛋白质中等无氮浸出物（蛋白质35%，无氮浸出物43.7%，P35组）的饲粮时[42]。粪便中代谢物的变化来源于肠道菌群组成与功能的变化。在这项研究中还发现，P28组和P55组粪便样本中的微生物组成存在明显差异，并分别具有糖分解和蛋白质水解功能。高无氮浸出物的P28组的碳水化合物活性酶和参与SCFA途径的酶的浓度高于P55组。在另一项研究中，同一配方通过调整生产工艺改变饲粮中RS的含量，结果显示摄入高RS饲粮的猫的粪便中氨气含量更低，且IgA含量显著提高，提示较高RS含量的饲粮对猫的肠道健康具有有益作用[45]。

通过上述内容，我们可以知道犬、猫可以很好地消化熟化后的淀粉，并且抗性淀粉也可以提高犬、猫的肠道健康水平。然而，宠物食品市场中却很少提及淀粉的益处，这与市场过度强调犬、猫作为食肉动物对蛋白质有较高需求，而片面追求高蛋白质低碳水化合物（甚至无碳水化合物）有关。除了上述偏激的认知，宠物食品市场中还存在过度将人类营养概念用于宠物食品的情况，无谷物宠物食品就是其中之一。

无谷物宠物食品（在市场中常被称为"无谷粮"）在宠物食品行业已经流行了十多年。无谷物日粮通常用豆类和薯类成分替代谷物成分，包括豌豆、鹰嘴豆、扁豆、马铃薯、甘薯、木薯等。2018年，美国食品和药物管理局（Food and Drug Administration，FDA）发表声明，警告犬主无谷粮（通常是含有大量野豌豆和/或小扁豆的食物）与犬扩张型心肌病（dilated cardiomyopathy，DCM）的发生有关。然而，所有的犬粮都达到了美国饲料管理协会（Association of American Feed Control Officials，AAFCO）推荐的最低营养含量标准，在一些FDA病例报告中，被诊断为DCM的犬存在血液中牛磺酸含量较低的情况。因此，有专家认为可能是喂食无谷粮导致了牛磺酸水平的降低。8只拉布拉多犬由谷物粮转换为无谷粮并连续饲喂26周发现，饲喂无谷粮的拉布拉多犬的血浆蛋氨酸、胱氨酸和牛磺酸浓度升高，全血牛磺酸浓度升高；尿牛磺酸：肌酐在整个研究中没有受到影响，胆汁酸的粪便排泄量随着时间的推移而增加。该研究证明所测试的无谷粮并不影响牛磺酸状态或健康的总指标[46]。一项美国无谷粮销售与宠物医院DCM患病数据的调查结果显示，2011年至2019年无谷粮的销售量增长了近5倍，而DCM发病率整体呈现静态趋势，推断犬患DCM与进食无谷粮不存在相关性[47]。多项研究表明，并未发现宠物食品中淀粉的来源与动物患病存在直接联系，无论是传统的谷物粮[48-50]，还是市场畅销的无谷粮[51,52]，以及新型的原始谷物粮（如藜麦、高粱、粟等）[53,54]，不同淀粉来源主要影响膨化粮颗粒的质构及部分消化特性。

淀粉作为一种营养物质对犬、猫的肠道健康具有重要作用，在宠物食品生产中更关注淀粉原料的安全。例如，马铃薯含龙葵素，致毒成分茄碱（$C_{45}H_{73}O_{15}N$）是一种弱碱性的苷生物碱，又名龙葵苷，可溶于水，龙葵素具有腐蚀性和溶血性，并对运动中枢及呼吸中枢有麻痹作用[55]。甘薯贮藏期较长，贮藏不当感染黑斑病后产生毒素。黑斑菌排出的有毒物质，包括番薯酮和番薯酮醇，能使甘薯变硬、发苦，毒素耐热性较强，用水煮、蒸或火烤均不能杀灭。因此，生食、熟食感染黑斑病的甘薯及其加工副产品均可引起中毒，造成动物呼吸高度困难，甚至窒息死亡。木薯中存在亚麻苦苷和百脉根苷2种生氰糖苷，未经处理的木薯被摄入人体后，在β-葡糖糖苷酶的作用下会分解成氢氰酸，容易引起呼吸中枢及血管运动中枢麻痹，甚至导致死亡。犬进食以木薯作为碳水化合物来源的食物（可释放10.8 mg/kg氢氰酸）14周发现，实验犬出现全身充血和出血，并出现肝脏、肾脏及睾丸的病变[56]。木薯经浸水、晒干、烘干和水煮处理后，均能降低氰化物含量，减少对机体的伤害。因此，在宠物食品生产过程中，为了确保犬、猫的健康，应当选择安全的淀粉原料并合理储存加工，避免原料出现有毒有害物质。

总结

淀粉作为最常见且最经济的碳水化合物之一，是机体重要的供能物质，可为机体及时提供能量；同时，部分淀粉也可作为后肠微生物的营养物质来源，为肠道菌群提供发酵底物。在宠物食品生产加工过程中，应当确保淀粉的适度糊化，提高消化吸收率，并根据犬、猫的营养需求特点选择合理的淀粉来源。

参考文献

[1] WU G Y. Principles of animal nutrition[M].Milton: CRC Press, 2018.

[2] COUNCIL N R. Nutrient requirements of dogs and cats[M]. Washington, D.C.: National Academies Press, 2006.

[3] MURPHY L A, DUNAYER E K. Xylitol toxicosis in dogs: an update[J]. The Veterinary Clinics of North America. Small Animal Practice, 2018, 48(6): 985-990.

[4] JERZSELE, KARANCSI Z, PÁSZTI-GERE E, et al. Effects of p.o. administered xylitol in cats[J]. Journal of Veterinary Pharmacology and Therapeutics, 2018, 41(3): 409-414.

[5] CAI G L, YI X T, WU Z C, et al. Synchronous reducing anti-nutritional factors and enhancing biological activity of soybean by the fermentation of edible fungus Auricularia auricula[J]. Food Microbiology, 2024, 120: 104486.

[6] LUOTO R, RUUSKANEN O, WARIS M, et al. Prebiotic and probiotic supplementation prevents rhinovirus infections in preterm infants: a randomized, placebo-controlled trial[J]. Journal of Allergy and Clinical Immunology, 2014, 133(2): 405-413.

[7] LEE A, LIANG L, CONNERTON P L, et al. Galacto-oligosaccharides fed during gestation increase Rotavirus A specific antibodies in sow colostrum, modulate the microbiome, and reduce infectivity in neonatal piglets in a commercial farm setting[J]. Frontiers in Veterinary Science, 2023, 10: 1118302.

[8] CAO L Y, LIU Z M, YU Y, et al. Butyrogenic effect of galactosyl and mannosyl carbohydrates and their regulation on piglet intestinal microbiota[J]. Applied Microbiology and Biotechnology, 2023, 107(5/6): 1903-1916.

[9] RANUCCI G, BUCCIGROSSI V, BORGIA E, et al. Galacto-oligosaccharide/polidextrose enriched formula protects against respiratory infections in infants at high risk of atopy: a randomized clinical trial[J]. Nutrients, 2018, 10(3): 286.

[10] 王炜宏, 杨新球. 低聚果糖与低聚半乳糖在婴幼儿配方乳粉中的精准化应用[J]. 中国乳业, 2021(7): 102-108.

[11] LEE J H, KIM G B, HAN K, et al. Efficacy and safety of galacto-oligosaccharide in the treatment of functional constipation: randomized clinical trial[J]. Food & Function, 2024, 15(12): 6374-6382.

[12] MEI Z J, YUAN J Q, LI D D. Biological activity of galacto-oligosaccharides: a review[J]. Frontiers in Microbiology, 2022, 13: 993052.

[13] HU Y N, ALJUMAAH M R, AZCARATE-PERIL M A. Galacto-oligosaccharides and the

elderly gut: implications for immune restoration and health[J]. Advances in Nutrition, 2024, 15(8): 100263.

[14] LE BON M, CARVELL-MILLER L, MARSHALL-JONES Z, et al. A novel prebiotic fibre blend supports the gastrointestinal health of senior dogs[J]. Animals, 2023, 13(20): 3291.

[15] WU T Y, TSAI S J, SUN N N, et al. Enhanced thermal stability of green banana starch by heat-moisture treatment and its ability to reduce body fat accumulation and modulate gut microbiota[J]. International Journal of Biological Macromolecules, 2020, 160: 915-924.

[16] XIE Z Q, WANG S K, WANG Z G, et al. In vitro fecal fermentation of propionylated high-amylose maize starch and its impact on gut microbiota[J]. Carbohydrate Polymers, 2019, 223: 115069.

[17] JIA L L, WU Z, LIU L, et al. The research advance of resistant starch: structural characteristics, modification method, immunomodulatory function, and its delivery systems application[J]. Crit Rev Food Sci Nutr, 2024, 64(29): 10885-10902.

[18] PEIXOTO M C, RIBEIRO É M, MARIA A P J, et al. Effect of resistant starch on the intestinal health of old dogs: fermentation products and histological features of the intestinal mucosa[J]. Journal of Animal Physiology and Animal Nutrition, 2018, 102(1): e111-e121.

[19] SEO K, CHO H W, CHUN J L, et al. Body weight development in adult dogs fed a high level resistant starch diet[J]. Animals, 2022, 12(23): 3440.

[20] BUDDINGTON R K. Postnatal changes in bacterial populations in the gastrointestinal tract of dogs[J]. American Journal of Veterinary Research, 2003, 64(5): 646-651.

[21] BRIENS J M, SUBRAMANIAM M, KILGOUR A, et al. Glycemic, insulinemic and methylglyoxal postprandial responses to starches alone or in whole diets in dogs versus cats: relating the concept of glycemic index to metabolic responses and gene expression[J]. Comparative Biochemistry and Physiology Part A: Molecular & Integrative Physiology, 2021, 257: 110973.

[22] FLEEMAN L M, RAND J S. Management of canine diabetes[J]. Veterinary Clinics of North America: Small Animal Practice, 2001, 31(5): 855-880.

[23] RAND J S, MARTIN G J. Management of feline diabetes mellitus[J]. Veterinary Clinics of North America: Small Animal Practice, 2001, 31(5): 881-913.

[24] DAVIS M S. Glucocentric metabolism in ultra-endurance sled dogs[J]. Integrative and Comparative Biology, 2021, 61(1): 103-109.

[25] ROMSOS D R, PALMER H J, MUIRURI K L, et al. Influence of a low carbohydrate diet on performance of pregnant and lactating dogs[J]. The Journal of Nutrition, 1981, 111(4): 678-689.

[26] WU G Y. Amino acids in nutrition and health: amino acids in the nutrition of companion, zoo and farm animals[M].

[27] VERBRUGGHE A, HESTA M. Cats and carbohydrates: the carnivore fantasy?[J]. Veterinary

Sciences, 2017, 4(4): 55.

[28] THATCHER C, HAND M S, REMILLARD R. Small animal clinical nutrition: An iterative process[J]. Small Animal Clinical Nutrition, 2010: 3-21.

[29] HEWSON-HUGHES A K, GILHAM M S, UPTON S, et al. The effect of dietary starch level on postprandial glucose and insulin concentrations in cats and dogs[J]. British Journal of Nutrition, 2011, 106(Suppl 1): S105-S109.

[30] AXELSSON E, RATNAKUMAR A, ARENDT M L, et al. The genomic signature of dog domestication reveals adaptation to a starch-rich diet[J]. Nature, 2013, 495(7441): 360-364.

[31] MURRAY S M. Starch source, fraction, and processed form affect in vitro and in vivo digestion and glycemic responses in dogs[D]. University o f Illinois at Urbana-Champaign, 1999.

[32] ZHANG S, REN Y, HUANG Y Q, et al. Effects of five carbohydrate sources on cat diet digestibility, postprandial glucose, insulin response, and gut microbiomes[J]. Journal of Animal Science, 2023, 101: skad049.

[33] RIBEIRO É M, PEIXOTO M C, PUTAROV T C, et al. The effects of age and dietary resistant starch on digestibility, fermentation end products in faeces and postprandial glucose and insulin responses of dogs[J]. Archives of Animal Nutrition, 2019, 73(6): 485-504.

[34] WALKER J A, HARMON D L, GROSS K L, et al. Evaluation of nutrient utilization in the canine using the ileal cannulation technique 1–3[J]. The Journal of Nutrition, 1994, 124: 2672S-2676S.

[35] LEGRAND-DEFRETIN V. Differences between cats and dogs: a nutritional view[J]. Proceedings of the Nutrition Society, 1994, 53(1): 15-24.

[36] KIENZLE E. Carbohydrate metabolism of the cat 1. Activity of amylase in the gastrointestinal tract of the cat 1[J]. Journal of Animal Physiology and Animal Nutrition, 1993, 69(1/2/3/4/5): 92-101.

[37] KIENZLE E. Carbohydrate metabolism of the cat 2. Digestion of starch 1[J]. Journal of Animal Physiology and Animal Nutrition, 1993, 69(1/2/3/4/5): 102-114.

[38] MURRAY S M, FLICKINGER E A, PATIL A R, et al. In vitro fermentation characteristics of native and processed cereal grains and potato starch using ileal chyme from dogs[J]. Journal of Animal Science, 2001, 79(2): 435-444.

[39] CUMMINGS J, ENGLYST H. Gastrointestinal effects of food carbohydrate[J]. The American Journal of Clinical Nutrition, 1995, 61(4): 938S-945S.

[40] BEDNAR G E, PATIL A R, MURRAY S M, et al. Starch and fiber fractions in selected food and feed ingredients affect their small intestinal digestibility and fermentability and their large bowel fermentability in vitro in a canine mode[J]. The Journal of Nutrition, 2001, 131(2): 276-286.

[41] STOEVA M K, GARCIA-SO J, JUSTICE N, et al. Butyrate-producing human gut symbiont,

Clostridium butyricum, and its role in health and disease[J]. Gut Microbes, 2021, 13(1): 1-28.

[42] BRIDGEMAN S C, NORTHROP W, MELTON P E, et al. Butyrate generated by gut microbiota and its therapeutic role in metabolic syndrome[J]. Pharmacological Research, 2020, 160: 105174.

[43] ALVARENGA I C, ALDRICH C G, SHI Y C. Factors affecting digestibility of starches and their implications on adult dog health[J]. Animal Feed Science and Technology, 2021, 282.

[44] BADRI D V, JACKSON M I, JEWELL D E. Dietary protein and carbohydrate levels affect the gut microbiota and clinical assessment in healthy adult cats[J]. The Journal of Nutrition, 2021, 151(12): 3637-3650.

[45] JACKSON M I, WALDY C, JEWELL D E. Dietary resistant starch preserved through mild extrusion of grain alters fecal microbiome metabolism of dietary macronutrients while increasing immunoglobulin A in the cat[J]. PLoS One, 2020, 15(11): e0241037.

[46] DONADELLI R A, PEZZALI J G, OBA P M, et al. A commercial grain-free diet does not decrease plasma amino acids and taurine status but increases bile acid excretion when fed to Labrador Retrievers[J]. Translational Animal Science, 2020, 4(3): txaa141.

[47] QUEST B W, LEACH S B, GARIMELLA S, et al. Incidence of canine dilated cardiomyopathy diagnosed at referral institutes and grain-free pet food store sales: a retrospective survey[J]. Frontiers in Animal Science, 2022, 3: 846227.

[48] BELOSHAPKA A N, BUFF P R, FAHEY G C, et al. Compositional analysis of whole grains, processed grains, grain co-products, and other carbohydrate sources with applicability to pet animal nutrition[J]. Foods, 2016, 5(2): 23.

[49] KILBURN-KAPPELER L R, LEMA ALMEIDA K A, PAULK C B, et al. Comparing the effects of corn fermented protein with traditional distillers dried grains fed to healthy adult dogs on stool quality, nutrient digestibility, and palatability[J]. Frontiers in Animal Science, 2023, 4: 1210144.

[50] PALMQVIST H, HÖGLUND K, RINGMARK S, et al. Effects of whole-grain cereals on fecal microbiota and short-chain fatty acids in dogs: a comparison of rye, oats and wheat[J]. Scientific Reports, 2023, 13(1): 10920.

[51] CHIOFALO B, DE VITA G, LO PRESTI V, et al. Grain free diets for utility dogs during training work: evaluation of the nutrient digestibility and faecal characteristics[J]. Animal Nutrition, 2019, 5(3): 297-306.

[52] BANTON S, PEZZALI J G, VERBRUGGHE A, et al. Addition of dietary methionine but not dietary taurine or methyl donors/receivers to a grain-free diet increases postprandial homocysteine concentrations in adult dogs[J]. Journal of Animal Science, 2021, 99(9): skab223.

[53] TRAUGHBER Z T, HE F, HOKE J M, et al. Ancient grains as novel dietary carbohydrate sources in canine diets[J]. Journal of Animal Science, 2021, 99(6): skab080.

[54] PEZZALI J G, ALDRICH C G. Effect of ancient grains and grain-free carbohydrate sources on extrusion parameters and nutrient utilization by dogs[J]. Journal of Animal Science, 2019, 97(9): 3758-3767.

[55] 何晶丽. 浅谈薯类产品的安全问题及检测方法[J]. 黑龙江农业科学, 2013(8): 115-117.

[56] KAMALU B P. Pathological changes in growing dogs fed on a balanced cassava (Manihot esculentaCrantz) diet[J]. British Journal of Nutrition, 1993, 69(3): 921-934.

实验一
猫粮中淀粉含量对猫血清生化指标、免疫指标及肠道菌群多样性的影响

孙皓然

摘要：本实验旨在评估饲粮中不同淀粉含量对猫血清生化、干物质消化率、免疫功能和肠道菌群的影响。实验选取14只健康成年家猫，随机分成2组，每组7只。低淀粉组饲喂添加13%马铃薯淀粉的饲粮，高淀粉组饲喂添加30%马铃薯淀粉的饲粮，实验共进行35天。每周称重并做体况评分，并在第0天和第35天对受试猫进行血液和粪便样品采集，测定血液生化指标、粪便评分、干物质消化率、短链脂肪酸、免疫指标和16S rRNA。结果显示，高淀粉组与低淀粉组在体重、采食量、血清免疫指标、粪便短链脂肪酸相关指标上均无显著性差异（$P > 0.05$），在实验第5周，低淀粉组猫的单位体重日平均能量摄入量显著高于高淀粉组（$P < 0.05$）。实验前后分别两次进行消化实验，两次干物质消化率两组间差异均不显著（$P > 0.05$），但高淀粉组在实验第35天显著低于第0天（$P < 0.05$）。血清生化指标中，ALP、CHOL、GLU、CRE和BUN/CRE的实验前后变化存在高淀粉组和低淀粉组间的显著或极显著性差异（$P < 0.05$或$P < 0.01$）。高淀粉组粪便评分在第5周显著低于低淀粉组。实验后低淀粉组柯林斯菌属 *Collinsella* 显著低于实验前高淀粉组（$P < 0.05$）。综上所述，13%和30%淀粉含量饲粮不会引起猫体重、体况和免疫状况的变化，但会引起机体糖脂代谢的变化。

关键词：猫；淀粉；肠道健康；肠道菌群

1 材料与方法

1.1 实验动物与实验设计

挑选健康成年猫14只，随机分为2组，每组7只。低淀粉组饲喂添加13%马铃薯淀粉的饲粮，高淀粉组饲喂添加30%马铃薯淀粉的饲粮，实验共进行35天。实验开始和结束时分别采集血液样品检测血清生化和免疫指标，采集粪便样本检测菌群多样性、短链脂肪酸含量及酸不溶灰分含量。每日收集采食量数据，每周称重并做体况评估打分（9分制），参见附录图4。实验第1~3天及实验第33~35天分别进行粪便评分（7分制），参见附录图2。实验在豆柴肠胃研发中心进行。

1.2 实验饲粮

实验饲粮参照美国国家研究委员会（United States National Research Council，NRC）（2006）成年猫维持营养需要量[1]配制，使用挤压膨化工艺制成猫全价干粮。低淀粉组和高淀粉组饲粮组成及营养水平见表S1-1。

表S1-1　实验饲粮原料组成与营养物质含量

原料或营养成分		低淀粉组	高淀粉组
原料	马铃薯淀粉 /%	13.0	30.0
	鸡肉粉 /%	43.0	26.0
	水解鸡肝粉 /%	2.5	2.5
	鲜鸡肝 /%	16.8	16.8
	鸡油 /%	4.2	4.2
	牛油 /%	6.7	6.7
	鱼油粉 /%	0.8	0.8
	甜菜粕 /%	2.5	2.5
	木质纤维素 /%	2.5	2.5

（续表）

原料或营养成分		低淀粉组	高淀粉组
原料	口味增强剂 /%	6.0	6.0
	预混料 /%	1.0	1.0
	牛磺酸 /%	0.2	0.2
	氯化钾 /%	0.4	0.4
	沸石粉 /%	0.4	0.4
	合计	100.0	100.0
营养成分	粗蛋白质 /%	47.00	31.71
	粗脂肪 /%	22.24	20.28
	粗纤维 /%	3.34	3.98
	粗灰分 /%	8.13	8.14
	钙 /%	1.14	1.19
	磷 /%	0.93	0.95
	无氮浸出物 /%	19.30	35.89
	代谢能 MJ/100g	442.74	422.18

1.3 检测指标

生长性能

实验期间每周空腹称量猫体重并进行体况评分，实验期第35天空腹称重后计算平均日增重（average daily weight，ADG）。

消化率

每日收集采食数据，正式实验开始3天及结束前3天对粪便按照全收粪法进行收集，检测粪便和饲料干物质、粗灰分和粗蛋白含量，并进行消化率的计算。

血液指标

采集新鲜血液样本至采血管（含抗凝剂）中，4 ℃、4 000 r/min离心10分钟后取上清液-20 ℃待用。全自动生化分析仪（BC-2800vet，迈瑞医疗设备有限公司）检测以下血清生化指标：总蛋白（TP）、白蛋白（ALB）、球蛋白（GLO）、总胆红素（TBIL）、丙氨酸氨基转移酶（ALT）、天门冬氨酸氨基转移酶（AST）、γ-谷氨酰基转移酶（GGT）、碱性磷酸酶（ALP）、总胆汁酸（TBA）、肌酸激酶（CK）、淀粉酶（AMY）、甘油三酯（TG）、胆固醇（CHOL）、葡萄糖（GLU）、肌酐（CRE）、尿素氮（BUN）、总二氧化碳（tCO_2）、钙（Ca）、无机磷（P）、镁（Mg）。

免疫指标检测：免疫球蛋白A（IgA）、免疫球蛋白G（IgG）和免疫球蛋白M（IgM），以上试剂盒均购于南京建成生物研究所。

粪便评分及代谢物分析

实验第1~3天及实验第33~35天分别进行粪便评分（7分制）。收集粪便，检测粪便代谢物短链脂肪酸乙酸、丙酸、异丁酸、丁酸、异戊酸、戊酸、异己酸和己酸的含量，具体采用气相色谱法[2]。

粪便微生物多样性分析

实验前后收集两组粪便，分别对实验开始和实验结束时的猫排出的新鲜粪便进行16S rRNA测序，选择16S rRNA基因的V3-V4区作为目的片段，设计引物对目的片段进行扩增，构建16S rRNA测序上机文库。基于测序数据，利用生物信息学统计方法分析肠道微生物α多样性，包括Ace、Shannon、Simpson和Sobs多样性指数；通过Bray-Curtis距离分析研究肠道菌群的β多样性。

1.4 统计分析

实验数据采用Excel 2021进行初步整理，数据表示为平均值±标准误。使用SPSS 25.0软件中的独立样本t检验程序分析高低淀粉两组间差异，$P \geqslant 0.05$为差异不显著，$P < 0.05$为差异显著，$P < 0.01$为差异极显著。

在菌群多样性结果中，低淀粉组和高淀粉组在第0天采集的数据分别定义为ZCD410组和ZCD420组，第35天采集的数据分别定义为ZCD411组和ZCD421组。Chao1、Shannon、Simpson和Ace指数等α多样性相关指标使用SPSS 25.0软件中的单因素方差分析，多重比较使用Turkey法。

2 结果与分析

2.1 猫粮中淀粉含量对采食量及干物质消化率的影响

以1周为单位计算不同阶段的采食量，13%和30%两个水平的淀粉含量对实验期不同阶段的平均采食量无显著性影响（$P \geq 0.05$）（表S1-2）。因采食量与体型体重相关，故计算单位体重采食量。在本实验条件下，不同阶段均无显著性差异（$P \geq 0.05$）（表S1-3）。该结果说明猫粮的淀粉含量变化未对采食量产生影响。

表S1-2 猫粮中淀粉含量对平均日采食量的影响

项目	平均日采食量 /（g/d）		P 值
	低淀粉组	高淀粉组	
第1周	48.81 ± 5.69	56.50 ± 4.96	0.329
第2周	62.64 ± 7.96	56.45 ± 4.42	0.509
第3周	53.92 ± 4.71	56.54 ± 3.57	0.665
第4周	56.35 ± 4.15	57.17 ± 3.86	0.887
第5周	56.52 ± 2.43	58.02 ± 4.12	0.760

注：同一行数据肩标为*，代表存在组间显著性差异（$P < 0.05$）；肩标为**，代表存在组间极显著性差异（$P < 0.01$）；无肩标，代表组间不存在显著性差异（$P \geq 0.05$）。同一列数据肩标为#，代表实验前后存在显著性差异（$P < 0.05$）；肩标为##，代表实验前后存在极显著性差异（$P < 0.01$）；无肩标，代表实验前后不存在显著性差异（$P \geq 0.05$）。后表同。

表S1-3 猫粮中淀粉含量对单位体重平均日采食量的影响

项目	单位体重平均日采食量 /[g/(kgBW·d)]		P值
	低淀粉组	高淀粉组	
第1周	202.05 ± 23.57	223.02 ± 19.59	0.507
第2周	259.32 ± 32.94	222.82 ± 17.46	3.470
第3周	223.19 ± 19.51	223.19 ± 14.08	1.000
第4周	233.26 ± 17.18	225.68 ± 15.22	0.747
第5周	233.98 ± 10.05	229.01 ± 16.26	0.799

本实验中，两组实验粮使用马铃薯淀粉和鸡肉粉等比例替代，实验粮代谢能不同。从能量摄入角度看，两组能量摄入量在不同阶段无显著性差异（$P \geq 0.05$）（表S1-4），单位体重能量摄入量在实验第5周低淀粉组显著高于高淀粉组（$P < 0.05$）（表S1-5）。

表S1-4 猫粮中淀粉含量对平均日能量摄入量的影响

项目	平均日能量摄入量 /(MJ/d)		P值
	低淀粉组	高淀粉组	
第1周	19.28 ± 1.84	21.16 ± 1.63	0.463
第2周	23.33 ± 1.65	21.33 ± 2.01	0.460
第3周	21.33 ± 1.91	21.23 ± 1.56	0.970
第4周	21.97 ± 0.95	20.85 ± 1.04	0.441
第5周	23.90 ± 0.56	21.52 ± 1.10	0.083

表S1-5 猫粮中淀粉含量对单位体重平均日能量摄入量的影响

项目	单位体重平均日能量摄入量 /[MJ/(kg BW·d)]		P值
	低淀粉组	高淀粉组	
第1周	79.80 ± 7.61	83.51 ± 6.45	0.718
第2周	96.59 ± 6.81	84.21 ± 7.95	0.265
第3周	88.29 ± 7.90	83.81 ± 6.15	0.664
第4周	90.96 ± 3.93	82.28 ± 4.10	0.157
第5周	98.93 ± 2.33*	84.94 ± 4.33*	0.017

淀粉含量的变化导致蛋白质和脂肪含量变化，进而引起饲料能量水平的变化。由于对采食量未产生影响，在深入分析单位体重能量摄入量的过程中发现淀粉含量降低会提高机体能量摄入量，这可能与淀粉增加饱腹感、降低食欲有关[3]。相关研究也推荐，对于室内饲养的的绝育猫，更适合自由采食高淀粉含量的猫粮[4]。

通过酸不溶灰分法测定干物质消化率（表S1-6），同一时间下，高淀粉组和低淀粉组间无显著性差异（$P \geq 0.05$），高淀粉组在实验结束时干物质消化率显著低于实验开始时（$P < 0.05$）。

表S1-6　猫粮中淀粉含量对干物质消化率的影响

项目	干物质消化率 /% 低淀粉组	干物质消化率 /% 高淀粉组	P 值
第 0 天	83.77 ± 2.66	83.44 ± 0.70#	0.912
第 35 天	82.03 ± 0.60	78.30 ± 1.55#	0.072
P 值	0.567	0.025	

由于实验操作的问题，仅采集了1天粪便样本，且未严格按照消化实验的标准执行和测定更多营养物质含量[5]，该干物质消化率结果仅能代表开始和结束当日情况。因此，在实验第35天仅观察到两组间数据上的差距，但统计学上并没有显著性差异。高淀粉组实验前后的变化也可证明，淀粉含量较高会降低饲粮的干物质消化率，具体是何种营养物质的消化率降低引起结果的变化仍需进一步研究。对猫的淀粉营养研究显示，不同淀粉类型未对猫的营养物质消化率和总能消化率产生影响[6]。

2.2 猫粮中淀粉含量对体重和体况的影响

在35天的实验中，高淀粉组和低淀粉组间每周次的体重（表S1-7和图S1-1）和日增重（表S1-8）均无显著性差异（$P \geq 0.05$）。在每周的体况评分结果中，两组间无显著性差异（$P \geq 0.05$），且都处于理想体态范围（表S1-9）。

在本实验中，实验猫体重整体保持稳定且略有增长，体况维持稳定，说明即便能量摄入量和干物质消化率产生了影响，淀粉含量的变化未对猫体重和体况产生影响。

表S1-7　猫粮中淀粉含量对体重的影响

项目	体重/kg 低淀粉组	体重/kg 高淀粉组	P值
第0天	2.32±0.14	2.56±0.12	0.230
第7天	2.35±0.12	2.56±0.11	0.218
第14天	2.39±0.10	2.58±0.09	0.199
第21天	2.41±0.11	2.60±0.09	0.209
第28天	2.44±0.11	2.63±0.11	0.234
第35天	2.44±0.11	2.63±0.10	0.244

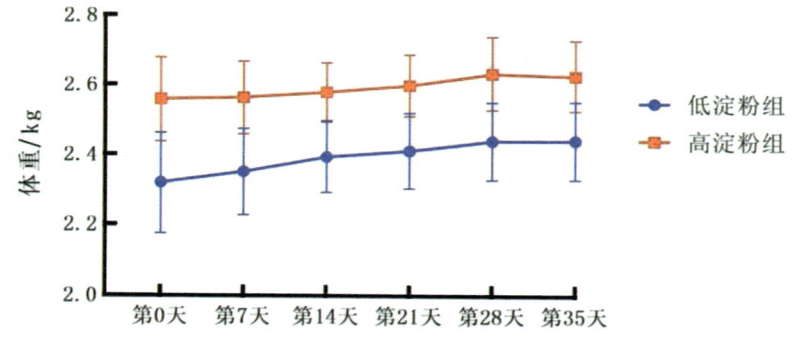

图S1-1　猫粮中淀粉含量对体重变化趋势的影响

表S1-8　猫粮中淀粉含量对平均日增重的影响（g/d）

项目	平均日增重/（g/d） 低淀粉组	平均日增重/（g/d） 高淀粉组	P值
第1周	4.52±3.68	-1.43±1.90	0.181
第2周	5.95±5.16	-2.02±2.54	0.196
第3周	2.67±3.62	2.98±3.19	0.950
第4周	3.81±2.04	4.88±3.24	0.785
第5周	0.43±0.89	-0.48±0.71	0.444
总体	3.48±2.15	2.05±2.41	0.667

实验一　猫粮中淀粉含量对猫血清生化指标、免疫指标及肠道菌群多样性的影响

表S1-9　猫粮中淀粉含量对体况评分（9分制）的影响

项目	体况评分 低淀粉组	体况评分 高淀粉组	P 值
第 0 天	4.71 ± 0.52	5.57 ± 0.84	0.403
第 7 天	5.00 ± 0.44	5.57 ± 0.57	0.442
第 14 天	5.00 ± 0.44	5.57 ± 0.57	0.442
第 21 天	5.00 ± 0.44	5.57 ± 0.57	0.442
第 28 天	5.00 ± 0.44	5.57 ± 0.57	0.442
第 35 天	5.00 ± 0.44	5.57 ± 0.57	0.442

2.3 猫粮中淀粉含量对血清生化指标的影响

在实验开始和结束时分别采血测定24项血清生化指标（表S1-10），ALB、GLO、A/G和血镁在实验前后两组间均存在显著性差异（$P < 0.05$），CRE和BUN/CRE两项肾功能指标在实验开始阶段两组间均存在显著性差异（$P < 0.05$）和极显著性差异（$P < 0.01$），CHOL和GLU两项糖脂代谢相关指标在实验结束阶段两组间均存在极显著性差异（$P < 0.01$）。

为更好地分析猫粮中淀粉含量对血清生化指标的影响，本实验计算了实验结束与实验开始之间的差值，并进行了比较分析（表S1-11）。结果显示，ALP、CHOL、GLU、CRE和BUN/CRE的实验前后变化存在高淀粉组和低淀粉组间的显著性或极显著性差异（$P < 0.05$ 或 $P < 0.01$）。

上述血清生化指标的数据也证明了，淀粉作为一种碳水化合物，为机体提供葡萄糖等供机体使用的能量物质，其摄入量的变化会引起机体糖脂代谢相关指标的差异。从血糖的结果可知，低淀粉组血糖含量显著高于高淀粉组且高于猫正常空腹血糖范围，与理论下高淀粉引起血糖升高不同，具体因素还应通过糖耐量试验或胰岛素敏感性相关试验进一步分析原因。相关研究表明，猫对不同类型淀粉的餐后血糖反应较犬低[7]，而高水平淀粉则会升高猫的餐后血糖水平[2]。

表S1-10　猫粮中淀粉含量对血清生化指标的影响

指标	第0天 低淀粉组	第0天 高淀粉组	P值	第35天 低淀粉组	第35天 高淀粉组	P值
总蛋白/（g/L）	79.92±2.00	85.77±2.05	0.105	67.94±2.83	70.92±2.19	0.419
白蛋白/（g/L）	27.42±0.92*	21.90±2.71*	0.055	32.96±1.44*	26.33±1.09*	0.005
球蛋白/（g/L）	52.5±2.39*	63.87±4.02*	0.039	34.98±2.76*	44.58±2.97*	0.045
白球比	0.52±0.04*	0.33±0.07*	0.037	0.96±0.11*	0.60±0.08*	0.024
总胆红素/（μmol/L）	3.97±0.60	5.53±2.16	0.552	4.51±0.22	3.48±0.55	0.126
丙氨酸氨基转移酶/（U/L）	62.20±6.90	73.67±22.26	0.562	148.00±14.02	121.67±16.94	0.274
天门冬氨酸氨基转移酶/（U/L）	40.00±4.43	48.67±3.38	0.224	172.80±24.00	123.83±10.15	0.076
谷草谷丙比	0.66±0.07	0.76±0.16	0.531	1.20±0.15	1.08±0.11	0.536
γ-谷氨酰基转移酶/（U/L）	0.88±0.29	0.90±0.46	0.97	10.60±3.78	0.83±0.24	0.061
碱性磷酸酶/（U/L）	22.40±1.47	36.00±9.17	0.275	23.40±1.50	24.17±1.14	0.688
总胆汁酸/（μmol/L）	1.79±0.38	2.44±0.55	0.353	3.51±1.64	3.75±0.67	0.898
肌酸激酶/（U/L）	182.20±24.23	209.00±20.6	0.481	461.60±30.4	347.50±46.73	0.083
淀粉酶/（U/L）	2254.40±234.29	1746.33±158.19	0.178	1382.60±117.48	1579.67±168.84	0.383
甘油三酯/（mmol/L）	0.49±0.04	0.55±0.11	0.591	1.73±0.17	1.38±0.11	0.104
胆固醇/（mmol/L）	2.53±0.22	2.30±0.43	0.609	9.45±0.46**	6.62±0.56**	0.004
葡萄糖/（mmol/L）	3.58±0.20	3.54±0.24	0.901	11.07±0.65**	7.14±0.63**	0.002
肌酐/（μmol/L）	98.60±8.70*	62.00±4.51*	0.023	54.80±3.97	61.33±7.08	0.467
尿素氮/（mmol/L）	8.17±0.29	8.56±0.6	0.533	8.95±1.00	8.85±0.74	0.937
尿素氮肌酐比	20.80±1.39**	35.00±4.04**	0.007	42.20±7.40	38.33±4.74	0.660
总二氧化碳/（mmol/L）	18.60±0.51	19.00±0.00	0.477	16.00±0.55	16.33±0.33	0.602
钙/（mmol/L）	2.28±0.03	2.26±0.03	0.724	1.67±0.04	1.71±0.07	0.691
无机磷/（mmol/L）	1.64±0.10	1.85±0.08	0.187	3.15±0.22	2.69±0.19	0.149
钙磷乘积/（mg/dL）	46.20±2.84	51.67±2.33	0.236	39.00±5.55	43.50±1.78	0.476
镁/（mmol/L）	1.03±0.02*	0.91±0.04*	0.017	1.20±0.04*	1.09±0.03*	0.048

表S1-11　猫粮中淀粉含量对血清生化指标变化的影响

指标	低淀粉组	高淀粉组	P值
总蛋白/（g/L）	−11.98±3.04	−14.85±3.34	0.418
白蛋白/（g/L）	5.54±1.90	4.43±1.27	0.928
球蛋白/（g/L）	−17.52±4.54	−19.28±4.13	0.568
白球比	0.44±0.14	0.27±0.08	0.496
总胆红素/（μmol/L）	0.54±0.48	−2.05±1.59	0.223
丙氨酸氨基转移酶/（U/L）	85.80±10.85	48.00±21.57	0.307

实验一　猫粮中淀粉含量对猫血清生化指标、免疫指标及肠道菌群多样性的影响

（续表）

指标	低淀粉组	高淀粉组	P 值
天门冬氨酸氨基转移酶 /（U/L）	132.80 ± 22.24	75.17 ± 5.08	0.053
谷草谷丙比	0.54 ± 0.13	0.32 ± 0.16	0.268
γ - 谷氨酰基转移酶 /（U/L）	9.72 ± 3.94	-0.07 ± 0.45	0.070
碱性磷酸酶 /（U/L）	1.00 ± 2.12*	-11.83 ± 4.40*	0.029
总胆汁酸 /（μmol/L）	1.72 ± 1.65	1.31 ± 0.77	0.986
肌酸激酶 /（U/L）	279.40 ± 48.11	138.50 ± 49.28	0.131
淀粉酶 /（U/L）	-871.80 ± 247.76	-166.67 ± 184.77	0.073
甘油三酯 /（mmol/L）	1.24 ± 0.16	0.83 ± 0.12	0.106
胆固醇 /（mmol/L）	6.92 ± 0.46**	4.32 ± 0.38**	0.005
葡萄糖 /（mmol/L）	7.48 ± 0.80**	3.59 ± 0.57**	0.007
肌酐 /（μmol/L）	-43.8 ± 10.57**	-0.67 ± 6.15**	0.004
尿素氮 /（mmol/L）	0.77 ± 1.08	0.29 ± 0.73	0.977
尿素氮肌酐比	21.40 ± 6.85*	3.33 ± 4.79*	0.046
总二氧化碳 /（mmol/L）	-2.60 ± 0.60	-2.67 ± 0.32	0.638
钙 /（mmol/L）	-0.61 ± 0.05	-0.55 ± 0.08	0.552
无机磷 /（mmol/L）	1.51 ± 0.25	0.84 ± 0.23	0.112
钙磷乘积 /（mg/dL）	-7.2 ± 7.43	-8.17 ± 1.75	0.944
镁 /（mmol/L）	0.17 ± 0.03	0.18 ± 0.03	0.434

2.4　猫粮中淀粉含量对血清免疫指标的影响

在实验开始和结束时，低淀粉组和高淀粉组间机体血清免疫球蛋白IgG、IgM和IgA的含量均无显著性差异（$P \geq 0.05$）（表S1-12）。

上述结果与血清生化中总蛋白、白蛋白和球蛋白等反映机体免疫水平的指标相呼应，淀粉含量未引起机体免疫状况的变化。从IgG和IgM的结果可看出，高马铃薯淀粉饲粮不会引起猫的过敏及食物不耐受等免疫反应。

表S1-12　猫粮中淀粉含量对血清免疫指标的影响

项目	第 0 天			第 35 天		
	低淀粉组	高淀粉组	P 值	低淀粉组	高淀粉组	P 值
IgG/(g/L)	10.60 ± 0.79	11.82 ± 2.42	0.609	12.39 ± 1.44	13.08 ± 1.49	0.718
IgM/(mg/mL)	1059 ± 176	1272 ± 43	0.359	1282 ± 154	1118 ± 171	0.448
IgA/(mg/mL)	1555 ± 137	1280 ± 228	0.320	1568 ± 135	1428 ± 174	0.498

2.5 猫粮中淀粉含量对粪便评分和粪便中短链脂肪酸含量的影响

在实验最后1周，高淀粉组粪便评分显著低于低淀粉组（$P < 0.05$），高淀粉组粪便由湿润且形态明显的状态转变为偏干硬（表S1-13）。

表S1-13　猫粮中淀粉含量对粪便评分（7分制）的影响

项目	粪便评分 低淀粉组	粪便评分 高淀粉组	P 值
第1周	4.43 ± 0.53	4.10 ± 0.31	0.598
第5周	4.29 ± 0.53*	2.57 ± 0.26*	0.013

实验开始和结束时，低淀粉组和高淀粉组的粪便中8种短链脂肪酸和总短链脂肪酸含量不存在组间显著性差异（$P \geqslant 0.05$）（表S1-14）。

表S1-14　猫粮中淀粉含量对粪便中短链脂肪酸含量的影响（单位：μg/mg）

项目	第0天 低淀粉组	第0天 高淀粉组	P 值	第35天 低淀粉组	第35天 高淀粉组	P 值
乙酸	7.914 ± 1.068	7.144 ± 0.640	0.548	4.420 ± 0.545	5.244 ± 0.536	0.396
丙酸	3.742 ± 0.468	3.638 ± 0.387	0.867	2.388 ± 0.421	2.672 ± 0.311	0.533
异丁酸	0.401 ± 0.059	0.335 ± 0.034	0.359	0.239 ± 0.027	0.291 ± 0.038	0.243
丁酸	2.390 ± 0.562	1.936 ± 0.307	0.492	1.022 ± 0.177	1.086 ± 0.210	0.775
异戊酸	0.553 ± 0.091	0.447 ± 0.038	0.312	0.309 ± 0.035	0.374 ± 0.058	0.312
戊酸	0.915 ± 0.182	0.921 ± 0.099	0.975	0.272 ± 0.142	0.267 ± 0.152	0.889
异己酸	0.044 ± 0.004	0.038 ± 0.001	0.237	0.058 ± 0.007	0.043 ± 0.009	0.343
己酸	0.059 ± 0.027	0.051 ± 0.01	0.786	0.011 ± 0.001	0.011 ± 0.001	0.981
总SCFAs	16.016 ± 2.108	14.511 ± 1.203	0.547	8.720 ± 1.123	9.989 ± 0.962	0.424

当动物摄入过量淀粉无法在小肠充分消化吸收时，过量的淀粉会进入后肠参与微生物的发酵，且糖类物质的主要发酵产物便是短链脂肪酸，过度发酵还会引起粪便稀软[8]。上述结果中，高淀粉组饲粮未引起粪便稀软，也未引起粪便短链脂肪酸含量的变化，说明30%淀粉含量的饲粮不会引起猫的软便问题，并推测其在小肠具有较好的消化效果。高淀粉饲粮引起粪便干硬问题，还应从粪便水分含量及粪便物质组成等角度进一步研究。

2.6 猫粮中淀粉含量对粪便菌群多样性的影响

如图S1-2（a）所示，两组实验猫的粪便在实验前后共鉴定出619个OTUs，其中实验前低淀粉组、实验前高淀粉组、实验后低淀粉组和实验后高淀粉组分别察到31、79、51和41个特异性OTUs。各处理组间细菌丰富度和多样性的Chao1、Shannon、Simpson和Ace指数如图S1-2（b）~图S1-2（e）所示，各组间没有显著性差异（$P > 0.05$）。NMDS分析如图S1-2（f）所示，stress < 0.2图形具有解释意义。来自低淀粉组实验前后的云彼此分离，高淀粉组实验前后的云也彼此分离，实验前低淀粉组和高淀粉组的云相互重叠，说明两实验组在实验结束后菌群物种组成形成差异。

(a)韦恩图　　　　　　　　(b)Chao1指数

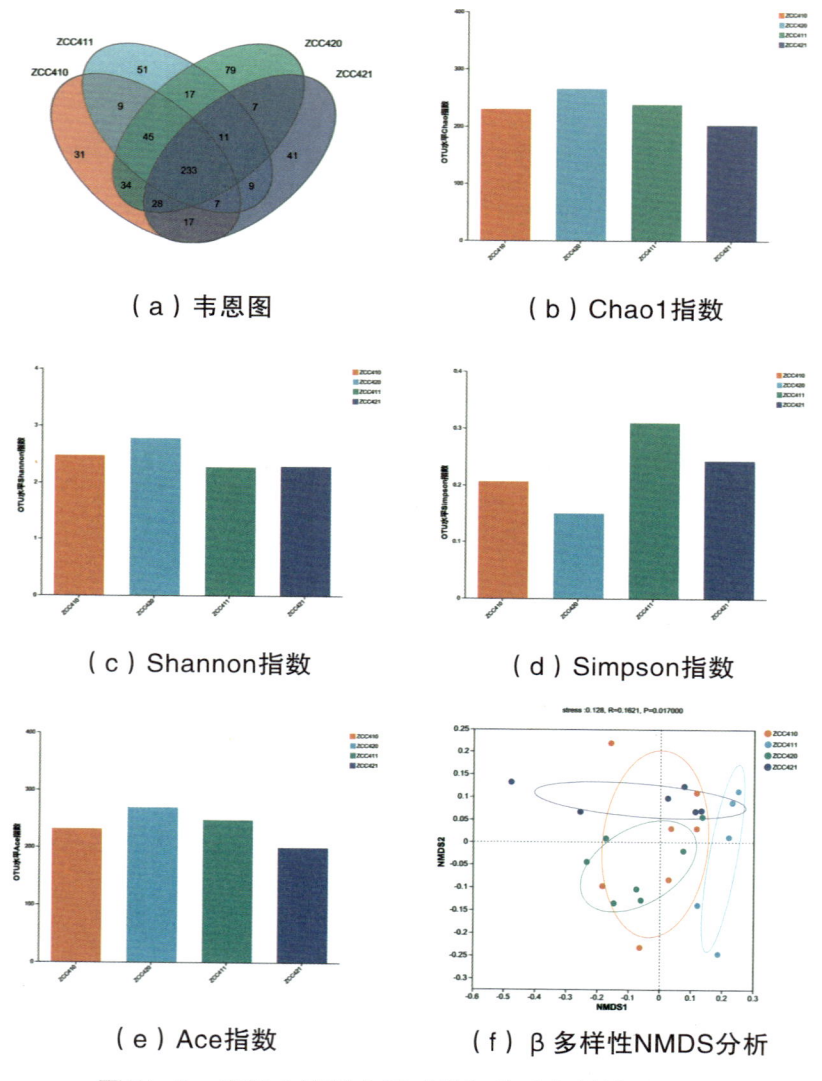

(c)Shannon指数　　　　　(d)Simpson指数

(e)Ace指数　　　　　　　(f)β多样性NMDS分析

图S1-2　猫粮中淀粉含量对粪便菌群多样性的影响

如图S1-3（a）所示，在细菌门水平上，实验后低淀粉组梭杆菌门（*Fusobacteriota*）的相对丰度显著高于其他各组（$P < 0.05$）。相对丰度排名前10的粪便细菌如图S1-3（b）所示。实验后低淀粉组柯林斯菌属（*Collinsella*）显著低于实验前高淀粉组（$P < 0.05$），实验后低淀粉组未分类_f_未分级_o_梭菌_

UCG-014相对丰度极显著高于其他各组（$P < 0.01$）。图S1-3（c）显示了LDA效应大小的结果，图中所示为log10 > 2.5的结果，四组样本之间共鉴定出51个结果具有判别性。

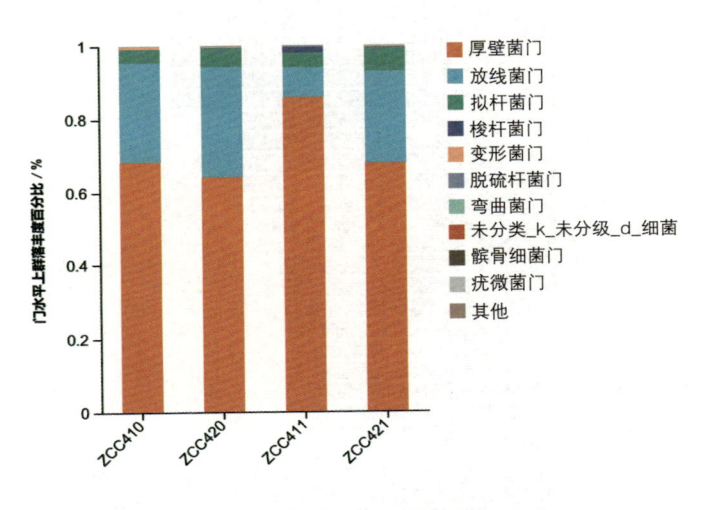

（a）门水平

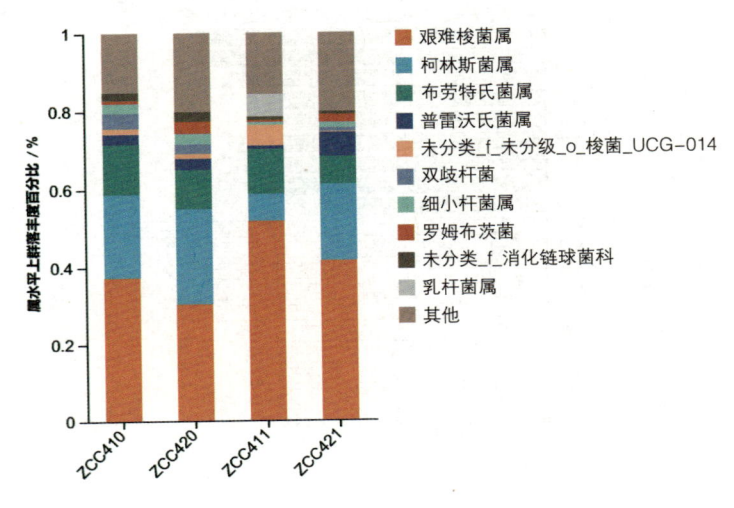

（b）属水平

（c）LDA差异分析

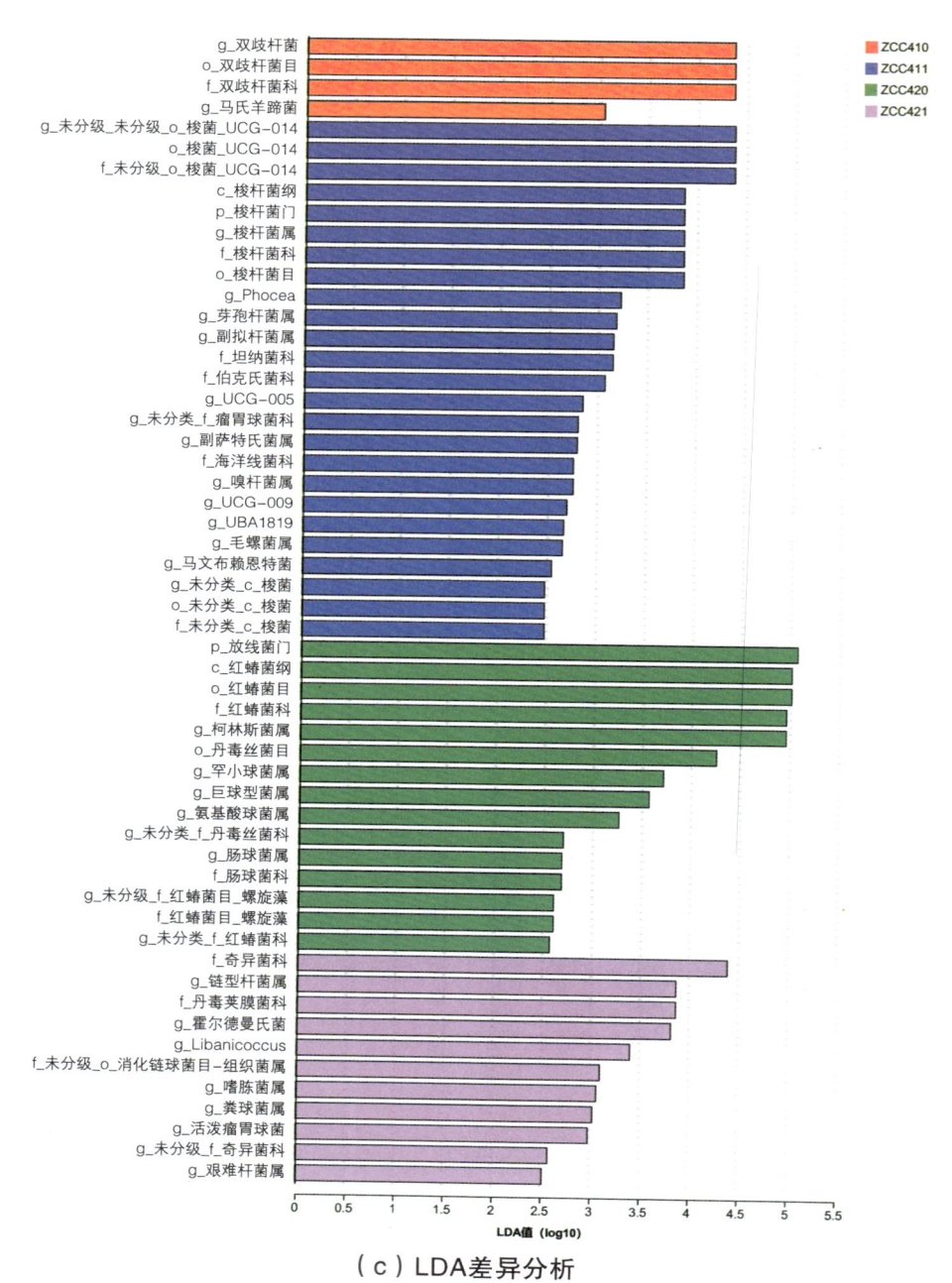

图S1-3 猫粮中淀粉含量对粪便菌群组成及差异的影响

上述结果表明，淀粉含量的变化会引起猫粪便菌群组成的变化，进一步推测其引起了后肠微生物组成的变化[9]。在此前一项关于东北虎的研究中发现，柯林斯菌属是东北虎的优势菌属，与血清胰岛素呈正相关，柯林斯菌属的丰度取决于宿主的食物摄入量，其在圈养东北虎的丰度明显更高[10]。本实验结果表明，高淀粉组柯林斯菌属的丰度显著高于低淀粉组，可能与高淀粉提高胰岛素分泌存在联系，仍应补充胰岛素相关指标以验证柯林斯菌属与猫淀粉消化利用的关系。

3 结论

13%和30%淀粉含量饲粮不会引起猫体重、体况和免疫状况的变化，但会引起机体糖脂代谢的变化。长期进食30%淀粉饲粮的猫会出现粪便干硬的情况。饲粮淀粉含量的变化会引起粪便菌群微生物组成的变化，尤其是高淀粉饲粮会提高柯林斯菌属的丰度。

参考文献

[1] COUNCIL N R. Nutrient requirements of dogs and cats[M]. Washington, D.C.: National Academies Press, 2006.

[2] 毛爱鹏, 孙皓然, 周宁, 等. 嗜酸乳杆菌分离成分对中华田园犬营养物质消化代谢的影响[J]. 动物营养学报, 2023, 35(2): 1241-1249.

[3] AXELSSON E, RATNAKUMAR A, ARENDT M L, et al. The genomic signature of dog domestication reveals adaptation to a starch-rich diet[J]. Nature, 2013, 495(7441): 360-364.

[4] CORSATO ALVARENGA I, ALDRICH C G, SHI Y C. Factors affecting digestibility of starches and their implications on adult dog health[J]. Animal Feed Science and Technology, 2021, 282: 115134.

[5] BILL KAELLE G C, BASTOS T S, DOS SANTOS DE SOUZA R B M, et al. Starch sources and their influence on extrusion parameters, kibble characteristics and palatability of dog diets[J]. Italian Journal of Animal Science, 2024, 23(1): 388-396.

[6] MURRAY S M, FLICKINGER E A, PATIL A R, et al. In vitro fermentation characteristics of native and processed cereal grains and potato starch using ileal chyme from dogs[J]. Journal of Animal Science, 2001, 79(2): 435-444.

[7] CLINE M G, BURNS K M, COE J B, et al. 2021 AAHA nutrition and weight management guidelines for dogs and cats[J]. Journal of the American Animal Hospital Association, 2021, 57(4): 153-178.

[8] BRIENS J M, SUBRAMANIAM M, KILGOUR A, et al. Glycemic, insulinemic and methylglyoxal postprandial responses to starches alone or in whole diets in dogs versus cats: relating the concept of glycemic index to metabolic responses and gene expression[J]. Comparative Biochemistry and Physiology Part A: Molecular & Integrative Physiology, 2021, 257: 110973.

[9] OLIVRY T, BEXLEY J. Cornstarch is less allergenic than corn flour in dogs and cats previously sensitized to corn[J]. BMC Veterinary Research, 2018, 14(1): 207.

[10] RINDELS J E, LOMAN B R. Gut microbiome - the key to our pets' health and happiness?[J]. Animal Frontiers, 2024, 14(3): 46-53.

实验二
犬粮中不同淀粉类型对犬血清生化指标、免疫指标及肠道菌群多样性的影响

孙皓然

摘要：本实验旨在评估饲粮中不同淀粉含量对犬血清生化、干物质消化率、免疫功能和肠道菌群的影响。实验选取14只健康成年犬，随机分成2组，每组7只。2个实验组饲粮的单一淀粉来源分别为玉米淀粉和马铃薯淀粉，添加量均为30%，实验共进行35天。每周称重并做体况评分，并在第0天和第35天对实验犬进行血液和粪便样品采集，测定血液生化指标、粪便评分、干物质消化率、短链脂肪酸、免疫指标和16S rRNA。结果显示，玉米淀粉组与马铃薯淀粉组在体重、采食量、血清免疫指标、粪便短链脂肪酸相关指标上均无显著性差异（$P > 0.05$）。实验前后分别两次进行消化实验，两次干物质消化率两组间差异均不显著（$P > 0.05$），玉米淀粉组实验第35天显著低于第0天（$P < 0.05$）。血清生化指标中，TP、GLO和tCO$_2$存在极显著性差异（$P < 0.01$），TG存在显著性差异（$P < 0.05$）。菌群多样性的分析中，本实验中环境因素或饲喂方式因素对菌群结构的影响大于淀粉类型产生的影响。综上所述，玉米淀粉和马铃薯淀粉均可在犬粮中良好应用。

关键词：犬；淀粉；肠道健康；肠道菌群

1 材料与方法

1.1 实验动物与实验设计

挑选健康成年犬14只,随机分为2组,每组7只。2个实验组饲粮的单一淀粉来源分别为玉米淀粉和马铃薯淀粉,实验共进行35天。实验开始和结束时采集血液样品检测免疫指标,采集粪便样本检测菌群多样性、短链脂肪酸含量及酸不溶灰分含量,实验结束时采集血液样品检测血清生化指标。每日收集采食量数据,每周称重并做体况评估打分(9分制),参见附录图4。实验第1~3天及实验第33~35天分别进行粪便评分(7分制),参见附录图2。实验在豆柴肠胃研发中心进行。

1.2 实验饲粮

实验饲粮参照NRC(2006)成年犬维持营养需要量[1]配制,使用挤压膨化工艺制成年犬全价干粮。玉米淀粉组和马铃薯淀粉组饲粮原料组成见表S2-1。

表S2-1 实验饲粮原料组成

原料	原料含量 /%	
	玉米淀粉组	马铃薯淀粉组
马铃薯淀粉	0	30.0
玉米淀粉	30.0	0
鸡肉粉	26.0	26.0
水解鸡肝粉	2.5	2.5
鲜鸡肝	17.0	17.0
鸡油	10.9	10.9
鱼油粉	0.8	0.8
木质纤维素	2.5	2.5

实验二　犬粮中不同淀粉类型对犬血清生化指标、免疫指标及肠道菌群多样性的影响

（续表）

原料	原料含量 /%	
	玉米淀粉组	马铃薯淀粉组
甜菜粕	2.5	2.5
口味增强剂	6.0	6.0
预混料	1.0	1.0
沸石粉	0.4	0.4
氯化钾	0.4	0.4
合计	100.0	100.0

1.3 检测指标

生长性能

实验期间每周空腹称量犬体重并进行体况评分，实验第35天空腹称重后计算平均日增重。

消化率

每日收集采食数据，正式实验开始3天及结束前3天对粪便按照全收粪法进行收集，检测粪便和饲料干物质、粗灰分和粗蛋白含量，并进行消化率的计算。

血液指标

采集新鲜血液样本至采血管（含抗凝剂）中，4 ℃、4 000 r/min离心10分钟后取上清液-20 ℃待用。采用全自动生化分析仪（BC-2800vet，迈瑞医疗设备有限公司）检测以下血清生化指标：总蛋白（TP）、白蛋白（ALB）、球蛋白（GLO）、总胆红素（TBIL）、丙氨酸氨基转移酶（ALT）、天门冬氨酸氨基转移酶（AST）、γ-谷氨酰基转移酶（GGT）、碱性磷酸酶（ALP）、总胆汁酸（TBA）、肌酸激酶（CK）、淀粉酶（AMY）、甘油三酯（TG）、胆固醇（CHOL）、葡萄糖（GLU）、肌酐（CRE）、尿素氮（BUN）、总二氧化碳

（tCO$_2$）、钙（Ca）、无机磷（P）、镁（Mg）。

免疫指标检测： 免疫球蛋白A（IgA）、免疫球蛋白G（IgG）和免疫球蛋白M（IgM）。以上试剂盒均购于南京建成生物研究所。

粪便评分及代谢物分析

实验第1~3天及实验第33~35天分别进行粪便评分（7分制）。收集粪便，检测粪便代谢物短链脂肪酸乙酸、丙酸、异丁酸、丁酸、异戊酸、戊酸、异己酸和己酸的含量，具体采用气相色谱法[2]。

粪便微生物多样性分析

实验前后收集两组粪便，分别对实验开始和实验结束时的犬排出的新鲜粪便进行16S rRNA测序，选择16S rRNA基因的V3-V4区作为目的片段，设计引物对目的片段进行扩增，构建16S rRNA测序上机文库。基于测序数据，利用生物信息学统计方法分析肠道微生物α多样性，包括Ace、Shannon、Simpson和Sobs多样性指数；通过Bray-Curtis距离分析研究肠道菌群的β多样性。

1.4 统计分析

实验数据采用Excel 2021进行初步整理，数据表示为平均值±标准误。使用SPSS 25.0软件中的独立样本t检验程序分析高低淀粉两组间差异，$P \geq 0.05$为差异不显著，$P < 0.05$为差异显著，$P < 0.01$为差异极显著。

在菌群多样性结果中，马铃薯淀粉组和玉米淀粉组在第0天采集的数据分别定义为ZCC310组和ZCC330组，第35天采集的数据分别定义为ZCC311组和ZCC331组。Chao1、Shannon、Simpson和Ace指数等α多样性相关指标使用SPSS 25.0软件中的单因素方差分析，多重比较使用Turkey法。

实验二　犬粮中不同淀粉类型对犬血清生化指标、免疫指标及肠道菌群多样性的影响

2 结果与分析

2.1 犬粮中淀粉类型对采食量及干物质消化率的影响

以7天为一阶段，对采食量进行统计分析发现（表S2-2），马铃薯淀粉组平均日采食量在第3周显著低于玉米淀粉组（$P < 0.05$）。由于个体采食量受多种因素影响，体重是重要影响因素之一，在表S2-2统计数据的基础上计算单位体重采食量（表S2-3），两组间在各阶段均无显著性差异（$P \geq 0.05$）。

表S2-2　犬粮中不同淀粉类型对平均日采食量的影响

项目	平均日采食量 / (g/d) 马铃薯淀粉组	玉米淀粉组	P 值
第1周	151.65 ± 14.51	166.73 ± 16.03	0.499
第2周	52.61 ± 4.02	61.00 ± 1.00	0.066
第3周	58.82 ± 2.70*	67.22 ± 2.05*	0.029
第4周	63.76 ± 3.43	62.67 ± 3.62	0.832
第5周	61.14 ± 2.11	56.96 ± 4.12	0.384
总体	77.60 ± 3.07	82.92 ± 2.65	0.214

表S2-3　犬粮中不同淀粉类型对单位体重平均日采食量的影响

项目	单位体重平均日采食量 /[g/ (kg BW·d)] 马铃薯淀粉组	玉米淀粉组	P 值
第1周	30.87 ± 3.08	40.52 ± 6.85	0.233
第2周	11.14 ± 1.01	14.61 ± 1.76	0.114
第3周	12.88 ± 0.46	16.05 ± 2.22	0.207
第4周	13.01 ± 0.65	13.62 ± 1.64	0.734
第5周	12.37 ± 0.37	11.79 ± 1.38	0.695

使用酸不溶灰分法计算干物质消化率，结果如表S2-4所示。实验开始和实验

结束两个阶段，干物质消化率马铃薯淀粉组和玉米淀粉组间均无显著性差异（$P \geq 0.05$）。同一组不同时间点进行比较分析发现，玉米淀粉组实验结束时干物质消化率极显著低于实验开始阶段（$P < 0.01$），马铃薯淀粉组实验前后无显著变化（$P \geq 0.05$）。

在实验结束时，采食量数值上两组均较实验开始时降低，但仅玉米淀粉组表现出显著性。这与本次实验采样时间短有关，并且第一周进食量为其他周次的2.7~3.0倍，采食量的过大差距也会引起营养物质消化率的差异。两组饲粮在实验结束阶段的干物质消化率没有显著性差异，说明干物质消化率的变化可能与环境或饲喂方式引起的变化有关，而与淀粉类型无关，而且犬对淀粉天然具有较高消化率，可达95%以上[3,4]。一项关于不同淀粉类型在犬粮颗粒形状中的研究显示，马铃薯淀粉饲粮较玉米淀粉饲粮具有更高适口性，且相关加工工艺条件下颗粒密度、尺寸、膨胀指数等质构指标均高于玉米淀粉饲粮[5]。

表S2-4 犬粮中不同淀粉类型对干物质消化率的影响

项目	干物质消化率/% 马铃薯淀粉组	干物质消化率/% 玉米淀粉组	P值
第1周	89.52 ± 1.71	91.42 ± 0.52##	0.325
第5周	86.55 ± 1.11	86.94 ± 1.05##	0.804
P值	0.172	0.002	

注：同一行数据肩标为*，代表存在组间显著性差异（$P < 0.05$）；肩标为**，代表存在组间极显著性差异（$P < 0.01$）；无肩标，代表组间不存在显著性差异（$P \geq 0.05$）。同一列数据肩标为#，代表实验前后存在显著性差异（$P < 0.05$）；肩标为##，代表实验前后存在极显著性差异（$P < 0.01$）；无肩标，代表实验前后不存在显著性差异（$P \geq 0.05$）。后表同。

2.2 犬粮中淀粉类型对体重和体况的影响

每周进行称重获得体重相关数据（表S2-5和图S2-1），马铃薯淀粉组和玉米淀粉组间体重无显著性差异（$P \geq 0.05$）。计算每周日增重情况（表S2-6），马铃薯淀粉组在实验第2周平均日增重-21.22 ± 6.45 g/d，体重降低幅度显著高于玉

实验二　犬粮中不同淀粉类型对犬血清生化指标、免疫指标及肠道菌群多样性的影响

米淀粉组（$P < 0.05$），其他周次无显著性差异（$P \geq 0.05$）。

在实验开始阶段，马铃薯淀粉组和玉米淀粉组间体况评分存在显著性差异（$P < 0.05$），且全程两组犬的体况均处于理想体态（表S2-7）。

两组间在实验开始阶段出现体况的显著性差异与分组有关。实验过程中体重的波动，尤其是马铃薯淀粉组进入实验期后体重迅速下降，可能与采食量降低有关。此外，马铃薯淀粉较玉米淀粉含有更高的抗性淀粉和更低的快消化淀粉[6]，抗性淀粉主要在后肠发酵分解，而非被小肠消化吸收进入体内，这可能也是实验结束时马铃薯淀粉组犬平均体重降低的原因。

表S2-5　犬粮中不同淀粉类型对体重的影响

项目	体重/kg 马铃薯淀粉组	体重/kg 玉米淀粉组	P值
第0天	5.06±0.25	4.83±0.77	0.830
第7天	4.95±0.23	4.77±0.76	0.898
第14天	4.80±0.21	4.70±0.74	0.817
第21天	4.58±0.19	4.76±0.72	0.807
第28天	4.90±0.08	5.09±0.75	0.683
第35天	4.94±0.09	5.24±0.70	0.248

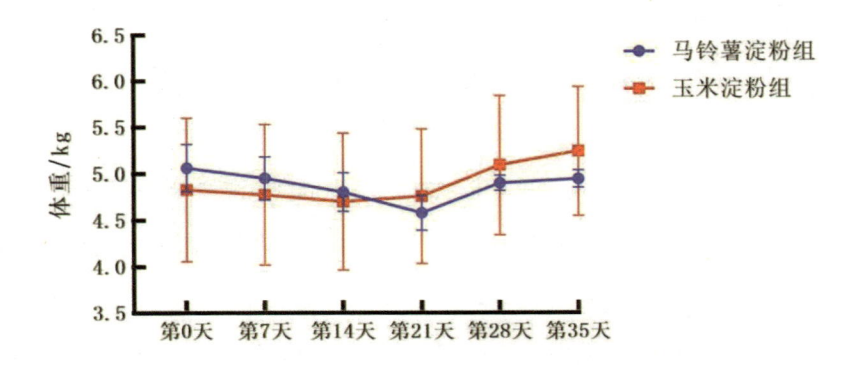

图S2-1　犬粮中不同淀粉类型对体重变化趋势的影响

表S2-6　犬粮中不同淀粉类型对日增重的影响

项目	日增重/(g/d) 马铃薯淀粉组	日增重/(g/d) 玉米淀粉组	P值
第1周	−15.92 ± 4.88	−7.76 ± 4.61	0.251
第2周	−21.22 ± 6.45*	−10.61 ± 5.99*	0.015
第3周	−31.84 ± 9.20	8.37 ± 10.80	0.945
第4周	45.92 ± 24.74	47.76 ± 7.81	0.560
第5周	6.12 ± 8.16	21.43 ± 23.69	0.104
总体	−3.39 ± 6.39	11.84 ± 5.83	0.251

表S2-7　犬粮中不同淀粉类型对体况评分（9分制）的影响

项目	体况评分 马铃薯淀粉组	体况评分 玉米淀粉组	P值
第0天	4.86 ± 0.14*	5.43 ± 0.20*	0.042
第7天	5.00 ± 0.00	5.00 ± 0.22	1.000
第14天	5.00 ± 0.00	5.14 ± 0.14	0.356
第21天	5.00 ± 0.00	5.14 ± 0.14	0.356
第28天	5.00 ± 0.00	5.14 ± 0.14	0.356
第35天	5.00 ± 0.00	5.14 ± 0.14	0.356

2.3　犬粮中淀粉类型对血清生化指标的影响

35天饲养实验结束后采集实验犬血清样本检测生化指标（表S2-8），两组间TP、GLO和tCO$_2$存在极显著性差异（$P < 0.01$），TG存在显著性差异（$P < 0.05$）。

犬血清总蛋白的正常范围为52~82 g/L，球蛋白的正常范围为23~52 g/L。玉米淀粉组两个指标均低于正常范围，马铃薯淀粉组部分个体也处于较低水平。总蛋白和球蛋白低于正常范围，且肾功能相关指标处于正常范围，推测与营养摄入不足有关，这与采食量结果中后期采食量均为50~70 g/d有关。对于体重为5 kg左右的犬而言，食物摄入量应在100 g/d左右较为合理[7]。本实验中，TG（正常范围为0.1~0.9 mmol/L）、CHOL（正常范围为2.84~8.26 mmol/L）和GLU（正常范围为3.89~7.95 mmol/L）均高于正常范围，可能与采样时间有关，该3项糖脂代谢相关指标的餐后检测会较空腹时高[8]。因此，在本实验条件下无法证明淀粉类型对犬脂质代谢存在影响。

表S2-8 犬粮中不同淀粉类型对血清生化指标的影响

指标	马铃薯淀粉组	玉米淀粉组	P 值
总蛋白/（g/L）	64.09 ± 2.26**	50.10 ± 3.20**	0.004
白蛋白/（g/L）	37.74 ± 0.90	39.49 ± 1.27	0.285
球蛋白/（g/L）	26.34 ± 1.69**	14.86 ± 2.56**	0.003
白球比	1.46 ± 0.09	3.18 ± 0.76	0.086
总胆红素/（μmol/L）	4.57 ± 0.61	3.50 ± 0.45	0.184
丙氨酸氨基转移酶/（U/L）	61.29 ± 8.15	59.00 ± 5.26	0.818
天门冬氨酸氨基转移酶/（U/L）	134.86 ± 12.95	152.86 ± 17.91	0.431
谷草谷丙比	2.38 ± 0.36	2.39 ± 0.62	0.988
γ-谷氨酰基转移酶/（U/L）	2.29 ± 1.52	3.07 ± 2.30	0.780
碱性磷酸酶/（U/L）	26.00 ± 1.11	34.86 ± 9.07	0.352
总胆汁酸/（μmol/L）	2.42 ± 1.46	1.74 ± 0.68	0.682
肌酸激酶/（U/L）	831.43 ± 70.89	902.71 ± 161.39	0.693
淀粉酶/（U/L）	1186.71 ± 60.38	1175.14 ± 74.1	0.906
甘油三酯/（mmol/L）	1.26 ± 0.08*	1.85 ± 0.19*	0.013
胆固醇/（mmol/L）	9.89 ± 0.18	10.7 ± 0.77	0.674
葡萄糖/（mmol/L）	10.45 ± 0.44	11.26 ± 0.92	0.443
肌酐/（μmol/L）	51.71 ± 5.63	39.29 ± 2.23	0.075
尿素氮/（mmol/L）	5.21 ± 0.40	6.18 ± 0.29	0.072
尿素氮肌酐比	26.00 ± 2.82	63.17 ± 24.36	0.189
总二氧化碳/（mmol/L）	19.57 ± 0.48**	15.86 ± 0.91**	0.004
钙/（mmol/L）	1.32 ± 0.09	1.44 ± 0.14	0.491
无机磷/（mmol/L）	1.90 ± 0.15	2.01 ± 0.16	0.619
钙磷乘积/（mg/dL）	31.29 ± 3.58	34.2 ± 6.09	0.669
镁/（mmol/L）	1.03 ± 0.02	0.97 ± 0.04	0.191

2.4 犬粮中淀粉类型对血清免疫指标的影响

在本实验条件下，未发现犬粮中马铃薯淀粉和玉米淀粉两种不同淀粉类型对犬血清IgG、IgM和IgA的影响存在显著性差异影响（$P \geq 0.05$）（表S2-9）。该结果说明，含30%马铃薯淀粉饲粮和含30%玉米淀粉饲粮未引起实验犬机体免疫状况的变化。从IgG和IgM的结果可看出，含有两种淀粉的饲粮不会引起犬的过敏及食物不耐受等免疫反应，并且相关报道也显示玉米淀粉较整粒玉米具有更低的致敏性，对易出现食物过敏的犬更为友好[9]。

表S2-9 犬粮中不同淀粉类型对血清免疫指标的影响

项目	第0天			第35天		
	马铃薯淀粉组	玉米淀粉组	P值	马铃薯淀粉组	玉米淀粉组	P值
IgG/(g/L)	9.35 ± 0.92	7.18 ± 0.68	0.081	11.06 ± 1.24	14.49 ± 1.32	0.083
IgM/(mg/L)	668 ± 91	814 ± 120	0.354	1188 ± 139	1153 ± 110	0.847
IgA/(mg/L)	1065 ± 126	958 ± 88	0.496	1428 ± 157	1280 ± 128	0.480

2.5 犬粮中淀粉类型对粪便评分和粪便中短链脂肪酸含量的影响

不同淀粉类型未对犬粪便评分产生显著影响（$P \geq 0.05$）（表S2-10）。

在实验开始阶段，马铃薯淀粉组粪便中异戊酸含量显著高于玉米淀粉组（$P < 0.05$）；但在实验结束阶段，两组间无显著性差异（$P \geq 0.05$）。为明确不同淀粉类型对实验前后粪便中短链脂肪酸含量变化的影响，将实验第35天结果与第0天结果相减获得差值，结果显示两组间不存在显著性差异（$P \geq 0.05$）（表S2-11）。上述结果综合说明淀粉类型未影响犬粪便中短链脂肪酸代谢物含量的变化。在一项使用犬回肠液的体外发酵实验中，马铃薯淀粉发酵分解后产生更多的总短链脂肪酸[6]（表S2-12）。

表S2-10 犬粮中不同淀粉类型对粪便评分（7分制）的影响

项目	粪便评分		P值
	马铃薯淀粉组	玉米淀粉组	
第1周	2.86 ± 0.32	4.00 ± 0.79	0.216
第5周	2.14 ± 0.14	2.81 ± 0.40	0.161

实验二　犬粮中不同淀粉类型对犬血清生化指标、免疫指标及肠道菌群多样性的影响

表S2-11　犬粮中不同淀粉类型对粪便中短链脂肪酸含量的影响（单位：μg/mg）

项目	第0天			第35天		
	马铃薯淀粉组	玉米淀粉组	P值	马铃薯淀粉组	玉米淀粉组	P值
乙酸	8.771 ± 0.485	8.150 ± 0.703	0.611	6.750 ± 0.641	5.868 ± 0.442	0.255
丙酸	4.254 ± 0.326	4.280 ± 0.479	0.971	3.107 ± 0.274	2.852 ± 0.214	0.490
异丁酸	0.005 ± 0.000	0.003 ± 0.001	0.064	0.405 ± 0.034	0.341 ± 0.026	0.252
丁酸	0.247 ± 0.023	0.556 ± 0.125	0.069	1.310 ± 0.184	1.022 ± 0.15	0.277
异戊酸	0.013 ± 0.002*	0.007 ± 0.002*	0.034	0.516 ± 0.047	0.426 ± 0.035	0.223
戊酸	0.014 ± 0.006	0.008 ± 0.002	0.310	0.035 ± 0.003	0.033 ± 0.002	0.503
异己酸	0.044 ± 0.009	0.081 ± 0.006	0.050	0.037 ± 0.004	0.052 ± 0.009	0.299
己酸	0.009 ± 0.002	0.008 ± 0.003	0.907	0.011 ± 0.000	0.010 ± 0.000	0.690
总SCFAs	13.357 ± 0.740	13.094 ± 0.952	0.882	12.169 ± 1.041	10.603 ± 0.662	0.240

表S2-12　犬粮中不同淀粉类型对粪便中短链脂肪酸含量变化的影响（单位：μg/mg）

项目	马铃薯淀粉组	玉米淀粉组	P值
乙酸	−2.021 ± 0.795	−2.283 ± 0.811	0.864
丙酸	−1.147 ± 0.429	−1.428 ± 0.403	0.684
异丁酸	0.400 ± 0.034	0.337 ± 0.026	0.266
丁酸	1.063 ± 0.187	0.466 ± 0.190	0.051
异戊酸	0.503 ± 0.046	0.419 ± 0.034	0.246
戊酸	0.02 ± 0.006	0.025 ± 0.004	0.481
异己酸	−0.007 ± 0.009	−0.029 ± 0.011	0.297
己酸	0.002 ± 0.002	0.002 ± 0.003	0.968
总SCFAs	−1.187 ± 1.355	−2.491 ± 0.947	0.541

2.6　犬粮中淀粉类型对粪便菌群多样性的影响

如图S2-2（a）所示，两组实验犬的粪便在实验前后共鉴定出649个OTUs，其中实验前马铃薯淀粉组、实验前玉米淀粉组、实验后马铃薯淀粉组和实验后玉米淀粉组分别察到40、93、57和35个特异性OTUs。各处理组间细菌丰度和多样性的Chao1、Shannon、Simpson和Ace指数如图S2-2（b）~图S2-2（e）所示，各组间没有显著性差异（$P \geq 0.05$）。PLS-DA分析如图S2-2（f）所示，来自马铃薯淀粉

组实验前后的云彼此分离，玉米淀粉组实验前后的云也彼此分离，实验后马铃薯淀粉组和玉米淀粉组的云相互重叠，说明两实验组在实验结束后菌群物种组成形成差异，但两组间未形成差异，这可能与环境变化或饲喂方式引起的粪便菌群多样性变化有关。

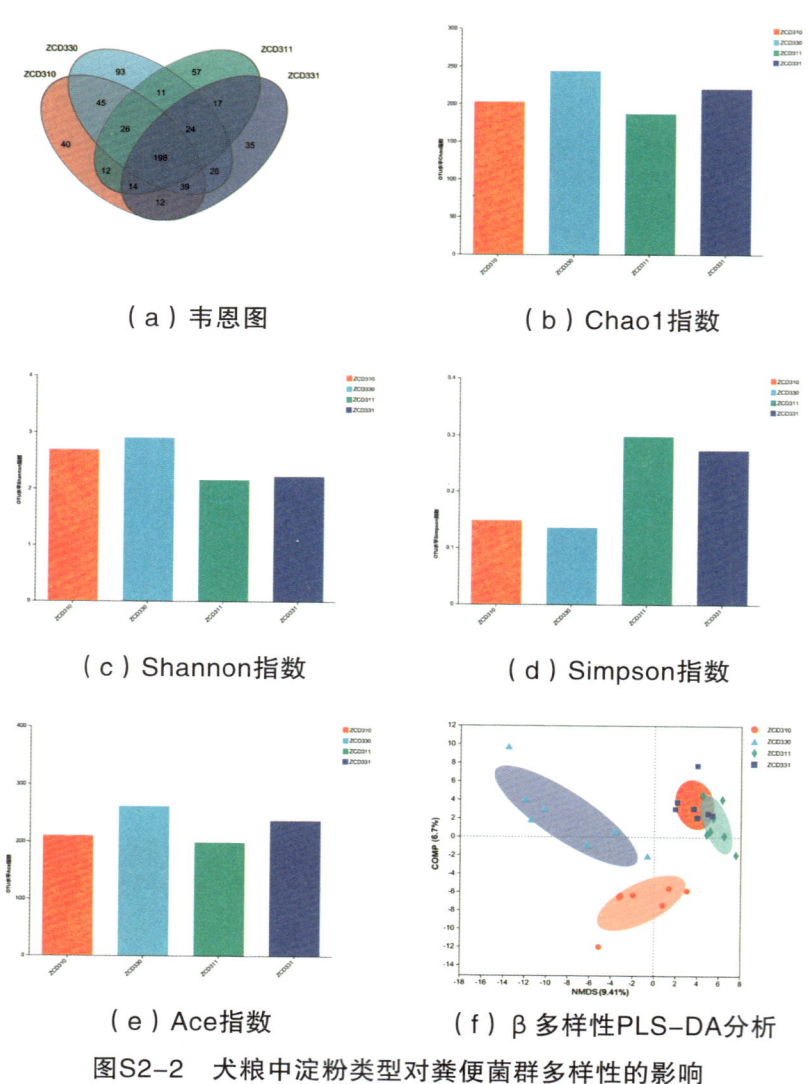

（a）韦恩图

（b）Chao1指数

（c）Shannon指数

（d）Simpson指数

（e）Ace指数

（f）β多样性PLS-DA分析

图S2-2　犬粮中淀粉类型对粪便菌群多样性的影响

如图S2-3（a）所示，在细菌门水平上，实验前玉米淀粉组脱铁杆菌门

（*Deferribacterota*）的相对丰度显著高于其他各组（$P < 0.05$）。相对丰度排名前10的粪便细菌如图S2-3（b）所示。实验前玉米淀粉组艰难梭菌属（*Peptoclostridium*）相对丰度显著低于实验后的两组（$P < 0.05$）。图S2-3（c）显示了LDA效应大小的结果，图中所示为$\log 10 > 2.5$的结果，四组样本之间共鉴定出63个结果具有判别性。菌群组成的结果也显示，环境因素或饲喂方式因素对菌群结构的影响大于淀粉类型产生的影响[10]。

（a）门水平

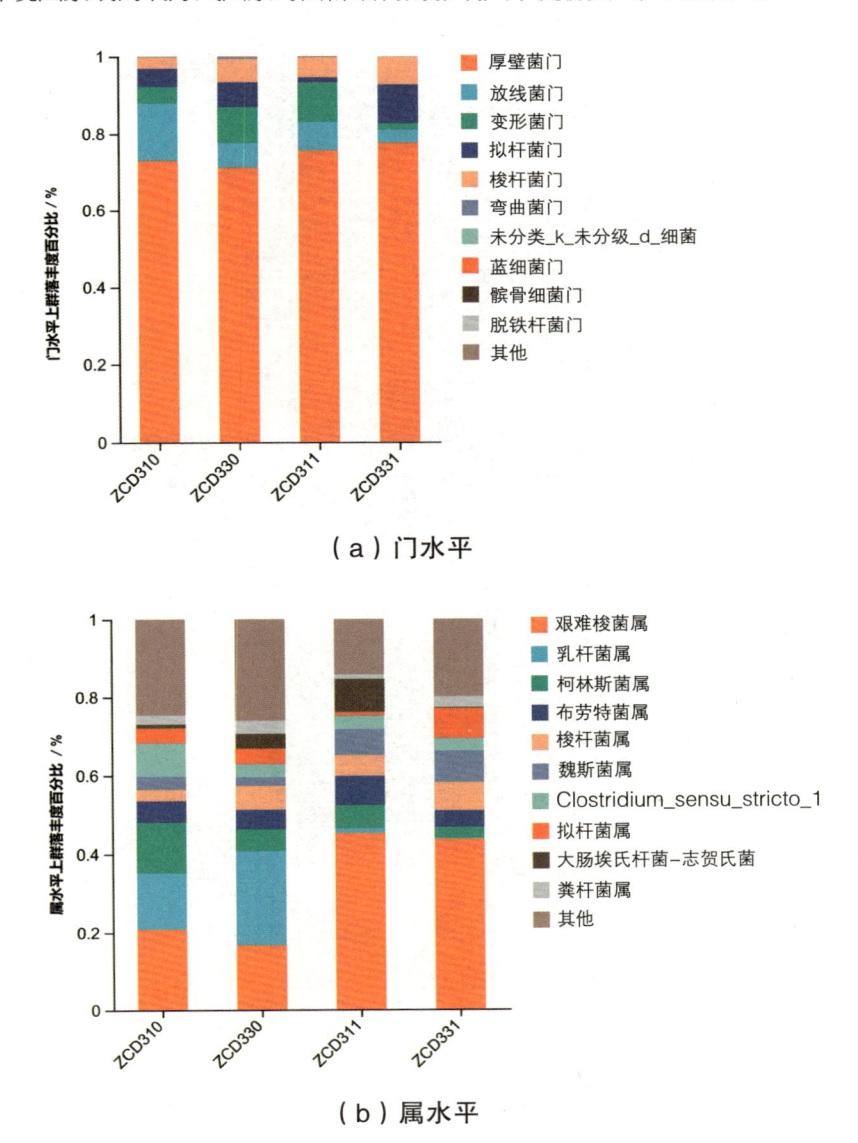

（b）属水平

(c) LDA差异分析

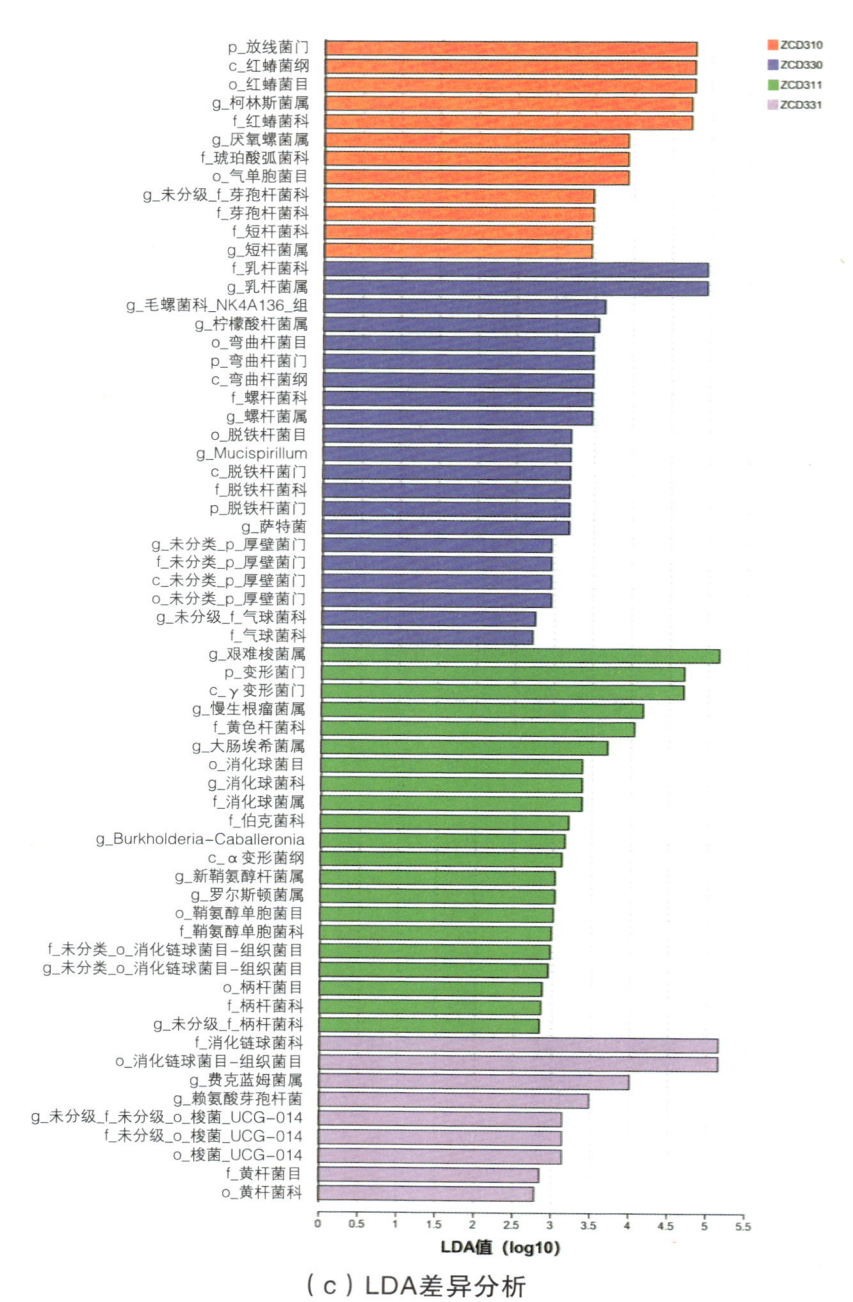

图S2-3 犬粮中淀粉类型对粪便菌群组成及差异的影响

实验二 犬粮中不同淀粉类型对犬血清生化指标、免疫指标及肠道菌群多样性的影响

3 结论

马铃薯淀粉和玉米淀粉均可在犬粮中良好应用。在本实验条件下，两种淀粉均未对体重、体况、干物质消化率及肠道菌群多样性等结果产生显著性影响。

参考文献

［1］ COUNCIL N R. Nutrient requirements of dogs and cats[M]. Washington, D.C.: National Academies Press, 2006

［2］ 毛爱鹏, 孙皓然, 周宁, 等. 嗜酸乳杆菌分离成分对中华田园犬营养物质消化代谢的影响[J]. 动物营养学报, 2023, 35(2): 1241-1249.

［3］ AXELSSON E, RATNAKUMAR A, ARENDT M L, et al. The genomic signature of dog domestication reveals adaptation to a starch-rich diet[J]. Nature, 2013, 495(7441): 360-364.

［4］ CORSATO ALVARENGA I, ALDRICH C G, SHI Y C. Factors affecting digestibility of starches and their implications on adult dog health[J]. Animal Feed Science and Technology, 2021, 282: 115134.

［5］ BILL KAELLE G C, BASTOS T S, DOS SANTOS DE SOUZA R B M, et al. Starch sources and their influence on extrusion parameters, kibble characteristics and palatability of dog diets[J]. Italian Journal of Animal Science, 2024, 23(1): 388-396.

［6］ MURRAY S M, FLICKINGER E A, PATIL A R, et al. In vitro fermentation characteristics of native and processed cereal grains and potato starch using ileal chyme from dogs[J]. Journal of Animal Science, 2001, 79(2): 435-444.

［7］ CLINE M G, BURNS K M, COE J B, et al. 2021 AAHA nutrition and weight management guidelines for dogs and cats[J]. Journal of the American Animal Hospital Association, 2021, 57(4): 153-178.

［8］ BRIENS J M, SUBRAMANIAM M, KILGOUR A, et al. Glycemic, insulinemic and methylglyoxal postprandial responses to starches alone or in whole diets in dogs versus cats: relating the concept of glycemic index to metabolic responses and gene expression[J]. Comparative Biochemistry and Physiology Part A: Molecular & Integrative Physiology, 2021, 257: 110973.

［9］ OLIVRY T, BEXLEY J. Cornstarch is less allergenic than corn flour in dogs and cats previously sensitized to corn[J]. BMC Veterinary Research, 2018, 14(1): 207.

［10］ RINDELS J E, LOMAN B R. Gut microbiome - the key to our pets' health and happiness?[J]. Animal Frontiers, 2024, 14(3): 46-53.

第四章
脂肪与犬、猫的肠道健康

任 曼　李蕾蕾　方素庭

引言

脂肪是动物体内储存和供应能量的重要物质，相比碳水化合物和蛋白质，脂肪拥有更高的能值（图4-1）。脂肪因食后体增热低，可提高宠物食品的能值，对动物高温下热应激具有缓解作用。在宠物食品中添加适宜脂肪不但可为动物提供必需脂肪酸（essential fatty acids，EFA），作为脂溶性维生素载体促进其吸收，还可以延长食糜在胃肠道中的滞留时间，进而延长营养物质的消化吸收时间，提高营养物质利用率[1]。脂肪作为动物机体的重要组成部分，广泛分布于动物的皮肤、血液和肌肉等组织，对保护内脏、维持体温、缓冲外界压力，以及维持细胞膜的正常生物学功能意义重大。

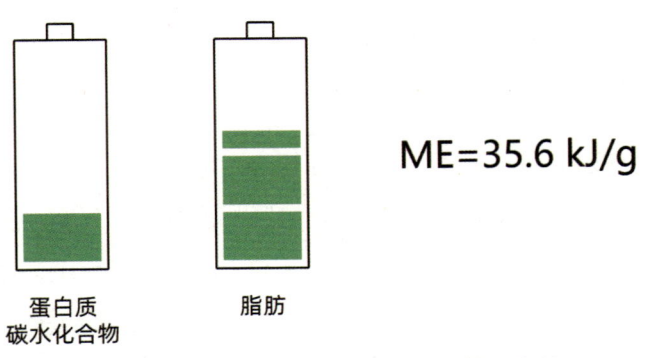

图4-1 脂肪能为动物提供更高的能值

脂类的组成与生理功能

脂类的组成和分类

脂类是脂肪和类脂的总称，是一大类具有重要生物学作用的化合物（图4-2）。两者的共同特点是溶于有机溶剂而不溶于水。

脂肪

脂肪一般指中性脂肪，由一分子甘油和三分子脂肪酸组成，故也被称为三酰甘油或甘油三酯，占脂类的95%。人体脂肪含量常受营养状况和体力活动等因素的影响而有较大变动，多吃碳水化合物和脂肪能让体内脂肪含量增加，饥饿则会减少体内脂肪含量。当机体能量消耗较多而食物供应不足时，体内脂肪就会被大量动员，经血循环运输到各组织，被氧化消耗。因此，体内脂肪的含量很不恒定，有"可变脂"或"动脂"的称号。

脂肪酸

脂肪酸是构成甘油三酯的基本单位。按照脂肪酸碳链长度，脂肪酸可分为长链脂肪酸（含14碳以上）、中链脂肪酸（含8~12碳）和短链脂肪酸（含2~6碳）。按脂肪酸饱和程度，脂肪酸可分为饱和脂肪酸（能自动凝固）、单不饱和脂肪酸（室温下为液态）和多不饱和脂肪酸（室温、冷藏下皆为液态）。按脂肪空间结构，脂肪酸可分为顺式脂肪酸和反式脂肪酸（反式脂肪酸会使人体内的血清低密度脂蛋白胆固醇浓度升高，高密度脂蛋白胆固醇浓度降低，有增加人患心血管疾病的危险，所以不主张多食用富含反式脂肪酸的人造黄油）。

第四章 脂肪与犬、猫的肠道健康

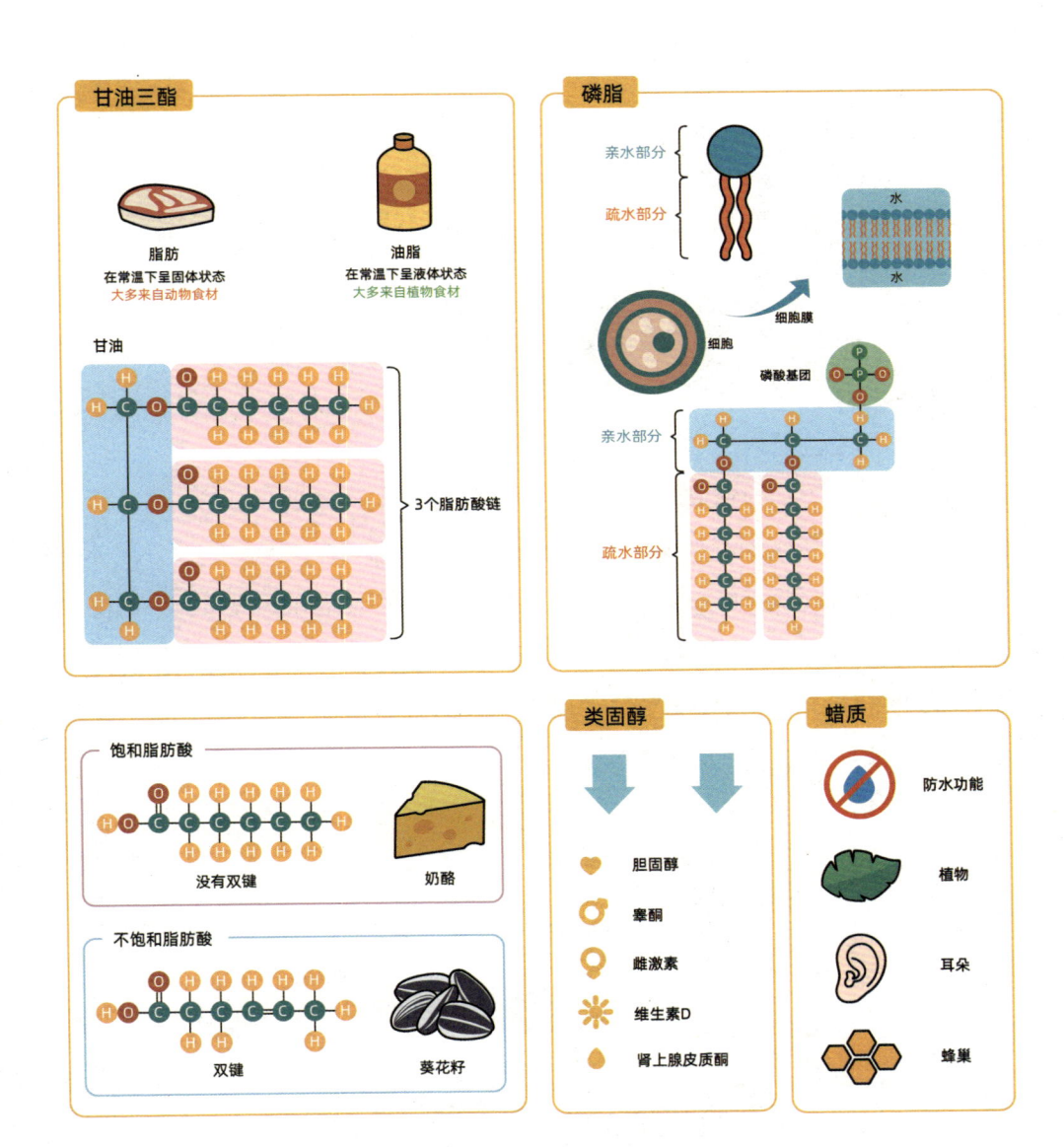

图4-2 脂类的组成和分类

127

类脂

类脂主要包括磷脂、糖脂和类固醇等。

（1）磷脂是含有磷酸根、脂肪酸、甘油和氮的化合物。

（2）糖脂是含有碳水化合物、脂肪酸和氨基乙醇的化合物。糖脂是细胞膜不可或缺的组成成分。

（3）类固醇和固醇是含有环戊烷多氢菲的化合物。类固醇含自由羟基时成为高分子醇，称为固醇。

脂类的生理功能

犬、猫的各种组织器官中均含有类脂，主要为磷脂和固醇等。脑和外周神经组织含有鞘磷脂。大多数类脂，特别是磷脂、糖脂和胆固醇，都是细胞膜的重要组成成分（图4-3）。蛋白质和脂类按一定比例构成细胞膜和细胞质。因此，脂类也是组织细胞增殖、更新及修补的原料。脂类也参与细胞内某些代谢调节物的合成，譬如棕榈酸是合成肺表面活性物质的必需成分。

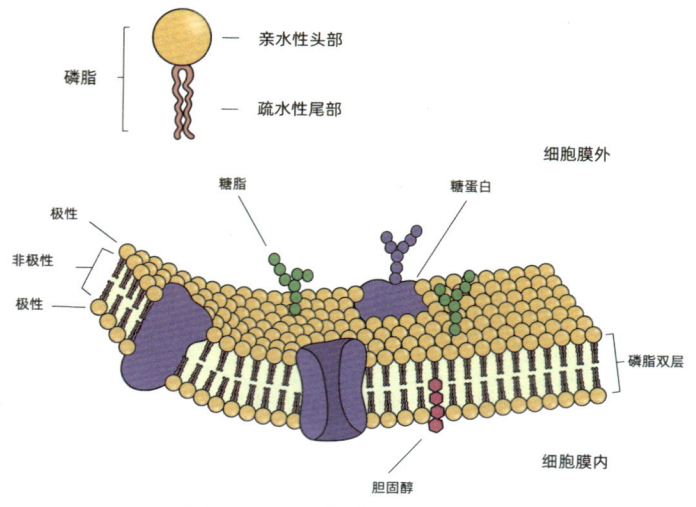

图4-3 细胞膜的组成成分

脂肪

（1）脂肪是体组织的重要成分。脂肪大部分分布在皮下、大网膜、肠系膜以及肾周围等的脂肪组织中，常以大块脂肪组织形式存在，这些部位通常也被称为脂库。

（2）脂肪具有供能贮能的作用。脂肪是犬、猫体内的重要能源物质，是能值最高的营养物质。在生理条件下，同等质量的脂肪氧化分解产生的能量是糖类的2.25倍。脂肪分解产生的游离脂肪酸和甘油都是供给机体维持生命活动的重要能量来源。在宠物食品中添加一定的植物油或动物脂肪可以降低热增耗，提高能量利用效率[2]。当宠物摄入的能量超过需要量时，多余的能量主要以脂肪形式贮备起来（图4-4）。脂肪能以较小体积贮藏较多的能量，是犬、猫贮存能量的最好形式。

（3）提供必需脂肪酸。脂肪为动物提供3种必需脂肪酸，分别是亚油酸、亚麻酸（α-亚麻酸）和花生四烯酸。这些必需脂肪酸对动物均具有重要的营养生理作用。

（4）脂肪是脂溶性维生素的溶剂。在犬和猫体内，脂溶性维生素A、维生素D、维生素E、维生素K和胡萝卜素必须溶于脂肪中才能被消化吸收和利用。

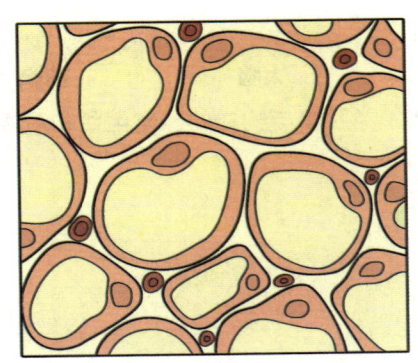

图4-4 犬、猫体内储存脂肪的脂肪组织

（5）脂肪对宠物具有保护作用。高等哺乳动物皮肤中的脂类具有抵抗微生物侵袭和保护机体的作用[3]。皮下脂肪能够防止体热散失，在寒冷季节有利于维持恒定的体温和抵御寒冷。脂类填充在脏器周围，具有固定和保护器官，缓和外力冲击的作用。脂肪还是代谢水的重要来源。

类脂

类脂的主要功能是构成身体组织，也是一些重要的生理活性物质的成分（图4-5）。

（1）磷脂与蛋白质结合形成脂蛋白，这是细胞膜和亚细胞器膜的重要成分，对维持膜的通透性有重要作用。

（2）鞘磷脂是神经鞘的重要组成部分，可以保持神经鞘的绝缘性。

（3）脑磷脂大量存在于脑白质内，参与神经冲动的传导。

（4）胆固醇是所有体细胞的构成成分，并大量存在于神经组织内。胆固醇还是胆汁酸、7-脱氢胆固醇、维生素D_3、性激素、黄体酮、前列腺素和肾上腺皮质激素等生理活性物质和激素的前体物，是机体不可缺少的营养物质。

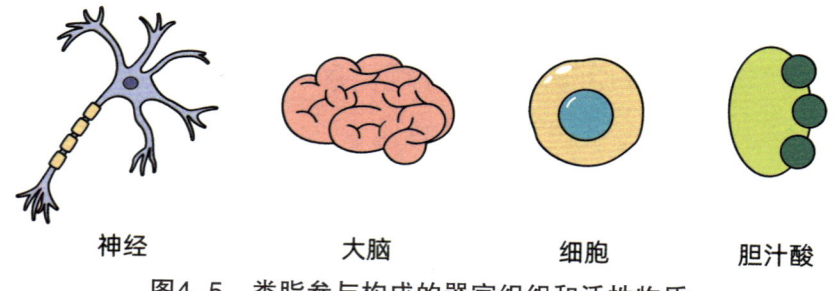

神经　　　大脑　　　细胞　　　胆汁酸

图4-5　类脂参与构成的器官组织和活性物质

必需脂肪酸

必需脂肪酸EFA是指体内不能合成，必须由日粮供给的脂肪酸。EFA对机体的正常功能和健康具有重要保护作用。亚油酸（十八碳二烯酸）、亚麻酸（八碳烯酸）和花生四烯酸（二十碳四烯酸）都是EFA。其中，亚油酸和亚麻酸在植物和动物体中都存在，而花生四烯酸只存在于动物体中。大部分动物可以在体内将亚油酸转化为亚麻酸和花生四烯酸，但猫是例外，猫无法将亚油酸转化成花生四烯酸[4,5]。因此，猫必须从动物性食物中获得花生四烯酸，缺乏该种脂肪酸会让猫出现皮毛干燥、失去光泽，甚至产生皮肤病及消瘦的现象。

EFA在体内有多种生理功能，主要包括：

（1）EFA是细胞膜、线粒体膜和核膜的主要组成成分，具有保证细胞膜结构正常、促进生长的作用。EFA与蛋白质和氨基酸一样，是生长的一个限制因素。花生四烯酸对连接细胞膜和使膜保持一定韧性具有重要作用。足够的亚油酸可使红细胞具有更强的抗血溶能力[6]。

（2）EFA参与磷脂的合成和胆固醇的正常代谢。胆固醇必须与EFA结合，才能在体内转运和正常代谢。EFA是合成前列腺素的原料，与精子生成有关。若日粮长期缺乏EFA，会使犬、猫的繁殖功能降低[7,8]。

当宠物食品缺乏EFA时，幼龄宠物常发生皮炎、脱毛、皮下出血及水肿、尾部坏死，严重的会引起消化障碍和中枢神经功能障碍，生长停滞[9,10]。成年宠物会出现繁殖力下降、性欲降低、死胎、泌乳量下降，甚至死亡。但是，过多摄入EFA，也会使体内的氧化物和过氧化物含量增加，同样会对机体产生不利影响[11-13]。宠物食品中的油脂对食物的气味起到重要作用，脂肪的种类和含量不同，挥发出来的气味也不同。猫对喷涂了牛油或鸡油的猫粮尤为喜食。在日粮中使用玉米油替代部分动物油脂，对宠物食品的适口性和营养物质表观消化率没有显著影响，因此可以在宠物食品中使用玉米油。然而，让犬进食过多的高脂食物，可能会加速胰蛋白酶原激活，引发胰腺炎[14]。

脂肪的主要来源

脂肪按照来源可以分为动物脂肪、植物油脂和混合脂肪。常用的动物脂肪是以动物的脂肪、皮肤、内脏等为原料加工处理制成的，包括牛油、羊油、猪油、鱼油等。动物脂肪富含饱和脂肪酸。植物油脂是由植物果实或种子提炼的脂肪，包括椰子油、花生油、玉米油、大豆油、菜籽油、葵花油和棕榈油等，富含单不饱和脂肪酸与多不饱和脂肪酸。饲料级混合脂肪则是由动物脂肪和植物油脂混合而成的。

来源不同的脂肪的脂肪酸碳链长短、饱和度、双键位置及多不饱和脂肪酸比值都存在差异，会影响动物机体对不同脂肪的吸收利用情况[14-17]。因此，如何根据不同动物的需要选取适宜的脂肪酸类型及组成和适宜的脂肪来源等，对动物消化吸收日粮内的脂肪具有重要意义。

犬、猫对脂类的需要量

犬、猫和人一样是哺乳动物，在营养摄入中，脂肪是必不可少的。脂肪不仅能提供能量，还能提供EFA。脂肪的消化过程与蛋白质有所不同。首先，需要脂肪与胆汁混合发生乳化，使食物中的脂肪变成直径小于0.5 pm的微粒后，才能被消化酶水解（图4-6）。犬、猫胃中的酸性环境不利于脂肪乳化，因此胃脂肪酶对脂肪的消化程度甚小。小肠是脂肪消化与吸收的主要部位，脂肪在小肠中与大量的胰液和胆汁混合，在肠蠕动作用下发生乳化，在胰脂肪酶的作用下水解为甘油和脂肪酸[17]。脂肪酸或单甘油酯被肠壁吸收后，主要在脂肪组织（皮下和腹腔）中再合成体脂肪。在犬、猫体内贮存的脂肪，除了从食物中直接摄取的脂肪，还可以由体内过剩的碳水化合物和蛋白质转化而来。幼年动物的胰液和胆汁分泌功能尚未发育完全，口腔内的脂肪酶对乳脂肪能产生较好的消化作用[18]。但是，随着年龄增加，口腔内的脂肪酶的分泌量会逐渐减少。

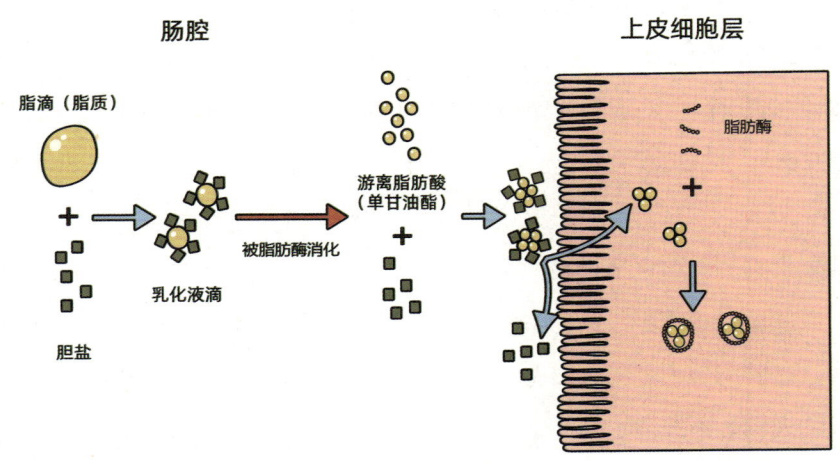

图4-6 脂肪的乳化过程

猫可以采食含脂肪64%的日粮而不会引起血管异常。脂肪能延长食物在胃内的停留时间，使猫有一种饱腹感，能防止过食现象。犬对脂肪的耐受能力不如猫，大多数犬可以耐受含脂肪50%的日粮,但有些犬进食这么高脂肪含量的食物时会感到恶心。若食物缺乏脂肪，会加速动物体内蛋白质的消耗，使犬、猫变得消瘦。犬在妊娠期内胰岛素功能受到损害，无法充分利用脂肪，继而出现皮炎、皮屑增多、被毛无光泽和皮肤干燥等症状。可在母犬的日粮中添加脂肪酶来帮助消化脂肪，或者可在日粮中添加玉米油。

犬对日粮的脂肪含量有很宽泛的适应范围，但受不同脂肪来源的EFA浓度和供给的充足程度影响。即使总脂肪含量很低，也能满足犬的需要。含脂肪5%~8%DM的干粮可以满足犬的维持需要，但在罐装食品中要满足成年犬的维持需要，则脂肪应超过10%DM。生长中的青年犬对日粮中的脂肪需要量高于成年犬的维持需要，但这个需要量仍比未断奶幼年犬由母乳获得的能量低。幼年犬的总脂肪安全上限和成年犬是接近的。美国饲料监管员协会（AAFCO）标准中，给出了犬和猫对脂肪、各种EFA的最低需求量。成年犬的最低脂肪需求量是5.5%，而幼年犬和繁殖期犬的最低脂肪需求量是8.5%。在这个标准的上个版本中，这2个时期的最低脂肪需求量分别是5.0%和8.0%。该标准针对亚油酸和亚麻酸这2种EFA也给出了最低需求量。幼年犬的亚油酸最低需求量为1.3%，亚麻酸为0.08%。幼年猫、繁殖期的猫和一般成年猫的最低脂肪需求量是一样的，至少应达到9.0%，亚油酸的最低需求量为0.6%，亚麻酸和花生四烯酸需要达到0.2%以上。

如果食物的脂肪含量过高，犬、猫易出现肥胖问题，造成代谢紊乱，易发生脂肪肝或胰腺炎等营养代谢病。患犬、猫会出现行动迟缓、食欲下降，严重者生长停滞。过胖的公犬、猫会出现性欲下降，繁殖率降低；过胖的母犬、猫则可能出现发情迟缓、不发情、空怀、难产或产后缺乳。此外，犬、猫如长期采食以金枪鱼、红肉为主或含有大量多不饱和脂肪酸的日粮，可造成肩胛骨周围和腹腔里的脂肪严重变性，在腹部或股部能摸到硬的脂肪块。这称为脂肪组织炎或黄色脂肪病，患犬、猫表现出厌食、精神沉郁，可通过在日粮中添加维生素E来预防该病。

在实际饲养操作中，犬的脂肪供应量一般占日粮干物质的12%~14%，或者是让成年犬每日摄入1.0~1.1 g/kg体重的脂肪。在猫的日粮中，脂肪应占干物质的15%~40%，可以给幼猫饲喂脂肪含量22%的日粮。高蛋白质、高脂肪的配比［理想配比为31（%）:20（%）］能够为比赛犬和工作犬提供充足能量，增强犬的运动能力，有助于预防赛犬因运动引起损伤，并能让犬在大量运动后快速恢复。

脂肪在犬、猫体内的代谢特点与途径

犬与大多数哺乳动物一样，需要从日粮中摄食n-6长链不饱和脂肪酸。当日粮中缺乏这些脂肪酸时，幼年动物的生长会受阻，出现皮炎。犬可以利用日粮中的亚油酸通过脱氢和加长链作用合成其他长链EFA。由于猫缺乏这些脱氢酶，不能利用日粮中的亚油酸经脱氢转变成亚麻酸，再经加长链作用转变成花生四烯酸，因此亚油酸、亚麻酸和花生四烯酸均为猫的EFA，必须通过日粮获得这些脂肪酸。

脂肪的合成、分解和氧化

脂肪的合成分为3个方面：①从头合成饱和脂肪酸；②延长脂肪酸碳链；③合成不饱和脂肪酸。从头合成脂肪酸的场所是细胞液，需要二氧化碳和柠檬酸的参与。C2供体是糖代谢产生的乙酰辅酶a，有2个酶系参与反应，分别是乙酰辅酶a系和脂肪酸酶合成系。在磷酸甘油转酰酶作用下，3-磷酸甘油与两分子的脂酰辅酶a生成磷脂酸，再经磷酸酶催化变成二酰甘油，最后经二酰甘油转酰酶催化生成脂肪。

脂肪的氧化是指将多肽链结构的3种脂肪酰基（甘油、乙酰乙醛和乙酰乙醛酸），分解为更小的分子的过程，又称为脂肪酸氧化。在脂肪氧化的过程中，由一氧化氮催化水解活化脂肪酰基，然后以脂肪酸脱氢酶为协助把氢离子输送给氧，将脂肪酰基氧化成醛和酸，从而形成脂肪酸，如乙酸、丙酸等。

脂肪对犬、猫胃肠道健康的影响

脂肪对犬、猫胃肠道消化率的影响

不同物种和年龄的动物的脂肪消化率不同，比如家禽的脂肪消化率低于猪，幼年动物的脂肪消化率较低。脂肪消化率也受肠道健康状况影响（如菌群失调、真菌毒素侵袭等）。脂肪（甘油酯）可以形成单甘酯，这有助于乳化水解产生的游离脂肪酸。对于敏感物种和幼仔来说，应最大限度地增加（添加）游离脂肪酸在饲料总脂肪含量中的比例，限制使用棕榈油脂肪酸蒸馏物和脂肪酸混合物。不同油脂的总能和消化率对其营养价值和经济价值的影响很大。日粮中的脂肪在胃中被胃脂肪酶水解到一定程度，在以游离脂肪酸形式离开胃进入小肠时，通过十二指肠黏膜刺激释放胆囊收缩素[19,20]。在胆盐等的作用下，脂肪酸和甘油三酯形成混合微团，从而形成合适的活性培养基供胰脂肪酶来分解甘油三酯。甘油三酯被水解为游离脂肪酸和单甘油酯或甘油二酯，最后由小肠上皮细胞吸收脂肪消化后形成的水解产物（图4-6）。

使用不同年龄的犬进行消化率实验后，发现犬的常量营养素消化率随年龄的增加而有显著提高[21]。使用不同年龄的猫进行消化率实验后，发现越小的猫对固体食品的消化率越低。2岁以内的猫的脂肪消化率随年龄增加而增加。当脂肪未被完全消化时，结肠中的细菌可以发酵未消化的脂肪，产生有效的促分泌剂和促炎化合物，这会导致分泌性腹泻及肠道炎症。因此，长期以来一直推荐给胃肠道疾病和腹泻患者使用低脂饮食。但是，Laflamme等研究发现日粮中的脂肪含量高低对犬、猫的慢性腹泻并无显著影响，反而都能适当改善粪便形态[2]。

脂肪对犬、猫胃肠道免疫功能的影响

胃肠道免疫系统是第一个与饮食直接相互作用的免疫细胞群体。肠腔内含有分泌性免疫球蛋白A（IgA）抗体，在单个上皮细胞层内密集地填充着上皮内淋巴细胞、树突状细胞（dendritic cells，DC）、巨噬细胞、先天淋巴样细胞（innate lymphoid cells，ILC）和T细胞。肠道内的共生细菌能发酵膳食纤维产生短链脂肪酸，影响B细胞的代谢，促进分泌IgA。短链脂肪酸（SCFA）还能促进调节性T细胞（regulatory T cells，Treg）和ILC的发育和存活，以此来支持肠道屏障功能。ω-3多不饱和脂肪酸（ω-3 polyunsaturated fatty acids，ω-3 PUFA）具有抗炎特性，能抑制炎症介质的产生。ω-3 PUFA通常通过抑制Th1和Th17分化来抑制T细胞，对Th2和Treg群体几乎没有影响。

派伊尔结（Peyer's patch，PP）分布在肠上皮细胞上，是淋巴细胞的聚集结构。Kang等人研究报告发现不同的蛋白质供应对健康成年猫的免疫功能影响有限[3]。饲喂高蛋白日粮时，单核细胞吞噬活性较低；饲喂低蛋白日粮时，较高的脂肪酸摄入量可能会刺激猫血液中的单核细胞吞噬活性。Ravic等研究发现给警犬饲喂富含ω-3 PUFA的鱼油，可以促进谷胱甘肽过氧化物酶和过氧化氢酶的活性，降低血糖、总胆固醇和低密度脂蛋白胆固醇水平，提高犬的抗氧化能力，缓解剧烈运动引起的氧化应激[4]。

到目前为止，关于日粮中不同脂质来源或水平对宠物肠道健康影响的资料和信息较少。部分研究表明，ω-3脂肪酸（如从鱼油中提取的）、中链脂肪酸（medium-chain fatty acids，MCFA）及其衍生物可能对宠物肠道健康产生有益影响。在宠物日粮中添加中链脂肪酸有利于改善肠道微生物[22]。在有机酸中，中链脂肪酸及其衍生物以强大的抗菌特性而闻名，尤其对革兰阳性菌有效。研究表明，在大鼠日粮中添加MCFA甘油三酯，可以增加IgA的分泌量，调节内毒素引起的炎症免疫反应，从而保护肠道健康。此外，在日粮内添加MCFA还有助于减少动物的肠道氧化应激，同时增强肠道屏障功能。

与蛋白质和碳水化合物相比，对脂肪量在微生物组中的作用知之甚少。大多数可用信息描述了高脂饮食对人类或小鼠微生物群的影响。这些报告显示，在开始食用高脂饮食后2~3天，肠道微生物群会发生快速而显著的变化，而高脂饮食（脂肪提供的能量占每日能量摄入量的45%~60%）与此有明显联系[23]。此外，在肥胖个体的肠道中发现有益的SCFA含量减少，有害的硫化氢（H_2S）含量增加。因此，日粮脂肪的促炎性质可能会影响肠道微生物组成，进而影响宿主的微生物组免疫介导稳态。对此，还需要通过大量的额外研究来更好地了解这些影响背后的机制。

脂肪对犬、猫肠道微生物的调控作用

犬、猫肠道中含有多种微生物，这些微生物会形成屏障，保护宠物的肠道。微生物屏障下还有黏液屏障、肠上皮屏障和免疫屏障。当肠道菌群紊乱，细菌感染到上皮细胞时，就会引发一系列肠道不适症状。脂肪酸其实是一种被低估的益生元，有可能通过影响胃肠道微生物的组成，来影响胃肠道的健康和生理状态。研究表明，亚油酸被肠道微生物代谢后，能产生具有促进健康作用的代谢物[24]。例如，已证明亚油酸的细菌代谢物可以防止由牙周病病原菌引起的上皮屏障受损。Robertson等研究发现饲喂富含ω-3 PUFA日粮的小鼠肠道内双歧杆菌和乳酸杆菌的丰度显著增加，有利于维持宿主肠道微生态的平衡[10]。

日粮内的脂肪和蛋白质成分会影响犬、猫的肠道微生物群组成，饮食结构改变也可能诱导肠道内的微生物组和代谢特征发生快速变化。饲喂高动物蛋白和脂肪的日粮能提高微生物群落的丰度，这些微生物群落具有促进氨基酸和脂质降解的功能。事实上，饮食和衰老过程对肠道微生物组成的调节作用会影响身体的整体健康状态和胰岛素敏感性，并最终诱发慢性疾病（如2型糖尿病）。在人类营养中，"自然"和"物种适宜"饮食的最新趋势影响了宠物主人饲喂犬和猫的方式。猫科动物的日粮含有更多的蛋白质和脂肪时，可以增加梭状芽孢杆菌的相对丰度，并通过产生丁酸盐和其他SCFA带来额外益处。犬的肠道微生物群主要包括梭杆菌门、拟杆菌门和厚壁菌门，在这个核心细菌群落中多数是SCFA生产

者。其中，梭杆菌门通常与犬的整体健康状况有关。

但是，现有的研究结果提示让动物食用高脂肪日粮并不利于维持肠道微生态的平衡。饲喂高脂肪的日粮可促进肝脏分泌胆汁，而胆汁中的胆汁酸也是一种抑菌活性物质，能够直接抑制细菌生长繁殖，还可以作为信号分子调节肠道微生物，影响肠道菌群的组成。另外，在日粮中添加ω-3 PUFA会上调肠道内有益菌的含量，下调有促炎作用的微生物含量，有利于维持肠道微生态的平衡，而ω-6 PUFA则容易引起肠道内单一微生物过度生长，降低肠道微生物的多样性，不利于维持肠道微生态的平衡，可能造成肠道微生物菌群的紊乱，甚至进一步诱发疾病[25]。因此，可以通过改变动物日粮中的脂肪酸种类来预防和治疗与肠道微生态紊乱相关的疾病，应进一步深入研究"饮食-肠道微生物群-生理轴"的分子机制。

犬、猫日粮中的脂肪

犬、猫日粮中添加的脂肪类型

（1）**动物脂肪**：动物脂肪是来自动物的脂肪，包括鸡油、牛油和猪油等。这些脂肪通常提供很高的能量，并且能产生吸引犬、猫的气味和味道。

（2）**鱼油和磷虾油**：鱼油和磷虾油富含ω-3脂肪酸，如EPA（二十碳五烯酸）和DHA（二十二碳六烯酸）。这些脂肪酸对犬、猫的皮肤、毛发、心脏和关节健康非常重要。

（3）**植物油**：植物油主要来自植物种子、坚果或果实，如葵花籽油、亚麻籽油、橄榄油、大豆油等。这些植物油通常含有丰富的ω-6脂肪酸（图4-7）。

（4）**精制脂肪**：精制脂肪是从植物油中提取出的脂肪，如脂肪酸乙酯。精制脂肪在宠物食品中被广泛应用，能够提供很高的能量，同时能保持食品的稳定性。

（5）亚油酸：亚油酸是一种ω-6脂肪酸，可以从亚麻籽中提取。它是一种重要的EFA，对犬、猫的健康非常重要。

在制订犬、猫的日粮方案时，需要根据宠物的年龄、体重、活动水平和健康状态来平衡脂肪的含量和种类，以确保它们获得适量的能量和EFA。此外，犬、猫日粮方案中还应包含其他重要的营养成分，如蛋白质、碳水化合物、维生素和矿物质，以支持它们的全面健康。

(a) 葵花籽油　　(b) 橄榄油　　(c) 花生油

(d) 大豆油　　(e) 亚麻籽油　　(f) 椰子油

图4-7　常用植物油脂

○─ 犬、猫日粮中的脂肪添加方式

可以通过数种方式在犬、猫的日粮中添加油脂和脂肪，这通常受食物的类型、配方和生产工艺影响[26]。以下是常见的添加方式：

（1）混合均匀：这是最常见的添加方式。在制作宠物食物时，将油脂和脂肪与其他成分混合均匀，确保油脂分布均匀，使其融入整个食物中。

（2）喷涂：在一些干燥的宠物食物，特别是干粮上，可以使用喷涂的方式添加脂肪。通过将液体脂肪均匀喷洒在食物表面，使其覆盖食物颗粒，增加食物的吸引力和美味程度。

（3）涂层添加：与喷涂类似，也可以将脂肪涂覆在一些湿粮或零食的表面，增加食物的风味和吸引力。

（4）冷压添加：可以用冷压技术来制作一些优质的宠物食品。在这种情况下，通常在较低的温度下添加油脂和脂肪，以保留其营养价值。

无论采用何种添加方式，都应该确保添加的油脂和脂肪是优质、适合宠物消化吸收的，并符合宠物特定的营养需求。应在合理的温度和压力下进行添加，确保营养物质不会被破坏或丢失[27]。同时，生产过程中应严格控制添加量，确保食物的营养均衡和质量稳定。对于有特殊健康需求的宠物，最好咨询兽医或专业的宠物营养师，确保它们获得最合适来源的油脂和脂肪。

犬、猫日粮中的脂肪功能

在犬、猫的日粮中，脂肪发挥着重要的功能和作用。以下是脂肪在宠物日粮中的主要功能：

（1）提供能量。脂肪是宠物日粮中所提供能量的主要来源。相比于蛋白质和碳水化合物，脂肪每克可提供更多的能量，有助于满足宠物的日常活动和代谢需求。

（2）支持皮肤与毛发健康。脂肪中的脂肪酸，特别是ω-3和ω-6脂肪酸，对于维持宠物的皮肤与毛发健康非常重要。它们有助于保持皮肤的屏障功能，减少皮肤干燥和瘙痒，同时促进毛发的光泽和强度[28]。

（3）供应EFA。犬、猫自身不能合成一些EFA，因此需要从食物中摄取。这些EFA（如ω-3和ω-6脂肪酸）对宠物的生理功能、免疫系统和神经系统的健康至关重要。

（4）促进脂溶性维生素吸收。某些维生素（如维生素A、维生素D、维生素E和维生素K）是脂溶性的，意味着需要通过脂肪来帮助宠物吸收和利用这些维生素。

（5）增加食物的诱惑力。适量的脂肪能够提高宠物对食物的兴趣和食欲，这对挑食或康复期间需要增加食欲的宠物非常有帮助[29]。

需要注意，虽然脂肪在宠物日粮中起着重要的作用，但过量摄取脂肪可能导致肥胖问题。脂肪过多或过少都会不同程度地损害犬、猫的健康，例如：①缺乏亚油酸，会引发被毛干燥、枯槁、脱毛、皮肤损伤和伤口愈合不良，会引发犬表皮脱落、外耳炎；②缺乏脂肪还会让幼年猫发生肝脏脂肪变性和肾脏脂肪沉积；③日粮的脂肪过量会让动物产生油性粪便（脂肪痢）、腹泻和肥胖症；④日粮中脂肪过多还会增加动物对维生素E的需求量，维生素E有抗氧化功能，能保护脂肪不发生酸化[23,31,32]，因此补充过量脂肪时也要补充维生素E。在动物消化已被氧化的脂肪时，增重和体脂含量会下降，血清维生素E含量降低，并改变一些细胞免疫功能。

因此，合理控制脂肪摄入量，并确保提供均衡的饮食，是维持犬、猫健康的关键。在制订宠物日粮方案时，应该根据宠物的年龄、体重、活动水平和健康状况来调整脂肪含量，以满足其特定的营养需求。

总结

犬、猫和人一样是哺乳动物，脂肪在营养摄入中是必不可少的，尤其不可忽视脂肪对动物机体肠道功能的影响。不同来源和种类的脂肪能带给动物机体不一样的反馈，联合使用不仅能改善肠道微生物菌群的组成，而且能增加肠道免疫功能，维持肠道健康。当然，过犹不及，合理控制脂肪摄入量，均衡饮食，才是维护宠物健康的关键。

参考文献

[1] BUTOWSKI C F, THOMAS D G, YOUNG W, et al. Addition of plant dietary fibre to a raw red meat high protein, high fat diet, alters the faecal bacteriome and organic acid profiles of the domestic cat (Felis catus)[J]. PLoS One, 2019, 14(5): e0216072.

[2] LAFLAMME D P, XU H, LONG G M. Effect of diets differing in fat content on chronic diarrhea in cats[J]. Journal of Veterinary Internal Medicine, 2011, 25(2): 230-235.

[3] KANG J H, LEE G S, JEUNG E B, et al. Trans-10, cis-12-conjugated linoleic acid increases phagocytosis of porcine peripheral blood polymorphonuclear cells in vitro[J]. British Journal of Nutrition, 2007, 97(1): 117-125.

[4] RAVI B, DEBELJAK-MARTACI. J, POKIMICA B, et al. The effect of fish oil-based foods on lipid and oxidative status parameters in police dogs[J]. Biomolecules, 2022, 12(8): 1092.

[5] FAN Z C, BIAN Z W, HUANG H C, et al. Dietary strategies for relieving stress in pet dogs and cats[J]. Antioxidants, 2023, 12(3): 545.

[6] MANSFIELD C. Acute pancreatitis in dogs: advances in understanding, diagnostics, and treatment[J]. Topics in Companion Animal Medicine, 2012, 27(3): 123-132.

[7] ROUDEBUSH P, DAVENPORT D J, NOVOTNY B J. The use of nutraceuticals in cancer therapy[J]. The Veterinary Clinics of North America. Small Animal Practice, 2004, 34(1): 249-269, viii.

[8] PUSCEDDU M M, KELLY P, ARIFFIN N, et al. N-3 PUFAs have beneficial effects on anxiety and cognition in female rats: effects of early life stress[J]. Psychoneuroendocrinology, 2015, 58: 79-90.

[9] YAMADA M, TAKAHASHI N, MATSUDA Y, et al. A bacterial metabolite ameliorates periodontal pathogen-induced gingival epithelial barrier disruption via GPR40 signaling[J]. Scientific Reports, 2018, 8(1): 9008.

[10] ROBERTSON R C, SEIRA ORIACH C, MURPHY K, et al. Omega-3 polyunsaturated fatty acids critically regulate behaviour and gut microbiota development in adolescence and adulthood[J]. Brain, Behavior, and Immunity, 2017, 59: 21-37.

[11] PILLA R, SUCHODOLSKI J S. The gut microbiome of dogs and cats, and the influence of diet[J]. Veterinary Clinics of North America: Small Animal Practice, 2021, 51(3): 605-621.

[12] ALESSANDRI G, MILANI C, MANCABELLI L, et al. Metagenomic dissection of the canine gut microbiota: insights into taxonomic, metabolic and nutritional features[J]. Environmental Microbiology, 2019, 21(4): 1331-1343.

[13] BERMINGHAM E N, YOUNG W, BUTOWSKI C F, et al. The fecal microbiota in the domestic cat (Felis catus) is influenced by interactions between age and diet; A five year longitudinal study[J]. Frontiers in Microbiology, 2018, 9: 1231.

[14] LI Z J, DI D, SUN Q, et al. Comparative analyses of the gut microbiota in growing ragdoll cats and felinae cats[J]. Animals, 2022, 12(18): 2467.

[15] VÁZQUEZ-BAEZA Y, HYDE E R, SUCHODOLSKI J S, et al. Dog and human inflammatory bowel disease rely on overlapping yet distinct dysbiosis networks[J]. Nature Microbiology, 2016, 1: 16177.

[16] GARCIA-MAZCORRO J F, LANERIE D J, DOWD S E, et al. Effect of a multi-species synbiotic formulation on fecal bacterial microbiota of healthy cats and dogs as evaluated by pyrosequencing[J]. FEMS Microbiology Ecology, 2011, 78(3): 542-554.

[17] BURRIN D, STOLL B, MOORE D. Digestive physiology of the pig symposium: intestinal bile acid sensing is linked to key endocrine and metabolic signaling pathways[J]. Journal of Animal Science, 2013, 91(5): 1991-2000.

[18] 陆梓晔. 不同脂质水平的饲料中添加溶血磷脂或α-硫辛酸对大口黑鲈脂代谢的影响[D]. 湛江: 广东海洋大学, 2022.

[19] 包书芳, 罗佩先, 陈燕妮. 宠物肠道健康与营养调控研究[J]. 兽医导刊, 2021(5): 91-92.

[20] 陈宝江, 刘树栋, 韩帅娟. 宠物肠道健康与营养调控研究进展[J]. 饲料工业, 2020, 41(13): 9-13.

[21] 孔晓娟. 宠物食品与禁忌[J]. 浙江畜牧兽医, 2021, 46(6): 41-42.

[22] 刘公言, 刘策, 白莉雅, 等. 饲粮中营养物质对宠物肠道健康影响的研究进展[J]. 山东畜牧兽医, 2021, 42(11): 66-71.

[23] 廖品凤, 杨康, 张黎梦, 等. 宠物营养研究进展[J]. 广东畜牧兽医科技, 2020, 45(3): 11-14.

[24] MUJICO J R, BACCAN G C, GHEORGHE A, et al. Changes in gut microbiota due to supplemented fatty acids in diet-induced obese mice[J]. British Journal of Nutrition, 2013, 110(4): 711-720.

[25] LIU Y L, YAN Y, HAN Z, et al. Comparative effects of dietary soybean oil and fish oil on the growth performance, fatty acid composition and lipid metabolic signaling of grass carp, Ctenopharyngodon idella[J]. Aquaculture Reports, 2022, 22: 101002.

[26] 陈国, 赵熠群, 薛惠琴, 等. 我国市售膨化猫粮的营养指标、卫生指标与零售价格的相关性分析[J]. 广东畜牧兽医科技, 2022, 47(3): 76-81.

[27] 温超宇, 肖再利, 唐超, 等. 宠物食品中以鲜肉替代肉粉对猫粮的适口性、消化率的影响[J]. 饲料工业, 2023, 44(22): 99-103.

[28] 刘公言, 刘策, 陈雪梅, 等. 饲粮中营养物质对宠物被毛健康影响的研究进展[J]. 山东农业科学, 2021, 53(6): 139-142.

[29] 扶晋, 罗有文. 诱食剂对犬粮适口性的影响[J]. 山东畜牧兽医, 2022, 43(8): 15-17.

[30] PURNAMASARI T, SUPRAYUDI M A, SETIAWATI M, et al. Evaluation of rubber seed

oil in feed of giant gourami Osphronemus gouramy L: growth performance and oxidative stress[J]. Journal of Applied Aquaculture, 2022, 34(2): 314-331.

[31] 李旦旦, 王兴吉, 王克芬, 等. 酶制剂在宠物行业中的应用进展[J]. 饲料研究, 2021, 44(12): 153-155.

[32] 魏玉燕, 施柔安, 施并辉, 等. 宠物诱食剂风味分析研究进展[J]. 饲料研究, 2023, 46(9): 152-157.

实验三
不同脂类对犬肠道健康的影响

任 曼　李蕾蕾　方素庭

摘要： 本实验旨在评估日粮中不同油脂种类对犬生长性能、血清生化指标、营养物质表观消化率及血清抗氧化指标的影响。随机选取15只1岁健康柴犬，初始体重8~10 kg。随机分为3组，第1组日粮外涂豆油，第2组日粮外涂鸡油，第3组日粮外涂鹅油，每组5个重复，每个重复1只。预实验7天，正式实验21天。结果表明：脂肪种类对各组平均日增重均无显著性差异（$P > 0.05$），但动物来源的油脂增重指数较高于植物油脂；鸡油组TC和LDL显著高于豆油和鹅油组（$P < 0.05$），其他组均无显著性差异（$P > 0.05$）；鹅油组粗蛋白和粗脂肪消化率极显著高于豆油组（$P < 0.01$）；鸡油组粗脂肪表观消化率极显著高于豆油组（$P < 0.01$）；鹅油组磷消化率显著低于其他两组（$P < 0.05$）；鹅油组的总抗氧化能力（T-AOC）显著高于豆油组（$P < 0.05$），其他指标无显著性差异（$P > 0.05$）。研究表明，鹅油有效提高了该阶段犬对养分的利用效率，增强了机体的抗氧化能力，为减轻机体氧化应激损伤提供了潜在保障，进一步验证了鹅油的可替代性，为动物来源油脂在犬日粮中的合理利用提供参考。

关键词： 犬；油脂；抗氧化；表观消化率

随着国民生活质量的日益提高和人口老龄化问题的加剧，宠物犬的需求大幅度增加。犬作为人类的伴侣动物，追求带给宠物更好的饲料适口性的同时，其营养健康指标和寿命一直是饲养过程中倍受关注的问题[1]。当前的宠物营养需要标准主要参考美国饲料管理协会、美国国家研究委员会以及欧盟饲料行业协会（European Pet Food Industry Federation，FEDIAF），但我国在动物品种、风土、气候等方面与国外存在差异，因此急需建立起适合本土需求的犬、猫营养需要标准[2]。

油脂是优质的高能饲料，代谢能值高（7 000~9 000 kcal/kg），是玉米淀粉的2.25倍。在饲料中添加油脂，除了可以为机体提供能量，还可以改善饲料适口性，提高采食量，促进其他养分的消化吸收，缓解动物热应激[3]。现阶段畜禽行业和宠物行业的饲料生产均以大豆油为主。但我国大豆自给率较低，对外依赖程度高，在当前动荡的国际局势下，大豆油价格持续走高，助推饲料生产成本增加[4]。同时，植物油中虽然富含不饱和脂肪酸，易被宠物吸收，但含酸价高，易发生氧化反应造成食品变质，对狗的健康也有一定影响。动物性脂肪源成本相对较低，饱和脂肪酸较多，含有较高的ω-3（亚麻酸）和ω-6（亚油酸）等必需脂肪酸，且不易氧化变质[5]。鸡油营养物质多为蛋白质和脂肪，吃多易导致肥胖[6]；鹅油的脂肪酸构成和橄榄油相似，含较高的单不饱和脂肪酸[7]。

因此，本研究主要为研究日粮中不同油脂种类对犬生长性能、血清生化指标、营养物质表观消化率及血清抗氧化指标的影响，为不同种类油脂在宠物日粮中的合理利用提供参考，拓宽油脂利用范畴和功效性，促进我国宠物产业的科学可持续发展。

1 材料与方法

1.1 实验设计及管理

随机选取15只1岁健康柴犬，初始体重8~10 kg。随机分为3组，第1组日粮外涂豆油，第2组日粮外涂鸡油，第3组日粮外涂鹅油，每组5个重复，每个重复1只。预试期7天，正试期21天，采用7天换食法，逐渐替换成实验饲粮。单笼饲养，每天上午9时和下午4时固定时间打扫卫生、通风换气，每天下午4时采食饲粮、自由饮水。实验在豆柴肠胃研发中心进行。实验前全面清理犬舍并彻底消毒，所有动物在实验前注射犬用四联疫苗，并根据粪便检查和体质情况进行驱虫。

1.2 实验饲粮

饲料配方由深圳市豆柴宠物用品有限公司提供，实验干粮配制及营养水平见表S3-1，实验油脂采用喷涂方式处理。

表S3-1　基础饲粮组成及营养水平

组成	含量 /kg	营养水平[1]	含量 /%	外喷涂物料	含量 /kg
碎米	15	水分	6	油脂[2]	11
玉米	38	粗蛋白	25	调味浆（犬）	4.6
氯化钾	0.5	粗脂肪	14	调味粉（犬）	1.82
水解鸡肝粉	1	粗灰分	8		
进口鸡肉粉	20	粗纤维	3.5		
L-赖氨酸盐酸盐	0.4	钙	1.3		
防霉剂	0.12	磷	1.1		
玉米蛋白	5	水溶性氯化物	0.45		
牛肉骨粉	10	赖氨酸	0.77		
甜菜粕	3				
氯化胆碱	0.2				
氯化钠	0.3				
豌豆纤维	3				
沸石粉	0.6				
血球蛋白粉	1				
维生素/矿物质预混料（1%）	1				
总计	99.12				

注：1）营养水平以湿基计算；2）各实验组分别喷涂不同油脂：豆油、鸡油、鹅油。

1.3 检测指标

生长性能

实验期间每天早晨空腹称量并记录犬体重，实验期第28天空腹称重后计算平均日增重。

养分利用率

实验期28~30天以重复为单位，连续3天收集犬只粪便，去除毛屑等杂物，收集完全后混匀并均分为2份，一份直接-20 ℃保存，一份加10%硫酸固氮后-20 ℃保存。饲粮和粪便样品65 ℃烘干至恒重后粉碎过筛，采用内源指示剂法测定其表观消化率，检测并计算粗蛋白、粗脂肪、钙、磷、盐酸（2N-HCl）不溶灰分[8]。某养分利用率（%）=[100-(粪中养分含量×日粮样品中2N-HCl不溶灰分含量)/(日粮中养分含量×粪便样品中2N-HCl不溶灰分含量)]×100%。

血液生化指标和抗氧化指标检测

采集新鲜血液样本至采血管（含抗凝剂）中，4 ℃、4000 r/$_{min}$离心10分钟后取上清液-20 ℃保存待用。利用全自动生化分析仪（BC-2800vet，深圳迈瑞医疗设备有限公司）检测以下血清生化指标：总蛋白（TP）、白蛋白（ALB）、甘油三酯（TG）、胆固醇（CHO）、高密度脂蛋白胆固醇（HDL-C）、低密度脂蛋白胆固醇（LDL-C）、丙氨酸氨基转移酶（ALT）、天门冬氨酸氨基转移酶（AST）、碱性磷酸酶（ALP）。

血清抗氧化指标检测：总抗氧化（T-AOC）、总超氧化物歧化酶（T-SOD）、谷胱甘肽过氧化物酶（GSX-PX）、过氧化氢酶（CAT）、丙二醛（MDA）。以上试剂盒均购于南京建成生物研究所。

1.4 数据统计分析

数据使用Excel 2021进行初步整理，使用SPSS 26.0进行统计分析，采用单因素方差分析（one-way ANOVA）进行差异显著性检验，采用LSD法进行组间多重比较，各组数据均以"平均值（$\bar{x}$）±标准误（SE）"表示，$P < 0.01$表示差异极显著，GraphPad Prism6.0进行软件作图。

2 结果与分析

2.1 不同脂肪种类对柴犬平均生长性能的影响

由表S3-2可知，脂肪种类对各组平均日增重均无显著性差异（$P > 0.05$），但动物油脂增重指数较高于植物油脂。

表S3-2 不同脂肪种类对柴犬生长性能的影响

检测指标	豆油	鸡油	鹅油	P值
平均日增重 ADG	0.16 ± 0.24	0.26 ± 0.18	0.26 ± 0.25	0.74

2.2 不同脂肪种类对柴犬血清生化指标的影响

由表S3-3可知，鸡油组TC和LDL显著高于豆油和鹅油组（$P < 0.05$），其他组均无显著性差异（$P > 0.05$）。

表S3-3 不同脂肪种类对柴犬血清生化指标的影响

指标	豆油	鸡油	鹅油	P值
钙 /（mmol/L）	0.98 ± 0.01	1.01 ± 0.02	0.99 ± 0.01	0.44
白球比 /（g/L）	0.67 ± 0.10	0.74 ± 0.05	0.73 ± 0.05	0.76
球蛋白 /（g/L）	31.00 ± 3.13	28.40 ± 1.40	30.00 ± 1.10	0.68

（续表）

指标	豆油	鸡油	鹅油	P值
白蛋白/（g/L）	19.40±2.14	20.80±1.11	24.60±2.73	0.24
总蛋白/（g/L）	50.40±1.99	49.20±1.93	42.60±8.90	0.56
总胆红素/（μmol/L）	1.92±0.46	1.80±0.32	2.20±0.37	0.76
间接胆红素/（μmol/L）	3.40±1.72	1.98±0.34	2.70±0.47	0.64
丙氨酸氨基转移酶/（U/L）	31.50±3.48	21.80±4.42	25.60±4.52	0.85
天门冬氨酸氨基转移酶/（U/L）	34.60±3.49	24.80±1.85	26.20±3.84	0.10
碱性磷酸酶/（U/L）	36.60±6.61	55.00±12.37	24.60±3.04	0.07
尿酸/（mmol/L）	18.50±3.01	21.80±3.65	25.20±4.07	0.23
尿素氮/（mmol/L）	6.24±0.34	5.87±0.49	6.58±0.53	0.57
肌酸激酶/（U/L）	139.40±35.17	107.00±12.96	89.20±10.86	0.31
肌酐/（μmol/L）	81.20±6.73	88.40±18.65	77.40±5.76	0.81
总胆固醇/（mmol/L）	4.13±0.26^{ab}	5.27±0.68^{a}	3.72±0.19^{bc}	0.05
甘油三酯/（mmol/L）	2.35±0.73	2.49±0.87	2.52±0.95	0.99
高密度脂蛋白/（mmol/L）	2.15±0.39	3.19±0.29	2.23±0.56	0.20
低密度脂蛋白/（mmol/L）	0.31±0.09^{bc}	0.81±0.14^{a}	0.48±0.12^{ab}	0.03
血糖/（mmol/L）	5.24±0.21	5.64±0.10	5.72±0.24	0.22

注：肩标不同小写字母表示差异显著（$P<0.05$）。

2.3 不同脂肪种类对肠道营养物质表观消化率的影响

由表S3-4可知，鹅油组粗蛋白和粗脂肪消化率极显著高于豆油组（$P<0.01$）；鸡油组粗脂肪表观消化率极显著高于豆油组（$P<0.01$）；鹅油组磷消化率显著低于其他两组（$P<0.05$）。

表S3-4 不同脂肪种类对肠道营养物质表观消化率的影响（%）

检测项目	豆油	鸡油	鹅油	P值
粗蛋白	0.59±0.03^{B}	0.52±0.01^{C}	0.72±0.02^{A}	<0.01
粗脂肪	0.63±0.04^{B}	0.92±0.04^{A}	0.89±0.04^{A}	<0.01
钙	0.53±0.15	0.36±0.07	0.43±0.05	0.18
磷	0.83±0.07^{a}	0.90±0.08^{a}	0.61±0.11^{b}	0.02

注：肩标不同大写字母表示差异极显著（$P<0.01$）。

2.4 不同脂肪种类对柴犬血清抗氧化指标的影响

由图S3-1可知，鹅油组的总抗氧化能力（T-AOC）显著高于豆油组（$P < 0.05$），其他指标无显著性差异（$P > 0.05$）。

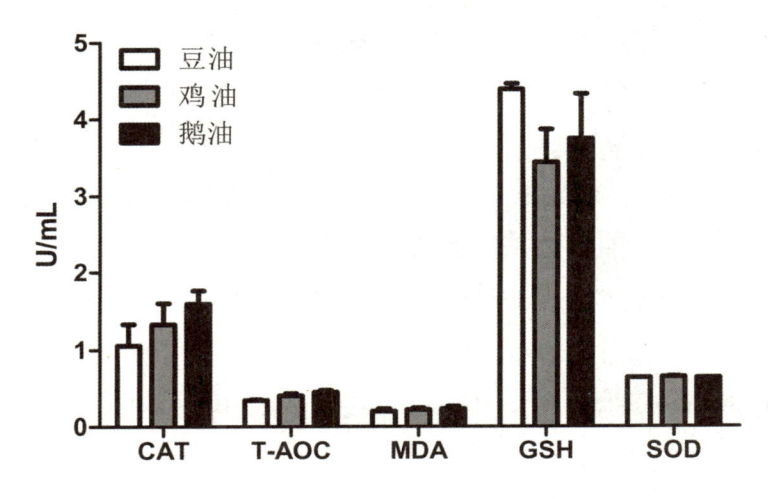

图S3-1　不同脂肪种类对柴犬血清抗氧化指标的影响

3 讨论

禽类油脂是通过禽类脂肪组织提炼出固态或半固态脂类并经过加工制得的脂类产品，不仅能为机体提供热量，增加饱腹感，以及提供脂溶性维生素，还能够供给机体必需脂肪酸[5]。油脂在犬上的研究较少，但在很多畜禽研究中发现动物来源的油脂是大豆油良好的替代物，但也有研究发现，使用动物来源的油脂饲喂会部分降低生长性能[6]。在本研究中，3种油脂对犬平均日增重无显著影响，但从数值方面来看，动物来源的油脂增重指数较高于植物油脂，推测由于动物来源的油脂中的能量过高，热量摄入过多，增加了体重和肥胖的风险，具体原因有待进一步研究分析。

血清生化指标可在一定程度上反映机体对营养物质的消化吸收情况。在本实验中，鸡油组血清总胆固醇和低密度脂蛋白水平显著升高，这增加了机体肥胖和"三高"等代谢性疾病的发生风险。有研究发现，高脂饮食可显著降低小鼠血、肝脏和肌肉中过氧化氢酶活性和总抗氧化能力水平，造成抗氧化状态的严重失衡，但在膳食中适当添加低剂量的富含单不饱和脂肪酸的橄榄油能有效地提高小鼠的抗氧化能力[9, 10]。本研究中鹅油组的T-AOC含量显著升高，鹅油中富含较高的不饱和脂肪酸、ω-3和ω-6，这类脂肪酸具有抗氧化特性，可稳定细胞膜结构，减少氧化反应发生[11, 12]。

营养物质表观消化率是反映动物对饲粮中营养物质消化吸收的重要指标。饲料在消化道中的停留时间决定了畜禽对营养物质的消化吸收率，饲粮的组成调节食物流通速度。其中，饲粮中添加油脂降低了食物的流通速度，增加了消化时间，有利于食糜中的营养素被更好地消化吸收。油脂本身可以提高饲粮的能量价值，主要体现在油脂本身固有的高能量、易吸收、易利用的特性和促进其他组分的能量利用[13]。有研究显示，添加多不饱和脂肪酸比添加饱和脂肪酸的机体脂肪沉积要少，更容易被机体吸收[14]。本实验中，鹅油组粗蛋白和粗脂肪的利用率显著高于其他组，但磷的吸收利用率显著降低。可能由于动物来源的油脂含有一定量的饱和脂肪酸，在胃肠道内与钙形成难溶物，导致钙磷比失衡[15]。合理的动物来源的油脂添加量将是接下来的研究重点，以及钙磷与油脂间的代谢关联性也值得进一步探究。

4 结论

鹅油有效提高了该阶段犬对养分的利用效率，增强了机体的抗氧化能力，为保护细胞和机体免于活性氧自由基造成的氧化应激损伤提供了潜在保障。进一步验证了鹅油的可替代性，为动物来源的油脂在犬日粮中的合理利用提供参考。

参考文献

[1] 章勇, 张林萍. 嘉吉动物营养北亚区总裁郑鸿飞: 看好中国宠物市场潜力, 并将持续投入[N]. 中国畜牧兽医报, 2022-03-20.

[2] 李海云, 李奎, 丁成, 等. 宠物营养研究现状及发展前景[J]. 饲料研究, 2017, 40(20): 6-8, 12.

[3] 刘伟, 王殿纯, 郭秀云, 等. 油脂的营养价值及其在畜牧业中的应用研究进展[J]. 饲料研究, 2019, 42(11): 104-108.

[4] 黄颖妍, 王迪, 李彬, 等. 不同油脂对麻黄肉鸡生长性能、屠宰性能和肉品质的影响[J]. 中国畜牧杂志, 2023, 59(9): 293-297.

[5] FEDDERN V, KUPSKI L, CIPOLATTI E P, et al. Physico-chemical composition, fractionated glycerides and fatty acid profile of chicken skin fat[J]. European Journal of Lipid Science and Technology, 2010, 112(11): 1277-1284.

[6] 季冬冬, 袁建敏, 王慧颖. 鸡油和豆油在地方鸡和快大型肉鸡日粮中的使用效果比较[J]. 中国家禽, 2008, 30(6): 10-13.

[7] 潘金龙, 郑静, 王李平, 等. 禽类油脂研发现状与发展趋势[J]. 食品与发酵科技, 2022, 58(3): 153-158.

[8] 张丽英. 饲料分析及饲料质量检测技术[M]. 5版. 北京: 中国农业大学出版社, 2021.

[9] 吴聪, 朱丽丽, 杨永兰, 等. 硫辛酸对高脂饲养小鼠氧化应激及血糖血脂的影响[J]. 营养学报, 2010, 32(5): 489-494.

[10] QUILES J L, OCHOA J J, RAMIREZ-TORTOSA C, et al. Dietary fat type (virgin olive vs. sunflower oils) affects age-related changes in DNA double-strand-breaks, antioxidant capacity and blood lipids in rats[J]. Experimental Gerontology, 2004, 39(8): 1189-1198.

[11] 王辉敏, 李冠文, 杨金梅, 等. 多不饱和脂肪酸降脂作用机制的研究进展[J]. 中国油脂, 2023, 48(5): 73-77, 84.

[12] 张佰帅, 王宝维, 葛文华, 等. 不同剂量鹅油对小鼠血脂代谢及抗氧化能力的影响[J]. 中国油脂, 2012, 37(3): 31-35.

[13] 朱阳生, 冯定远. 饲用油脂的营养价值及其在畜禽日粮中的应用[J]. 中国饲料, 1998(16): 14-16.

[14] 杜妮妮, 汝应俊, 唐德富, 等. 不同来源油脂在肉仔鸡饲粮中的应用效果[J]. 甘肃农业大学学报, 2012, 47(5): 28-33, 39.

[15] 艾李雅, 丁紫菱, 吴兴喆, 等. 2型糖尿病患者钙磷代谢与脂肪分布的相关性分析[J]. 标记免疫分析与临床, 2023, 30(1): 42-46.

第五章
日粮中的蛋白质与犬、猫的肠道健康

温超宇　戴文欣　许　佳

引言

肠道作为犬、猫营养物质消化吸收的重要器官和最大的免疫器官,其健康水平对于机体消化吸收营养物质、维持内环境稳态以及抵抗各种疾病起着非常重要的作用。健康的肠道应具有完整的肠道黏膜屏障、平衡稳定的微生物区系、有效消化和吸收营养物质的能力,并具有健全的免疫防御功能和神经内分泌功能[1]。犬、猫肠道的健康状况受自身发育情况、肠道内环境和微生态系统的影响,同时与食物的适应性及营养均衡也有着紧密的关系[2-3]。本文将总结国内外日粮中蛋白质对犬、猫肠道健康影响的研究进展,为保障犬、猫肠道健康和优化日粮配方提供参考。

蛋白质和氨基酸

蛋白质是由氨基酸通过肽键链接后经过盘曲折叠形成的具有一定空间结构的大分子物质(图5-1),是动物组织中基本的组成成分。蛋白质分子上氨基酸的序列和由此形成的立体结构构成了蛋白质结构的多样性。氨基酸是蛋白质的基本组成单位,主要有20种氨基酸,其中不能由体内代谢合成,或合成量不能满足犬、猫需要,必须由日粮提供的氨基酸称为必需氨基酸。犬有10种必需氨基酸,猫有11种(表5-1)。由于猫肝脏内的吡咯啉-5-羧酸(P5C)合酶和鸟氨酸氨基转移酶的活性低,猫从头合成瓜氨酸和精氨酸的能力非常有限,在饲喂精氨酸不足的日粮时,猫的尿素合成会受损,从而导致高氨血症[4](图5-2)。牛磺酸不是蛋白质的组成成分，是存在于动物组织中的一种游离氨基酸，若其缺乏会引起视网膜变性、扩张型心肌病等症状。与犬和人不同，猫体内的半胱氨酸双加氧酶和半胱亚磺酸脱羧酶的活性较低，从半胱氨酸合成牛磺酸的能力有限，因此猫需要从日粮中获取牛磺酸[5]。

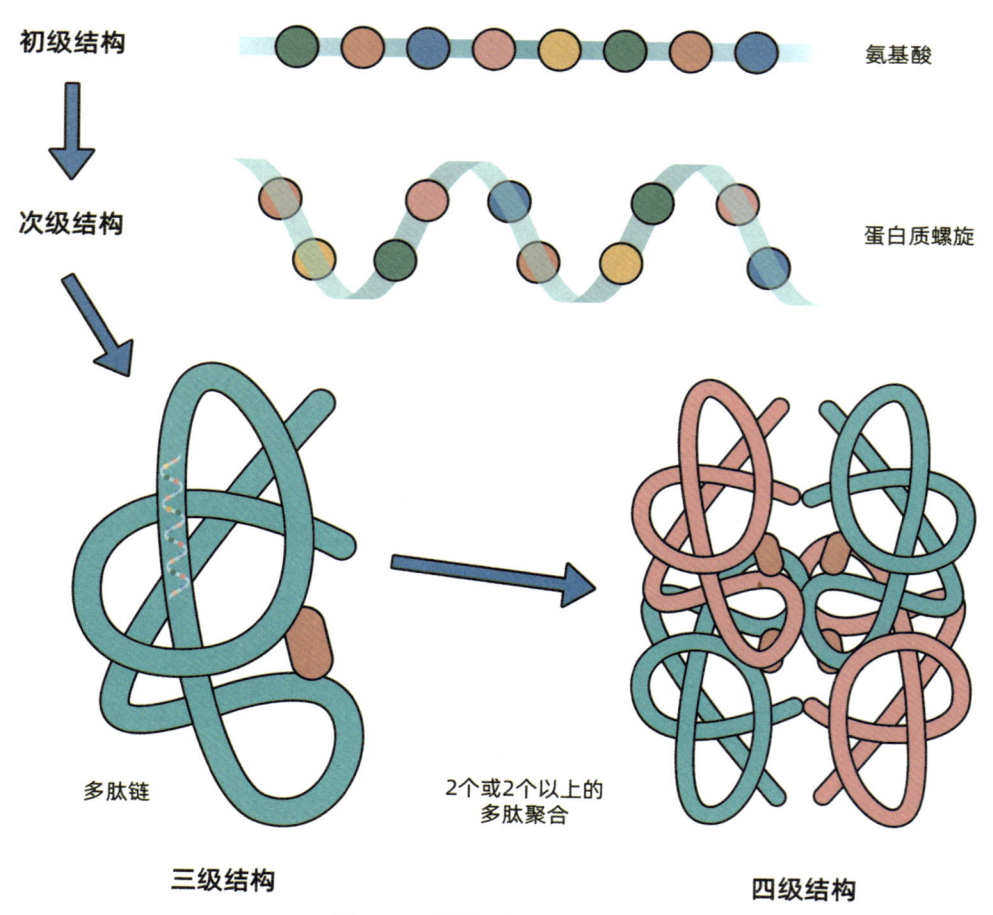

图5-1 蛋白质的组成结构

表5-1 犬、猫的必需氨基酸和非必需氨基酸

必需氨基酸		非必需氨基酸	
种类	缩写	种类	缩写
精氨酸	Arg	丙氨酸	Ala
组氨酸	His	天门冬酰胺	Asn
异亮氨酸	Lie	天冬氨酸	Asp
亮氨酸	Leu	半胱氨酸	Cys
赖氨酸	Lys	谷氨酸	Glu
蛋氨酸	Met	谷氨酰胺	Gln
苯丙氨酸	Phe	甘氨酸	Gly
苏氨酸	Thr	脯氨酸	Pro
色氨酸	Trp	丝氨酸	Ser
缬氨酸	Val	酪氨酸	Tyr
牛磺酸（猫）	-		

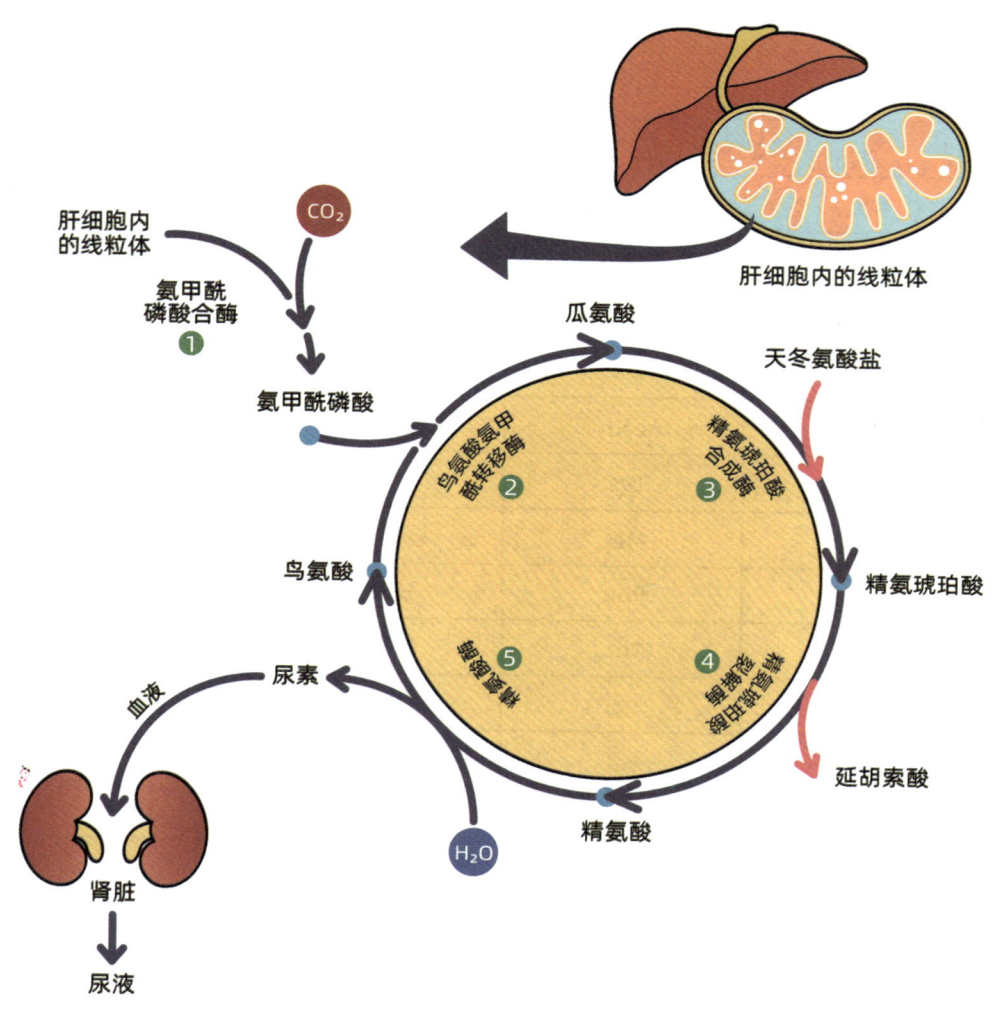

图5-2 动物体内的尿素循环

完整的蛋白质无法直接为犬、猫提供任何营养价值，蛋白质需要被分解为氨基酸或小肽后，才能被犬、猫吸收利用。蛋白质主要被消化道分泌的蛋白酶水解为小肽和氨基酸，随后被机体吸收。相比于犬，猫作为专性肉食动物，会优先使用蛋白质作为能量来源来维持血糖[6]，因此猫对蛋白质的需求量要远高于犬。猫体内的氨基酸代谢酶的基础活性较高，因此，猫对高蛋白日粮的耐受性较好。但是，猫调节氨基酸代谢酶活性的能力较弱[7]，导致即使在进食低蛋白日粮时，猫体内的氨基酸分解代谢酶和尿素循环酶仍会保持较高的活性。在被饲喂蛋白质含量低的日粮时，猫仍会将大量氨基酸代谢成尿素后排出体外，导致无法在体内储存氨基酸[4]。

蛋白质的来源和需要量

按照蛋白质的食物来源，可以将日粮中的蛋白质分为动物源性蛋白质和植物源性蛋白质，其在蛋白质质量和氨基酸组成上存在差别[8]。由于植物中有较难消化的细胞壁成分，植物源性蛋白质的消化率通常较低。但是，越来越多植物中的活性物质被发现对肠道健康有积极作用[9]。目前，常用于宠物食品的蛋白质原料主要有动物副产品、新鲜肉类、大豆、玉米蛋白粉等。此外，昆虫[10]、藻类[11]等新型蛋白质原料也被用于宠物食品中。为了评估新成分中的蛋白质质量，通常会使用去盲肠公鸡测定营养物质和氨基酸的消化率，并进行可消化必需氨基酸评分（digestible indispensable amino acid score, DIAAS）的评估[12]。在开发新型蛋白质原料时，除了要评估营养价值，还要评估安全性。饲喂犬、猫一种新型日粮，易引发食物过敏，引起犬、猫的皮肤、呼吸道和胃肠道反应[13]。由于变应原几乎都是蛋白质[14]，因此评估新型蛋白质原料对犬、猫的致敏性是宠物食品开发的一个重点，而检测蛋白质在胃蛋白酶下的稳定性是一种预测食物致敏潜力的有效方法[15]。要让胃肠道发生变态反应，变应原需要作为一个完整的蛋白质分子在消化过程中"存活"下来，而非变应原蛋白质会在这个阶段被迅速消化。因此，蛋白质的消化稳定性是区分变应原和非变应原蛋白质的一个有效参数。可以结合免疫学试验来确认新型蛋白质对犬、猫的致敏性[16]。

蛋白质是犬、猫六大营养素之一，对促进机体生长发育和健康具有重要作用。美国饲料管理协会规定：幼年犬日粮中的蛋白质含量不得低于22.5%，成年犬日粮中的蛋白质含量不得低于18%；幼年猫日粮中的蛋白质含量不得低于

30%，成年猫日粮中的蛋白质含量不得低于26%[17]。这个日粮蛋白质可以有效地保障犬、猫的肠道健康，蛋白质水平过低将无法满足犬猫的正常生理需求，而日粮蛋白质水平过高则会加重肠道负担，使肠道健康受损。

日粮蛋白质对犬、猫健康的影响

影响肠道消化吸收功能

日粮蛋白质对犬、猫的肠道消化吸收功能有一定的影响。Hang等[18]的研究发现给犬饲喂含油渣饼的高蛋白质日粮，干物质基础粗蛋白（crude protein，CP）含量达到60.9%，会让犬出现腹泻，粪便中的氨浓度、pH和钙卫蛋白浓度升高，粪便中的丙酸和乙酸含量降低，支链脂肪酸和戊酸含量增加。这都说明日粮的蛋白质来源和水平会影响肠道功能。Nery等[19]研究了日粮蛋白质含量对犬粪便质量和消化率的影响，结果表明饲喂高蛋白质日粮（CP含量为39.2%DM）的犬有更高的蛋白质表观消化率、更高的粪便评分和含水量。Pinna等[20]的研究结果表明，当喂食高蛋白质日粮（CP含量为30.4%DM）时，犬粪便中的氨浓度会显著增加，但是粪便的含水量不受影响，这一点与前面二者的研究结果有所不同。Hang和Nery的研究结果都显示高蛋白质日粮会对粪便的含水量产生影响（甚至出现腹泻）。造成这种结果差异的原因可能是在Pinna的研究中，日粮蛋白质含量相对适中（且高度易消化）。同样，Badri等[21]的研究结果表明，给猫饲喂高蛋白质日粮时，蛋白质消化率明显提高，粪便pH、氨和BCFA浓度显著高于饲喂低蛋白质日粮的猫。Pinna等[22]的体外发酵研究表明，粪便氨含量受到蛋白质水平的影响（低蛋白日粮和高蛋白日粮的粪便氨浓度分别为36.2 mmol/L和50.2 mmol/L）。另外，高蛋白日粮还会导致粪便pH升高，生物胺浓度增加。以上研究结果都表明，饲喂高蛋白质日粮会增加犬、猫的粪便氨浓度。粪便内的氨主要由肠道微生物对蛋白质的发酵产生，是一种有毒且可能致癌的化合物。已证明当氨在肠腔中的浓度过高时会损伤肠道黏膜[23]。在饲喂高蛋白日粮时，犬、猫对蛋白质的消化率会提高，但无法被犬、猫消化吸收的蛋白质也会增加，其在进入后肠后被相关微生物发酵可能产生部分有害物质。

Reilly等[24]评估了植物源蛋白质对犬健康的影响。结果表明，在使用鹰嘴豆、绿扁豆或花生粉替代部分鸡肉粉后，部分营养物质的表观消化率降低，粪便中短链脂肪酸的含量增加，总苯酚和吲哚含量降低。Urrego等[25]评估了鸡肉粉和小麦面筋对法国斗牛犬粪便气味和挥发性有机化合物组成的影响，结果表明饲喂鸡肉粉作为蛋白质来源的日粮与小麦面筋相比增加了粪便中苯酚的浓度。使用动物源蛋白质可提供所有氨基酸，但可能更易产生苯酚、吲哚等有害物质；植物源蛋白质缺乏一种或多种氨基酸，但研究发现其可预防结肠癌等疾病的发生[26]。

改变犬、猫肠道微生物

肠道微生物参与营养物质的吸收、代谢和动物机体免疫，在维持肠道健康方面至关重要[27]。目前，已发现犬、猫胃肠道内有超过10种细菌门的微生物，其中厚壁菌门、拟杆菌门、梭杆菌门、变形杆菌门和放线菌门为肠道主要的优势菌门，并且不同肠道部位的优势菌群也不尽相同[28-29]。肠道菌群失调会严重影响肠道健康，引起多种疾病，如炎性肠病、便秘、代谢综合征和肠易激综合征等。因此，肠道菌群平衡对维持肠道健康至关重要，了解日粮中蛋白质与肠道菌群之间的关系，对调节肠道菌群平衡和维护肠道健康有重要意义。

Vester等[30]研究了中等蛋白质水平日粮和高蛋白质水平日粮对断奶幼年猫肠道菌群的影响。结果表明，与饲喂高蛋白质水平日粮的幼年猫相比，饲喂中等蛋白质水平日粮的幼年猫肠道内的乳酸杆菌、双歧杆菌和大肠埃希菌的丰度较低。幼年猫的肠道菌群在断奶后会发生变化，并且日粮中蛋白质含量会影响幼年猫肠道菌群中大肠埃希菌、双歧杆菌和乳酸杆菌的丰度。Lubbs等[31]选择8只家养短毛猫来探究不同蛋白质水平的日粮对成年猫肠道菌群的影响。实验开始时先饲喂4

周基础日粮（含37.57%粗蛋白质），再将猫分为2组，分别饲喂中等蛋白质水平日粮（含34.34%粗蛋白质）和高蛋白质水平日粮（含53.88%粗蛋白质）8周。结果表明，饲喂中等蛋白质水平日粮的猫的肠道中双歧杆菌的丰度显著提高，饲喂高蛋白质水平日粮的猫肠道中产气荚膜梭菌的丰度显著提高，但双歧杆菌的丰度显著降低。Hooda等[27]选择14只雄性短毛幼年猫来探究蛋白质与碳水化合物比例对断奶幼年猫肠道菌群的影响。研究结果表明，饲喂中等蛋白质水平、中等碳水化合物水平日粮的幼年猫的粪便中的放线菌门细菌数量增加，梭杆菌门细菌数量减少。在属水平上，则表现为小杆菌属、氨基酸球菌属、双歧杆菌属、巨球形菌属和光冈菌属细菌数量增加。饲喂高蛋白质水平、低碳水化合物水平日粮的幼年猫的粪便中的梭菌属、费氏杆菌属、瘤胃球菌属、布劳特菌属和真菌属细菌增多。Lubbs等[31]的研究表明，饲喂低蛋白质水平日粮的猫与饲喂前相比粪便中的细菌相似性指数为66.7%，而饲喂高蛋白质水平日粮的猫与饲喂前相比粪便细菌相似性指数仅为40.6%。这表明饲喂高蛋白质水平日粮与低蛋白质水平日粮相比更易改变猫的肠道菌群结构。与饲喂高蛋白质水平日粮的猫相比，饲喂低蛋白质水平日粮的猫的粪便中的双歧杆菌数量更多（9.44 vs 5.63 CFU/g），产气荚膜梭状芽孢杆菌数量更低（10.83 vs 12.39 CFU/g）。Xu等[32]研究了蛋白质水平对肥胖犬和瘦犬肠道微生物的影响。结果发现与低蛋质水平白日粮（17.8%粗蛋白质）相比，饲喂高蛋白质水平日粮（50.0%粗蛋白质）增加了犬粪便中产丁酸菌的含量。此外，厚壁菌门、乳酸菌属和梭菌簇 I也受到蛋白质水平和犬体况的影响。Martínez-López等[33]研究高蛋白、含水解蛋白和高纤维日粮对犬粪便微生物的影响，结果表明饲喂高蛋白质水平日粮（19.54 g/100 kcal ME）增加了犬粪便中拟杆菌门和梭杆菌门的含量。Ephraim等[34]发现与中蛋白质水平日粮（232 g/kg粗蛋白）、低蛋白质水平日粮（174 g/kg粗蛋白）相比，高蛋白质水平日粮（420 g/kg粗蛋白）显著减少了普雷沃菌、瘤胃球菌、柯林斯菌、考拉杆菌属和粪杆菌属的丰度，增加了丹毒丝菌科、消化链球菌科、帕拉普菌科和梭菌科的丰度。

一般而言，摄入较多的蛋白质对肠道中有益菌的数量具有潜在的负面影响。

这可能是由于未在动物小肠内被消化吸收的蛋白质和氨基酸进入大肠后，经微生物发酵产生SCFA和有害氮代谢产物[35,36]（如BCFA、氨气、吲哚和苯酚等）。这些代谢产物中除SCFA可为肠细胞提供有限的能量外，其他代谢产物都或多或少有一定的危害，如刺激肠黏膜产生免疫反应、破坏上皮细胞完整性等，并且与结肠癌[37]和溃疡性结肠炎的患病风险增加[38]也有一定的关联。因此，适当降低饮食中蛋白质水平，可以减少进入大肠中的蛋白质总量，从而减少蛋白质的有害发酵，改善犬、猫的肠道健康。

此外，不同来源的蛋白质也会对犬、猫的肠道微生物产生影响。Zentek等[39]比较了不同蛋白质来源（牛肉和禽肉）及加工方式（干粮和罐头）对比格犬肠道微生物的影响，结果表明饲喂罐头或含禽肉的干粮时，犬粪便中的产气荚膜梭菌数量较高，而饲喂含牛肉的干粮时，犬粪便中的产气荚膜梭菌数量降低。Sandri等[40]的研究表明，以生肉为基础的饮食会影响健康犬的粪便微生物群和发酵终产物。与商品粮相比，饲喂以生肉为基础的自制食品时，犬粪便中的乳杆菌属、副乳杆菌属和普氏菌属比例显著降低，但菌群多样性更高。

影响黏膜免疫

肠道作为消化和吸收营养物质的重要场所，是体内最大的免疫器官，肠道免疫功能由特异性免疫效应和非特异性屏障组成。肠道屏障由肠上皮细胞、黏膜层、抗菌肽及黏膜免疫系统等组成，可有效防止诸多毒素物质从肠道进入血液循环[41]。

Edwards等[42]选择16只德国牧羊犬研究了饲喂不同来源蛋白质（鸡肉与牛肉、牛奶和小麦）对犬肠道黏膜细胞和免疫功能的影响。所有犬被随机分成2组，饲喂一组犬（第1组）以鸡肉为主的日粮，饲喂另一组犬（第2组）含有牛肉、牛奶和小麦蛋白的日粮。在研究开始后2个月和4个月时，对小肠进行了活检。2个月时，第2组犬的结肠黏膜肥大细胞增多，但在4个月时两组的结肠黏膜肥大细胞数量没有差异。在研究结束时（即4个月），尽管所有犬的临床表现均正常，但第2组犬的空肠绒毛浆细胞数量显著减少，血液嗜酸性粒细胞计数、血清胰蛋白酶样免疫反应性、维生素B_{12}、叶酸和IgA浓度都没有显著性差异，血清IgM和IgG浓度发生显著变化。

螺旋藻是一种具有独特的营养成分，蛋白质含量非常高的植物性蛋白原料。Satyaraj等[43]研究评估了在日粮中补充螺旋藻对犬肠道免疫的调节作用。30只成年犬（平均2.9岁）被随机分为2组，对照组饲喂商业日粮，实验组在商业日粮基础上补充2.1%螺旋藻。通过测量粪便IgA来评估肠道免疫反应。与对照组相比，饲喂补充螺旋藻日粮的犬表现出更高水平的粪便IgA。喷雾干燥血浆蛋白作为畜牧生产中的副产品，其蛋白质含量丰富，主要由白蛋白、免疫球蛋白和凝血蛋白组成。血浆蛋白在消化过程中产生高含量的免疫球蛋白可以直接与病原微生物起作用，能防止肠黏膜病变，有效改善犬、猫的肠道免疫功能[44]。

总结

蛋白质的含量和来源会对犬、猫的肠道健康产生影响。低蛋白质无法满足犬、猫正常的生长需要，而过高的蛋白质会增加肠道中有害物质的发酵。目前，针对犬、猫食品均设有最低蛋白质水平要求，但对犬、猫食品的蛋白质添加上限仍不清楚。需进一步了解蛋白质含量对犬、猫健康的影响，以确定日粮中蛋白质水平的最适范围。不同来源的蛋白质的氨基酸组成和含量也不同，寻找能满足犬、猫氨基酸需求的新型蛋白质原料成为当今热点，而掌握犬、猫各种氨基酸需求量以及氨基酸之间的平衡是开发新型蛋白质原料的关键。

参考文献

[1] 胡泽琼, 王浦卉, 朱婷, 等. 肠道健康标准和影响家禽肠道健康的因素分析及其防控方案[J]. 中国家禽, 2021, 43(3): 89-96.

[2] QIU K, ZHANG X, JIAO N, et al. Dietary protein level affects nutrient digestibility and ileal microbiota structure in growing pigs[J]. Animal Science Journal, 2018, 89(3): 537-546.

[3] 包书芳, 罗佩先, 陈燕妮. 宠物肠道健康与营养调控研究[J]. 兽医导刊, 2021(5): 91-92.

[4] MORRIS J G. Idiosyncratic nutrient requirements of cats appear to be diet-induced evolutionary adaptations[J]. Nutrition Research Reviews, 2002, 15(1): 153-168.

[5] LI P, WU G Y. Amino acid nutrition and metabolism in domestic cats and dogs[J]. Journal of Animal Science and Biotechnology, 2023, 14(1): 19.

[6] WASHIZU T, TANAKA A, SAKO T, et al. Comparison of the activities of enzymes related to glycolysis and gluconeogenesis in the liver of dogs and cats[J]. Research in Veterinary Science, 1999, 67(2): 205-206.

[7] ROGERS Q R, MORRIS J G, FREEDLAND R A. Lack of hepatic enzymatic adaptation to low and high levels of dietary protein in the adult cat[J]. Enzyme, 1977, 22(5): 348-356.

[8] DONADELLI R A, JONES C K, BEYER R S. The amino acid composition and protein quality of various egg, poultry meal by-products, and vegetable proteins used in the production of dog and cat diets[J]. Poultry Science, 2019, 98(3): 1371-1378.

[9] SAMTIYA M, ALUKO R E, DHEWA T, et al. Potential health benefits of plant food-derived bioactive components: an overview[J]. Foods, 2021, 10(4): 839.

[10] VALDÉS F, VILLANUEVA V, DURÁN E, et al. Insects as feed for companion and exotic pets: a current trend[J]. Animals, 2022, 12(11): 1450.

[11] SATYARAJ E, REYNOLDS A, ENGLER R, et al. Supplementation of diets with Spirulina influences immune and gut function in dogs[J]. Frontiers in Nutrition, 2021, 8: 667072.

[12] DO S, KOUTSOS L, UTTERBACK P L, et al. Nutrient and AA digestibility of black soldier fly larvae differing in age using the precision-fed cecectomized rooster assay1[J]. Journal of Animal Science, 2020, 98(1): skz363.

[13] PALI-SCHÖLL I, DE LUCIA M, JACKSON H, et al. Comparing immediate-type food allergy in humans and companion animals-revealing unmet needs[J]. Allergy, 2017, 72(11): 1643-1656.

[14] MILLS E N, JENKINS J A, ALCOCER M J C, et al. Structural, biological, and evolutionary relationships of plant food allergens sensitizing via the gastrointestinal tract[J]. Critical

[15] LADICS G S. Current codex guidelines for assessment of potential protein allergenicity[J]. Food and Chemical Toxicology, 2008, 46(10): S20-S23.

[16] BØGH K L, MADSEN C B. Food allergens: is there a correlation between stability to digestion and allergenicity?[J]. Critical Reviews in Food Science and Nutrition, 2016, 56(9): 1545-1567.

[17] AAFCO. Dog and cat food nutrient profiles[M]. Washington DC:National Academies Press, 2023.

[18] HANG I, HEILMANN R M, GRÜTZNER N, et al. Impact of diets with a high content of greaves-meal protein or carbohydrates on faecal characteristics, volatile fatty acids and faecal calprotectin concentrations in healthy dogs[J]. BMC Veterinary Research, 2013, 9: 201.

[19] NERY J, BIOURGE V, TOURNIER C, et al. Influence of dietary protein content and source on fecal quality, electrolyte concentrations, and osmolarity, and digestibility in dogs differing in body size[J]. Journal of Animal Science, 2010, 88(1): 159-169.

[20] PINNA C, VECCHIATO C G, BOLDUAN C, et al. Influence of dietary protein and fructooligosaccharides on fecal fermentative end-products, fecal bacterial populations and apparent total tract digestibility in dogs[J]. BMC Veterinary Research, 2018, 14(1): 106.

[21] BADRI D V, JACKSON M I, JEWELL D E. Dietary protein and carbohydrate levels affect the gut microbiota and clinical assessment in healthy adult cats[J]. The Journal of Nutrition, 2021, 151(12): 3637-3650.

[22] PINNA C, STEFANELLI C, BIAGI G. In vitro effect of dietary protein level and nondigestible oligosaccharides on feline fecal microbiota[J]. Journal of Animal Science, 2014, 92(12): 5593-5602.

[23] BLACHIER F, MARIOTTI F, HUNEAU J F, et al. Effects of amino acid-derived luminal metabolites on the colonic epithelium and physiopathological consequences[J]. Amino Acids, 2007, 33(4): 547-562.

[24] REILLY L M, HE F, RODRIGUEZ-ZAS S L, et al. Use of legumes and yeast as novel dietary protein sources in extruded canine diets[J]. Frontiers in Veterinary Science, 2021, 8: 667642.

[25] URREGO M I G, PEDREIRA R S, DE MELO SANTOS K, et al. Dietary protein sources and their effects on faecal odour and the composition of volatile organic compounds in faeces of French Bulldogs[J]. Journal of Animal Physiology and Animal Nutrition, 2021, 105(S1): 65-75.

[26] XU B J, CHRISTUDAS S, DEVI DEVARAJ R. Different impacts of plant proteins and animal proteins on human health through altering gut microbiotaant proteins and animal proteins on human health through altering gut microbiota[J]. Functional Foods in Health and Disease, 2020, 10(5): 228-241.

[27] HOODA S, VESTER BOLER B M, KERR K R, et al. The gut microbiome of kittens is affected by dietary protein: carbohydrate ratio and associated with blood metabolite and hormone concentrations[J]. British Journal of Nutrition, 2013, 109(9): 1637-1646.

[28] GRZE K, ENDO A, BEASLEY S, et al. Microbiota and probiotics in canine and feline welfare[J]. Anaerobe, 2015, 34: 14-23.

[29] LEE D, GOH T W, KANG M G, et al. Perspectives and advances in probiotics and the gut microbiome in companion animals[J]. Journal of Animal Science and Technology, 2022, 64(2): 197-217.

[30] VESTER B M, DALSING B L, MIDDELBOS I S, et al. Faecal microbial populations of growing kittens fed high- or moderate-protein diets[J]. Archives of Animal Nutrition, 2009, 63: 254-265.

[31] LUBBS D C, VESTER B M, FASTINGER N D, et al. Dietary protein concentration affects intestinal microbiota of adult cats: a study using DGGE and qPCR to evaluate differences in microbial populations in the feline gastrointestinal tract[J]. Journal of Animal Physiology and Animal Nutrition, 2009, 93(1): 113-121.

[32] XU J, VERBRUGGHE A, LOURENÇO M, et al. The response of canine faecal microbiota to increased dietary protein is influenced by body condition[J]. BMC Veterinary Research, 2017, 13(1): 374.

[33] MARTÍNEZ-LÓPEZ L M, PEPPER A, PILLA R, et al. Effect of sequentially fed high protein, hydrolyzed protein, and high fiber diets on the fecal microbiota of healthy dogs: a cross-over study[J]. Animal Microbiome, 2021, 3(1): 42.

[34] EPHRAIM E, COCHRANE C Y, JEWELL D E. Varying protein levels influence metabolomics and the gut microbiome in healthy adult dogs[J]. Toxins, 2020, 12(8): 517.

[35] GILL C I R, ROWLAND I R. Diet and cancer: assessing the risk[J]. British Journal of Nutrition, 2002, 88(Suppl 1): S73-S87.

[36] MAGEE E A, RICHARDSON C J, HUGHES R, et al. Contribution of dietary protein to sulfide production in the large intestine: an in vitro and a controlled feeding study in humans 1 2 3[J]. The American Journal of Clinical Nutrition, 2000, 72(6): 1488-1494.

[37] NORAT T, RIBOLI E. Meat consumption and colorectal cancer: a review of epidemiologic evidence[J]. Nutrition Reviews, 2001, 59(2): 37-47.

[38] RAMAKRISHNA B S, ROBERTS-THOMSON I C, PANNALL P R, et al. Impaired sulphation of phenol by the colonic mucosa in quiescent and active ulcerative colitis[J]. Gut, 1991, 32(1): 46-49.

[39] ZENTEK J, FRICKE S, HEWICKER-TRAUTWEIN M, et al. Dietary protein source and manufacturing processes affect macronutrient digestibility, fecal consistency, and presence of fecal clostridium perfringens in adult dogs[J]. The Journal of Nutrition, 2004, 134(8): 2158S-2161S.

[40] SANDRI M, DAL MONEGO S, CONTE G, et al. Raw meat based diet influences faecal microbiome and end products of fermentation in healthy dogs[J]. BMC Veterinary Research, 2017, 13(1): 65.

[41] 燕磊, 安沙, 蒋梦宇, 等. 日粮蛋白水平对单胃动物肠道消化吸收功能及健康影响的研究进展[J]. 中国畜牧杂志, 2021, 57(3): 53-59.

[42] EDWARDS J F, FOSSUM T W, WILLARD M D, et al. Changes in the intestinal mucosal cell populations of German Shepherd Dogs fed diets containing different protein sources[J]. American Journal of Veterinary Research, 1995, 56(3): 340-348.

[43] SATYARAJ E, REYNOLDS A, ENGLER R, et al. Supplementation of diets with Spirulina influences immune and gut function in dogs[J]. Frontiers in Nutrition, 2021, 8: 667072.

[44] VASCONCELLOS R S, HENRÍQUEZ L B F, LOURENÇO P D S. Spray-dried animal plasma as a multifaceted ingredient in pet food[J]. Animals, 2023, 13(11): 1773.

实验四
添加水解蛋白对犬血生化、粗蛋白消化率、免疫功能、肠道菌群的影响

戴文欣　温超宇　许　佳

摘要：本实验旨在评估5%水解蛋白替代鸡肉粉对犬血生化、粗蛋白消化率、免疫功能和肠道菌群的影响。实验选择14只健康成年柴犬，随机分成2组，经过7天适应期后，分别饲喂对照日粮（含19%鸡肉粉）和实验日粮（含5%水解蛋白+14%鸡肉粉）28天。每周记录犬的体重和体况评分，并在第0天和第28天对实验犬进行血液和粪便样品采集，测定血液生化指标、粪便评分、粗蛋白消化率、短链脂肪酸、免疫指标和16S rRNA。结果显示，与对照组相比，实验组体重、体况、粪便评分和大部分血生化指标无显著性差异（$P > 0.05$），但血糖降至低于正常水平。实验组的粗蛋白消化率高于对照组（$P < 0.05$），短链脂肪酸、IgG和IgM的含量均无显著性差异，但IgG在第0天到第28天的增加比例有提高趋势（$P = 0.071$）。实验组粪便中拟杆菌门普雷沃菌科丰度上有明显上调（$LDA > 4$，$P < 0.05$）。因此，鸡肉粉水解蛋白可能作为调节犬肠道微生物和免疫反应并提高蛋白消化率的潜在蛋白来源，但其对血糖的影响需进一步确认。

关键词：犬；水解蛋白；肠道健康；免疫功能

1 材料与方法

1.1 受试物

对照日粮（含19%鸡肉粉），实验日粮（含5%水解蛋白+14%鸡肉粉）。两组日粮均为全价成年犬日粮，除水解鸡肉粉外，其他配方原料均相同。两种日粮的配方见表S4-1，日粮的营养组成见表S4-2。

表S4-1 对照犬粮和实验犬粮配料成分

日粮组成	对照日粮 /%	实验日粮 /%
水解鸡肉粉	0.00	4.59
防霉剂	0.09	0.09
鸡肉	18.31	18.31
碎米	25.64	25.64
鸡肉粉（75% 蛋白）	19.23	13.73
豌豆	7.32	7.32
牛磺酸	0.02	0.02
氯化钾	0.46	0.46
氯化钠	0.27	0.27
甜菜粕	5.49	5.49
氯化胆碱	0.09	0.09
木薯粉	4.58	5.49
啤酒酵母粉	1.83	1.83
碳酸钙	0.37	0.37
沸石粉	0.46	0.46
磷酸氢钙	0.27	0.27
0.5% 维矿复合包	0.46	0.46
鱼油粉	1.37	1.37
鸡油	8.24	8.24
调味浆	4.58	4.58
调味粉	0.92	0.92

表S4-2 对照犬粮和实验犬粮营养水平（以干物质计）

营养水平（干基）	对照日粮 /%	实验日粮 /%
粗蛋白	29.71	29.86
粗脂肪	18.65	19.37
粗纤维	3.21	3.21
粗灰分	5.89	5.89
钙	0.91	0.93
磷	0.84	0.82
水溶性氯化物	0.42	0.42

实验四　添加水解蛋白对犬血生化、粗蛋白消化率、免疫功能、肠道菌群的影响

1.2 实验动物及设计

本研究通过纳入标准（纳入标准：健康成年犬，疫苗驱虫正常；排除标准：拒食、体重减轻超过2%/周）筛选出14只符合要求的成年柴犬进行实验。按照性别、年龄、体重随机分为2组，每组7只。对照组饲喂对照日粮，实验组饲喂实验日粮，适应期7天，实验期28天。适应期和豆柴低敏系列犬粮搭配饲喂，自由饮水，每周进行体况评分、体重称量。实验在豆柴肠胃研发中心进行。

1.3 样品采集

血液采集

在实验第0天和第28天通过前肢静脉对每只犬进行空腹采血。使用无抗凝剂管收集血清样本，在3 000g、4 ℃条件下离心15 分钟，取血清样品测定血生化，剩余样品置于-20 ℃冰箱保存，用于免疫指标测定。

粪便采集

在实验第0天和第28天，在每只犬排便后15分钟内收集新鲜粪样，每只动物粪样分成两份放入粪便收集管中，用干冰速冻后置于 -80 ℃冰箱保存，用于粪便短链脂肪酸测定和16S rRNA测序。在实验第0～2天和第26～28天，分别连续3天对犬的粪便进行评分，在第0～2天和第26～28天记录采食量并收集粪便，以测定表观消化率。

1.4 测定指标

体重和体况评分

在第0天（W1），第7天（W2），第14天（W3），第21天（W4）和第28天（W5）对犬进行称重和体况评分。采用9分制进行体况评分，详细方法见附

录图4。

血生化指标

采集新鲜血液样本至采血管（含抗凝剂）中，4 ℃、4 000r/min离心10分钟后取上清液-20 ℃待用。采用全自动生化分析仪（BC-2800vet，迈瑞医疗设备有限公司）检测以下血清生化指标：总蛋白（TP）、白蛋白（ALB）、球蛋白（GLO）、白球比（A/G）、总胆红素（TBIL）、丙氨酸氨基转移酶（ALT）、天门冬氨酸氨基转移酶（AST）、谷草谷丙比（AST/ALT）、γ-谷氨酰基转移酶（GGT）、碱性磷酸酶（ALP）、总胆汁酸（TBA）、肌酸激酶（CK）、淀粉酶（AMY）、甘油三酯（TG）、胆固醇（CHOL）、葡萄糖（GLU）、肌酐（CRE）、尿素氮（BUN）、尿素氮/肌酐比（BUN/CRE）、总二氧化碳（tCO_2）、钙（Ca）、无机磷（P）、钙磷乘积（Ca·P）、镁（Mg）。

粪便评分

粪便评分采用5分制，详细方法见附录图1。

表观消化率

测定表观消化率时将粪便样品取出置于65 ℃恒温烘干，称重，粉碎（过40目筛），按照国标方法测定酸不溶性灰分（GB/T 5009.4—2016《食品安全国家标准 食品中灰分的测定》）和粗蛋白（GB/T 6432—2018《饲料中粗蛋白的测定 凯氏定氮法》）的含量，并用酸不溶性灰分法计算粗蛋白消化率。计算公式：粗蛋白消化率（%）=100-100×（粪便粗蛋白%/饲料粗蛋白%）×（饲料酸不溶性灰分/粪便酸不溶性灰分）。

短链脂肪酸

收集粪便，检测粪便代谢物短链脂肪酸乙酸、丙酸、异丁酸、丁酸、异戊酸、戊酸、异己酸和己酸的含量。具体操作参考气相色谱法[1]。

> 免疫指标

免疫指标检测：免疫球蛋白G（IgG）和免疫球蛋白M（IgM）。以上试剂盒均购于南京建成生物研究所。

> 肠道微生物

分别对实验开始（第0天）和实验结束（第28天）的犬排出的新鲜粪便进行16S rRNA测序，选择 16S rRNA 基因的 V3-V4 区作为目的片段，设计引物对目的片段进行扩增，构建 16S rRNA 测序上机文库。基于测序数据，利用生物信息学统计方法分析肠道微生物α多样性，包括Ace、Shannon、Simpson和Sobs多样性指数；通过Bray-Curtis距离分析研究肠道菌群的β多样性。

1.5 统计方法

采用Excel 2019软件对实验数据进行初步处理，数据统计分析前首先进行Shapiro-Wilk检验以判断数据是否符合正态分布。对检验结果符合正态分布（$P > 0.05$）的数据采用SPSS 21.0软件进行t检验，不符合正态分布（$P < 0.05$）的数据进行非参数检验，$P < 0.05$时差异显著。分组样本的物种组成和群落结构采用ANOVA方差分析、LEfSe统计分析方法和Adonis多元方差分析进行差异显著性检验，LEfSe是基于线性判别分析（linear discriminant analysis，LDA）效应量的一种比较方法，定义LDA差异分析对数得分大于4具有统计学意义（$P < 0.05$）。数据结果以"平均值±标准差"表示。

2 结果与分析

2.1 实验动物情况

本研究通过纳入标准筛选出14只符合要求的健康成年柴犬进行实验，公犬7只，母犬7只，这14只柴犬平均年龄为（24±6）月龄，中位数为26月龄。实验开始时，编号为JHDCON-3-7的犬未采集到血清样本。实验结束时，编号为JHDCON-3-3的犬因外伤（骨折）退出实验，导致无法采集血清样本。因此，分别只有13只犬参与血生化指标和免疫指标的测定。

2.2 体况和体重

在日粮中添加水解蛋白对犬体重和体况评分变化见表S4-3和表S4-4。由表S4-3可知，饲喂周期和组别的交互作用对犬体重影响不显著（$P > 0.05$）。随着饲喂周期的增加，体重维持稳定状态，没有显著变化（$P > 0.05$）。由表S4-4可知，两组犬体况评分平均值在5~6分范围内，其中，5分体况表现为肋骨无多余脂肪覆盖。从上面可观察到肋骨后的腰部，从侧面看，腹部卷起来，属于正常体况；6分体况表现为肋骨有少量脂肪覆盖，腰身可看出但不明显，腹褶轻微上收。第1周到第3周，对照组对比实验组体况评分有增加的趋势（$P = 0.079$），而到第4周和第5周对照组和实验组犬的体况评分没有显著性差异（$P > 0.05$）。实验结果说明，在日粮中添加水解蛋白对犬体重和体况没有影响。

实验四　添加水解蛋白对犬血生化、粗蛋白消化率、免疫功能、肠道菌群的影响

表S4-3　日粮中添加水解蛋白对犬体重的影响

周期	体重/kg 对照组	体重/kg 实验组	平均值/kg	P值 周期	P值 分组
W1	11.04 ± 0.64	10.41 ± 1.61	10.73 ± 1.22	0.818	0.408
W2	10.97 ± 0.53	10.50 ± 1.60	10.74 ± 1.17		
W3	10.94 ± 0.48	10.44 ± 1.57	10.69 ± 1.14		
W4	11.00 ± 0.45	10.47 ± 1.55	10.74 ± 1.13		
W5	10.99 ± 0.43	10.46 ± 1.54	10.72 ± 1.12		
平均值	11.01 ± 0.48	10.46 ± 1.48			

注：平均值同一列无字母，表示周期对该指标影响不显著；平均值同一行无字母，表示分组对该指标影响不显著；数据结果均以"平均值±标准差"表示。

表S4-4　日粮中添加水解蛋白对犬体况评分的影响

周期	体况评分 对照组	体况评分 实验组	P值
W1	5.86 ± 1.07	5.00 ± 0.00	0.079
W2	5.86 ± 1.07	5.00 ± 0.00	0.079
W3	5.86 ± 1.07	5.00 ± 0.00	0.079
W4	6.14 ± 1.07	5.33 ± 0.82	0.151
W5	6.14 ± 1.07	6.00 ± 1.10	0.805

注：数据结果均以"平均值±标准差"表示。

2.3　血生化

第0天和第28天的对照组和实验组各血生化指标测定结果见表S4-5。第0天对照组和实验组生化各指标测定结果无显著性差异（$P > 0.05$）。第28天，实验组相对于对照组葡萄糖含量有降低的趋势（$P = 0.073$），且受试犬葡萄糖含量均低于正常生理水平。其他生化测定指标无显著性差异（$P > 0.05$）。结果表明在日粮中添加水解蛋白未对犬的生化指标造成影响，但在一定程度上降低犬血糖浓度。这可能与蛋白水解物的降血糖功能有关[2]。已有的研究表明，山羊奶乳清蛋

白、鱼蛋白、蚯蚓等动物来源的蛋白水解物因富含小分子肽和必需氨基酸，能抑制血糖活性，通常作为潜在的降糖剂[3-5]。

表S4-5　日粮中添加水解蛋白对犬血生化的影响

血生化指标	对照组	实验组	P 值	参考范围
第 0 天				
总蛋白/（g/L）	58.47 ± 16.05	59.65 ± 7.28	0.872	52~82
白蛋白/（g/L）	29.50 ± 8.42	32.37 ± 5.49	0.491	22~44
球蛋白/（g/L）	28.84 ± 8.59	27.28 ± 9.23	0.758	23~52
白球比	1.03 ± 0.18	1.57 ± 1.39	0.390	
总胆红素/（μmol/L）	4.27 ± 1.71	9.37 ± 11.62	0.334	2~15
丙氨酸氨基转移酶/（U/L）	42.00 ± 19.10	40.00 ± 10.70	0.825	10~118
天门冬氨酸氨基转移酶/（U/L）	196.71 ± 49.41	195.83 ± 39.64	0.973	8.9~48.5
谷草谷丙比	5.21 ± 1.38	5.27 ± 2.03	0.951	
γ-谷氨酰基转移酶/（U/L）	1.14 ± 0.31	5.55 ± 11.16	0.378	0~7
碱性磷酸酶/（U/L）	26.57 ± 3.64	24.50 ± 5.54	0.436	20~150
总胆汁酸/（μmol/L）	1.71 ± 2.41	2.71 ± 2.30	0.462	0~15
肌酸激酶/（U/L）	1 085 ± 380.50	1 007.83 ± 84.56	0.619	20~200
淀粉酶/（U/L）	1 587 ± 521.73	1 740.83 ± 409.69	0.572	400~2 500
甘油三酯/（mmol/L）	1.02 ± 0.39	1.12 ± 0.20	0.614	0.1~0.9
胆固醇/（mmol/L）	5.89 ± 2.07	6.45 ± 2.88	0.690	2.84~8.26
葡萄糖/（mmol/L）	2.95 ± 1.15	3.57 ± 2.86	0.611	3.89~7.95
肌酐/（μmol/L）	80.71 ± 24.73	81.50 ± 11.84	0.945	27~124
尿素氮/（mmol/L）	124.56 ± 311.52	6.35 ± 1.27	0.376	2.5~9.6
尿素氮肌酐比	21.57 ± 2.64	19.50 ± 3.27	0.232	
总二氧化碳/（mmol/L）	16.57 ± 2.57	18.17 ± 0.75	0.173	12~27
钙/（mmol/L）	1.94 ± 0.55	2.11 ± 0.38	0.520	1.98~2.95
无机磷/（mmol/L）	2.03 ± 0.58	2.11 ± 0.41	0.800	0.81~2.2
钙磷乘积/（mg/dL）	51.71 ± 20.44	55.83 ± 18.05	0.710	
镁/（mmol/L）	1.25 ± 0.43	1.32 ± 0.12	0.742	0.74~0.99
第 28 天				
总蛋白/（g/L）	66.83 ± 6.15	62.73 ± 4.45	0.204	52~82
白蛋白/（g/L）	35.54 ± 2.58	34.23 ± 2.86	0.404	22~44
球蛋白/（g/L）	31.29 ± 4.03	28.5 ± 4.26	0.251	23~52
白球比	1.16 ± 0.11	1.23 ± 0.18	0.364	
总胆红素/（μmol/L）	5.65 ± 1.25	4.69 ± 1.47	0.229	2~15

实验四 添加水解蛋白对犬血生化、粗蛋白消化率、免疫功能、肠道菌群的影响

（续表）

血生化指标	对照组	实验组	P 值	参考范围
丙氨酸氨基转移酶 /（U/L）	46.71 ± 13.41	47.67 ± 26.75	0.935	10~118
天门冬氨酸氨基转移酶 /（U/L）	89.14 ± 16.73	99 ± 19.83	0.351	8.9~48.5
谷草谷丙比	2.08 ± 0.77	2.5 ± 1.11	0.444	
γ-谷氨酰基转移酶 /（U/L）	0.84 ± 0.61	1.32 ± 0.44	0.145	0~7
碱性磷酸酶 /（U/L）	24 ± 5.39	25.17 ± 7.28	0.746	20~150
总胆汁酸 /（μmol/L）	0.46 ± 0.33	0.55 ± 0.6	0.730	0~15
肌酸激酶 /（U/L）	582.71 ± 111.63	765.83 ± 181.14	0.047	20~200
淀粉酶 /（U/L）	1 661.43 ± 311.43	1 686.83 ± 545.62	0.918	400~2500
甘油三酯 /（mmol/L）	1.02 ± 0.23	0.84 ± 0.12	0.124	0.1~0.9
胆固醇 /（mmol/L）	4.77 ± 0.74	4.78 ± 1.48	0.985	2.84~8.26
葡萄糖 /（mmol/L）	3.45 ± 1.73	1.95 ± 0.71	0.073	3.89~7.95
肌酐 /（μmol/L）	92.86 ± 11.91	86.5 ± 15.37	0.418	27~124
尿素氮 /（mmol/L）	6.38 ± 0.63	5.93 ± 1.27	0.417	2.5~9.6
尿素氮肌酐比	17 ± 1.15	17.17 ± 3.06	0.896	
总二氧化碳 /（mmol/L）	16.43 ± 1.72	17 ± 1.1	0.499	12~27
钙 /（mmol/L）	1.98 ± 0.23	1.98 ± 0.15	0.968	1.98~2.95
无机磷 /（mmol/L）	1.87 ± 0.12	2.1 ± 0.39	0.166	0.81~2.2
钙磷乘积 /（mg/dL）	45.86 ± 5.93	52 ± 11.73	0.247	
镁 /（mmol/L）	0.95 ± 0.25	0.92 ± 0.08	0.816	0.74~0.99

注：对照组n=7，实验组n=6。第0天葡萄糖低于正常水平的犬数量，对照组6只，实验组5只；第28天葡萄糖低于正常水平的犬数量，对照组5只，实验组6只。数据结果均以"平均值±标准差"表示。

2.4 粪便评分

日粮中添加水解蛋白对犬粪便评分（5分制）的影响见表S4-6，对照组和实验组的粪便均值在2~2.5分，其中2分粪便表现为成形，捡起时地面无残留，2.5分粪便表现为成形，表明略湿，捡起后地板有残留，表明略黏。由表S4-5可知，实验前后和分组对犬粪便评分交互作用不显著（$P > 0.05$），两个时间段犬粪便评分差异无统计学意义，且在对照组和实验组之间无显著性差异（$P > 0.05$）。说明在日粮中添加水解蛋白对犬粪便评分没有影响。

表S4-6　日粮中添加水解蛋白对犬粪便评分的影响

采样时间	粪便评分/5分制 对照组	粪便评分/5分制 实验组	平均值	P值 时间	P值 分组
D0-D2	2.17±0.10	2.14±0.11	2.16±0.10	0.136	0.271
D26-D28	2.31±0.26	2.17±0.13	2.24±0.21		
平均值	2.24±0.20	2.15±0.12			

注：平均值同一行或列无字母，表示对该粪便评分影响不显著；数据结果均以"平均值±标准差"表示。

2.5 粗蛋白消化率

日粮中添加水解蛋白对犬粗蛋白消化率的影响结果如表S4-7所示，实验开始时两组犬粗蛋白消化率无显著性差异（$P > 0.05$），第26天到第28天实验组相较于对照组的粗蛋白消化率显著性增加（$P < 0.05$），说明在日粮中添加水解蛋白可以提高粗蛋白的消化率。

表S4-7　日粮中添加水解蛋白对犬粗蛋白消化率的影响

采样时间	消化率 对照组/%	消化率 实验组/%	P值
D0-D2	85.66±3.83	87.87±2.54	0.226
D26-D28	83.54±3.43[b]	87.35±2.21[a]	0.030

注：同一行数据肩标不同字母表示两组粗蛋白消化率差异显著，无字母或字母相同表示差异不显著；数据结果均以"平均值±标准差"表示。

2.6 短链脂肪酸

在实验第0天和第28天，测定对照组和实验组的粪便中短链脂肪酸含量，结果分析见表S4-8。对照组和实验组犬粪便中乙酸、丙酸、异丁酸、丁酸、异戊酸、戊酸、异己酸、己酸和总酸的含量差异均无统计学意义（$P > 0.05$），说明日粮中添加水解蛋白对犬粪便中的短链脂肪酸的影响不大。

表S4-8　日粮中添加水解蛋白对犬粪便中短链脂肪酸的影响

短链脂肪酸（μg/mg）	对照组	实验组	P 值
第0天			
乙酸	7.57 ± 1.90	7.35 ± 1.65	0.820
丙酸	3.72 ± 0.72	3.78 ± 0.56	0.849
异丁酸	0.29 ± 0.06	0.33 ± 0.16	0.562
丁酸	1.74 ± 0.59	1.47 ± 0.40	0.334
异戊酸	0.33 ± 0.06	0.37 ± 0.17	0.580
戊酸	0.043 ± 0.016	0.18 ± 0.34	0.315
异己酸	0.061 ± 0.026	0.061 ± 0.022	0.998
己酸	0.007 ± 0.0004	0.0082 ± 0.0024	0.256
总酸	13.75 ± 3.01	13.54 ± 2.12	0.885
第28天			
乙酸	6.64 ± 1.37	6.70 ± 1.96	0.946
丙酸	3.20 ± 0.68	3.12 ± 0.68	0.817
异丁酸	0.28 ± 0.06	0.27 ± 0.12	0.804
丁酸	1.38 ± 0.69	1.24 ± 0.57	0.693
异戊酸	0.33 ± 0.08	0.34 ± 0.16	0.822
戊酸	0.062 ± 0.065	0.041 ± 0.018	0.406
异己酸	0.06 ± 0.043	0.0356 ± 0.0024	0.184
己酸	0.0120 ± 0.0019	0.0114 ± 0.0003	0.460
总酸	11.96 ± 2.47	11.77 ± 2.99	0.896

注：数据结果均以"平均值±标准差"表示。

2.7 免疫指标

在实验第0天和第28天，测定对照组和实验组的IgG和IgM含量，结果见表S4-9。实验第0天，对照组IgG含量比实验组高（$P = 0.051$）；实验第28天，两组IgG含量无显著性差异（$P > 0.05$）。实验第0天，对照组IgM含量显著高于实验组（$P < 0.05$）；实验第28天时，两组IgM含量无显著性差异（$P > 0.05$）。为了消除初始值的影响，本研究计算了各免疫指标从基线水平的变化，从第0天到第28天实验组IgG增加比高于对照组（$P = 0.072$），而IgM的变化在两组之间差异并不显著。此外，Hsu等[6]研究表明，补充鸡肉水解蛋白可增加犬粪便中IgA含量。本研究结果提示在日粮中添加水解蛋白也有调节犬免疫反应的潜力。

表S4-9 日粮中添加水解蛋白对犬免疫指标的影响

免疫指标	采样时间	对照组	实验组	P值
IgG （g/L）	D0	10.17 ± 2.14	7.70 ± 1.89	0.051
	D28	11.8 ± 3.69	14.19 ± 3.22	0.273
	D0 D28 增加比 /%	26.03 ± 65.31	90.71 ± 33.49	0.072
IgM （μg/mL）	D0	706.60 ± 321.14[a]	599.93 ± 211.77[b]	0.049
	D28	1.212.89 ± 350.26	944.61 ± 397.09	0.244
	D0 D28 增加比 /%	133.7 ± 185.11	97.13 ± 119.53	0.708

注：对照组$n=7$，实验组$n=6$；同一行数据肩标不同字母a-b，表示两组粗蛋白消化率差异显著，无字母表示差异不显著；数据结果均以"平均值±标准差"表示。

2.8 肠道微生物

对照组和实验组样本的Goods_coverage都为0.996以上，表明样本文库的覆盖率高，序列未被检出的可能性小，本次测序结果能够较真实地反映样本中的微生物群落。16S rRNA测序结果的分组及编号详细说明见表S4-10。

表S4-10 16S RNA测序结果分组及编号说明

采样时间	分组	编号
实验开始（第0天）	对照组	CON0
	实验组	TRE0
实验结束（第28天）	对照组	CON28
	实验组	TRE28

相对丰度分析

根据物种注释结果，选取每个分组在微生物分类门水平上菌群最大丰度排名前10的物种，生成物种相对丰度柱形累加图，如图S4-1所示。在门水平上，优势菌群为厚壁菌门、放线菌门、拟杆菌门和梭杆菌门。四个门的菌群数量占全部菌群数量的98%以上，这些菌群可反映犬肠道的环境、基质可用性和功能[2]。其中，厚壁菌门相对丰度最大，菌群数量占全部菌群数量的75%以上。第28天对照组的厚壁菌门的相对丰度显著低于第0天的水平（$P < 0.05$）。厚壁菌门含有许多负责发酵膳食纤维的基因，还可以与肠黏膜相互作用，从而有助于维持体内平衡[7]。另外，有较多研究将厚壁菌门/拟杆菌门与犬的肥胖症相关联，减肥后的犬厚壁菌门丰度降低[8]。对照组厚壁菌门丰度下降可能与后肠日粮中未消化的蛋白质增加有关。第28天对照组的放线菌门的相对丰度显著高于其他3组（$P < 0.05$）。Hsu等[6]发现添加25%的鸡心和鸡肝水解蛋白与鸡肉粉对照组相比会增加放线菌门的丰度，但添加5%的水解蛋白和25%的鸡肉水解蛋白放线菌门的丰度与对照组相比无显著性差异。因此，肠道微生物的变化与水解蛋白的种类及其添加量有关。

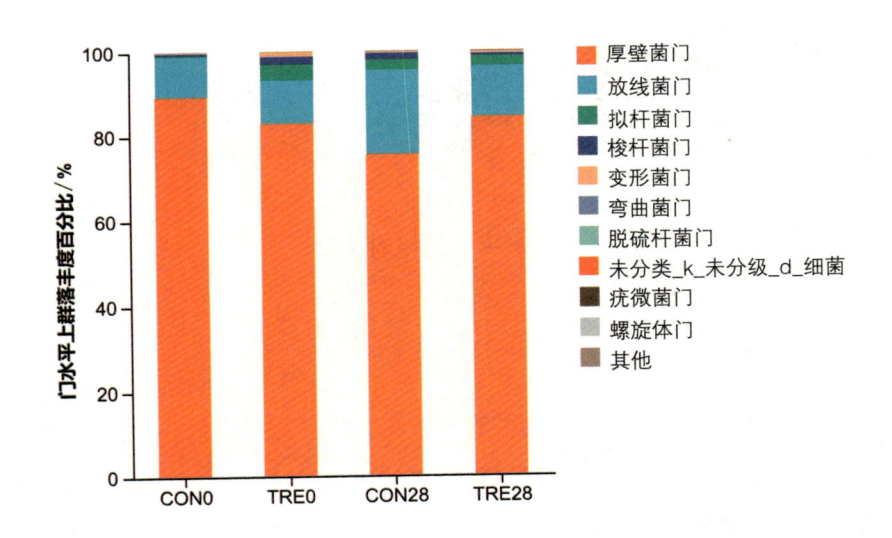

图S4-1　门水平上的相对丰度

在属的水平上选取菌群最大相对丰度前10的物种，绘制相对丰度柱形累加图，如图S4-2所示。艰难梭菌属、乳杆菌属、柯林斯菌属等是主要的优势属。其中，艰难梭菌属占比最高（第0天对照组43.2%、实验组36.5%，第28天对照组

32.1%、实验组24.9%），其次是乳酸菌属（第0天对照组16.5%、实验组16.2%，第28天对照组12.0%、实验组31.0%）。排名前十的菌属相对丰度在各组间均无显著性差异（$P > 0.05$）。

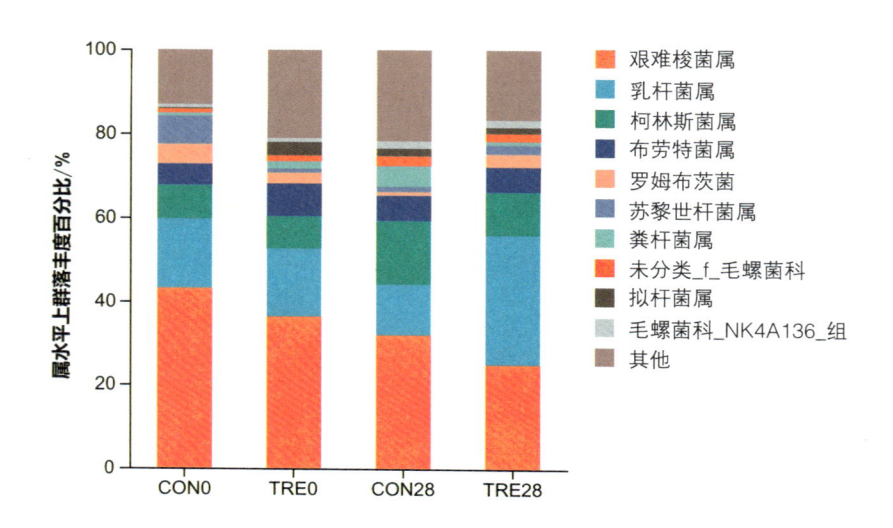

图S4-2　属水平上的相对丰度

α多样性分析

通过α多样性分析对样本微生物物种的丰度和多样性进行评估，各指数分析结果如图S4-3所示。其中，Ace指数是一种用于估计未观测到的物种的丰度的指标，一般来说，Ace指数越高，表示物种丰度越大。Shannon指数和Simpson指数一般用来描述菌群的物种多样性，其值越大，菌群物种多样性就越高。Sobs指数为生态优势度指数，反映了各物种种群数量的变化情况，生态优势度指数越大，说明群落内物种数量分布越不均匀，优势种的地位越突出。结果显示，各组间α多样性指数差异不显著（$P > 0.05$）。

图S4-3　α多样性指数

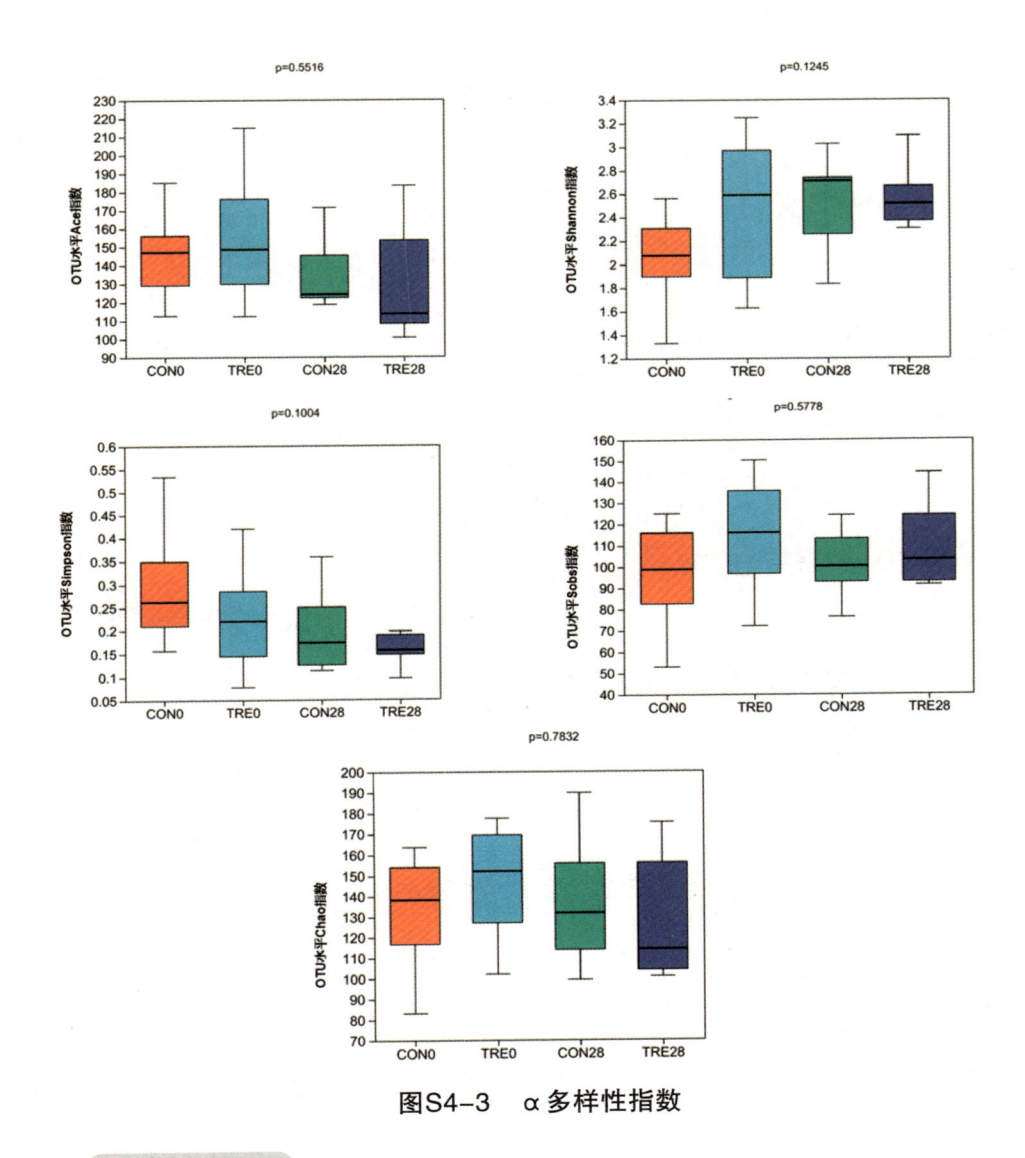

β多样性分析

各组样本的微生物群落主坐标分析（PCoA）结果如图S4-4所示。从图S4-4可以看出，TRE28组的菌群相对于其他组有一定分离趋势，但菌群结构并无显著性差异（$P > 0.05$）。这说明在犬日粮中添加水解蛋白不影响犬肠道微生物的β多样性。

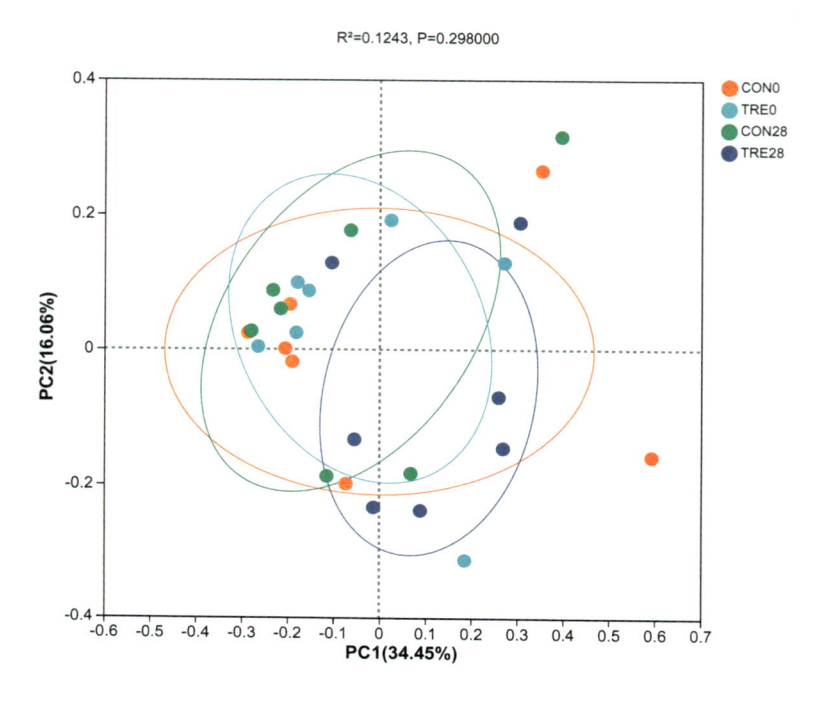

图S4-4 主坐标分析（PCoA）图

组间差异分析

菌群LEfSe分析结果如图S4-5所示，实验第28天，拟普雷沃菌属、亮杆菌属、多形短杆菌属显著富集在对照组犬肠道中，而实验组中普雷沃菌科显著富集（$LDA > 4$，$P < 0.05$）。其中，普雷沃菌科作为差异物种在第28天实验组的犬肠道中富集，说明蛋白水解物在一定程度上能增加犬肠道普雷沃菌科的丰度。Martínez-López等[9]研究也有类似的发现。有研究也证实了普雷沃菌与犬的饮食中的蛋白含量增加有关[10]。

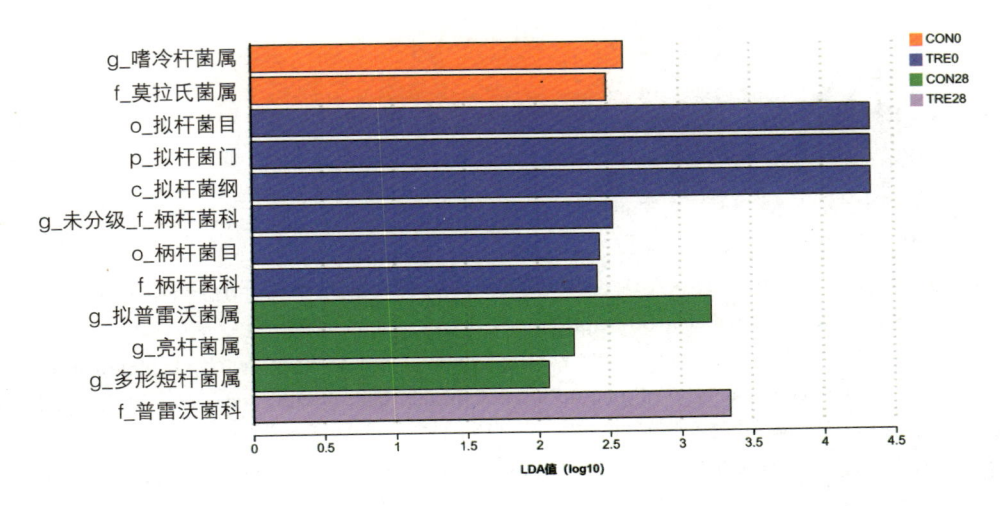

实验四　添加水解蛋白对犬血生化、粗蛋白消化率、免疫功能、肠道菌群的影响

图S4-5　LEfSe分析LDA评分图

3 结论

本研究发现，饲喂水解蛋白日粮显著提高了犬的粗蛋白消化率，并在一定程度上有增加IgG含量的潜力。线性判别分析效应量显示，饲喂水解蛋白实验日粮的犬肠道菌群中普雷沃菌科的丰度显著增加。值得注意的是，饲喂水解蛋白日粮会导致犬的血糖浓度降低。因此，鸡肉粉水解蛋白有可能作为调节犬肠道微生物和免疫反应，提高蛋白消化率的潜在蛋白来源，但其对血糖的影响需进一步确认。

参考文献

[1] 毛爱鹏, 孙皓然, 周宁, 等. 嗜酸乳杆菌分离成分对中华田园犬营养物质消化代谢的影响[J]. 动物营养学报, 2023, 35(2): 1241-1249.

[2] ZININA O V, NIKOLINA A D, KHVOSTOV D V, et al. Protein hydrolysate as a source of bioactive peptides in diabetic food products[J]. Food Systems, 2024, 6(4): 440-448.

[3] DU X J, JING H J, WANG L, et al. Characterization of structure, physicochemical properties, and hypoglycemic activity of goat milk whey protein hydrolysate processed with different proteases[J]. LWT, 2022, 159: 113257.

[4] BUI P T, PHAM K T, VO T D L. Earthworm (perionyx excavatus) protein hydrolysate: hypoglycemic activity and its stability for the hydrolysate and its peptide fractions[J]. Processes, 2023, 11(8): 2490.

[5] SHARKEY S J, HARNEDY-ROTHWELL P A, ALLSOPP P J, et al. A narrative review of the anti-hyperglycemic and satiating effects of fish protein hydrolysates and their bioactive peptides[J]. Molecular Nutrition & Food Research, 2020, 64(21): e2000403.

[6] HSU C, MARX F, GULDENPFENNIG R, et al. The effects of hydrolyzed protein on macronutrient digestibility, fecal metabolites and microbiota, oxidative stress and inflammatory biomarkers, and skin and coat quality in adult dogs[J]. Journal of Animal Science, 2024, 102: skae057.

[7] SUN Y G, ZHANG S S, NIE Q X, et al. Gut firmicutes: Relationship with dietary fiber and role in host homeostasis[J]. Critical Reviews in Food Science and Nutrition, 2023, 63(33): 12073-12088.

[8] SANCHEZ S B, PILLA R, SARAWICHITR B, et al. Fecal microbiota in client-owned obese dogs changes after weight loss with a high-fiber-high-protein diet[J]. PeerJ, 2020, 8: e9706.

[9] MARTÍNEZ-LÓPEZ L M, PEPPER A, PILLA R, et al. Effect of sequentially fed high protein, hydrolyzed protein, and high fiber diets on the fecal microbiota of healthy dogs: a cross-over study[J]. Animal Microbiome, 2021, 3(1): 42.

[10] PHIMISTER F D, ANDERSON R C, THOMAS D G, et al. Using meta-analysis to understand the impacts of dietary protein and fat content on the composition of fecal microbiota of domestic dogs (Canis lupus familiaris): a pilot study[J]. MicrobiologyOpen, 2024, 13(2): e1404.

第六章
日粮中膳食纤维与犬、猫的肠道健康

温超宇　戴文欣　许　佳

引言

目前，我国的宠物市场飞速发展，城市养宠人数不断增加。人们也将宠物视为自己的"亲人""朋友"，对其健康状况尤为关注。宠物食品作为保障宠物健康的重要因素受到人们的广泛关注。膳食纤维是日粮中一种不可消化的物质，传统观点认为这是一种抗营养因子，添加过多的纤维会降低日粮的能量密度，并影响宠物对营养物质的消化吸收[1]。但随着纤维相关的研究不断增加，越来越多的具有抗炎、抗氧化等功能的新型膳食纤维原料在宠物食品上的应用被广泛研究[2-4]，人们发现纤维在犬、猫粮中的使用具有防止便秘[5]、预防肥胖和糖尿病[6]、改善肠道健康[7]等有益功能。但在国内，关于纤维在宠物食品上应用的研究仍较少。本文总结了日粮中的纤维特性及其对犬、猫肠道健康的作用，以期为膳食纤维在宠物食品上的开发和应用提供参考。

膳食纤维

关于膳食纤维的定义经历过多次修改，在不同的国家和地区存在一定的差别。食品法典委员会（Codex Alimentarius Commission，CAC）将膳食纤维定义为无法被小肠内源酶水解的、由10个及以上单体构成的碳水化合物聚合物，包括：①天然存在于可食用食物中的碳水化合物聚合物；②从天然食物原料中，通过物理、酶或化学手段获得的可食用碳水化合物聚合物，并被科学证明具有有益的生理效应；③通过化学合成的碳水化合物聚合物，并被科学证明具有有益的生理效应（图6-1）。其中，由3~9个单体构成的碳水化合物聚合物是否在膳食纤维的范畴可由当局决定。因此，膳食纤维是一种无法被小肠消化的碳水化合物，但能够对机体产生有利作用[8]。

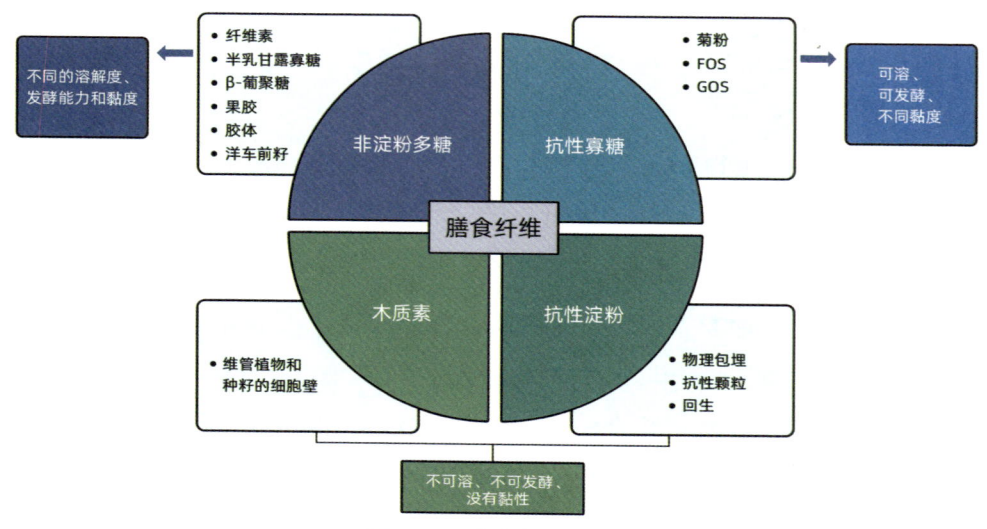

图6-1 膳食纤维分类

膳食纤维主要取自植物细胞壁中的碳水化合物聚合物（非淀粉多糖），为植物细胞壁的组成部分，包括纤维素、半纤维素和果胶，以及其他植物或藻类来源的多糖[9]。在宠物食品包装上标注的成分中常见的粗纤维是无法被酸、碱溶解的植物细胞壁组成成分，主要包括部分纤维素、半纤维素和木质素。依据纤维在水中的溶解度，可将纤维分为可溶性纤维和不可溶性纤维，不可溶性纤维包括纤维素、半纤维素、木质素、抗性淀粉等，可溶性纤维包括果胶、葡聚糖、阿拉伯木聚糖和果聚糖等（图6-2）。可溶性纤维有更高的黏度以及高的发酵特性。常见膳食纤维中的可溶性纤维和不可溶性纤维含量见表6-1。目前，用于宠物食品中的膳食纤维主要为甜菜粕和纤维素粉。甜菜粕是一种中等可发酵的纤维，可作为肠道微生物的发酵底物产生短链脂肪酸；纤维素粉是一种不可溶、不可发酵的纤维，可改善粪便形态，促进排便[10]。纤维作为饮食中必要的组成成分，可有效地改善机体的肠道健康。膳食纤维的作用主要受其物理、化学性质包括持水力、黏度、吸附特性及发酵能力和免疫调节能力的影响。

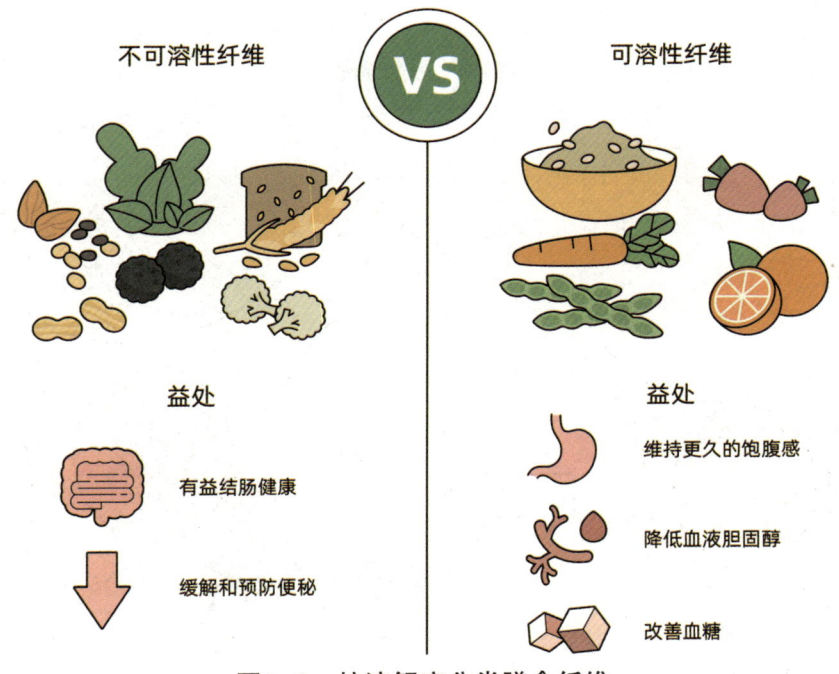

图6-2 按溶解度分类膳食纤维

表6-1 常见膳食纤维的可溶性纤维和不可溶性纤维含量

原料	可溶性纤维/%	不可溶性纤维/%
大麦	5.4	9.7
燕麦	3.6	9.8
燕麦壳	4.9	65.7
黑麦	3.7	8.4
高粱	0.6	5.1
大豆皮	10.0	45.0
麦麸	2.5	23.8
甜菜粕	25.2	18.0

膳食纤维的理化特性

持水力

持水力指在特定条件下将1g纤维与水混合后计算过夜后保留的水重量[11]（图6-3）。膳食纤维中的亲水基团及分子间的空隙使其具有较好的持水力，在吸水后会膨胀，以此增加食物体积，增强饱腹感，从而减少食物摄入[12]。此外，纤维吸水后可使粪便松软，促进动物排便，防止便秘[13]。

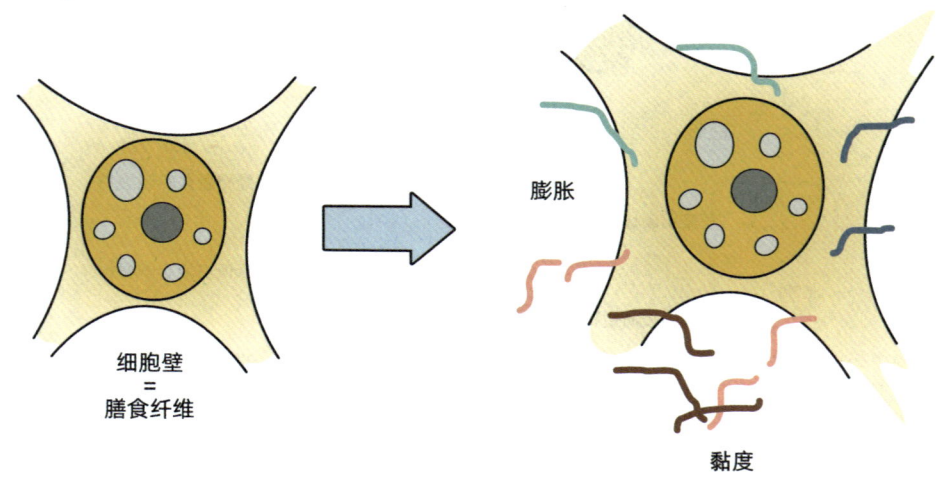

图6-3 膳食纤维的持水作用

黏度

黏度被认为是液体内部的摩擦力，会阻碍流体的流动性。在纤维与液体混合后，膳食纤维中的黏性多糖分子之间会相互作用缠绕成网状结构，从而形成凝胶，大大增加黏度。纤维的分子质量、结构、含水量、粒径、pH和加工方式等都会影响其黏度[14]。增加食物中的黏性纤维会延长胃排空时间，并增加食物通过小肠的时间[15]，从而达到增强饱腹感和控制血糖的效果（图6-4）。

吸附特性

纤维分子表面的部分官能团对胆汁酸、有毒金属离子等具有吸附能力，能促进排泄这些物质，从而降低血浆胆固醇含量。膳食纤维的吸附能力受pH和粒径大小的影响[16]（图6-4）。

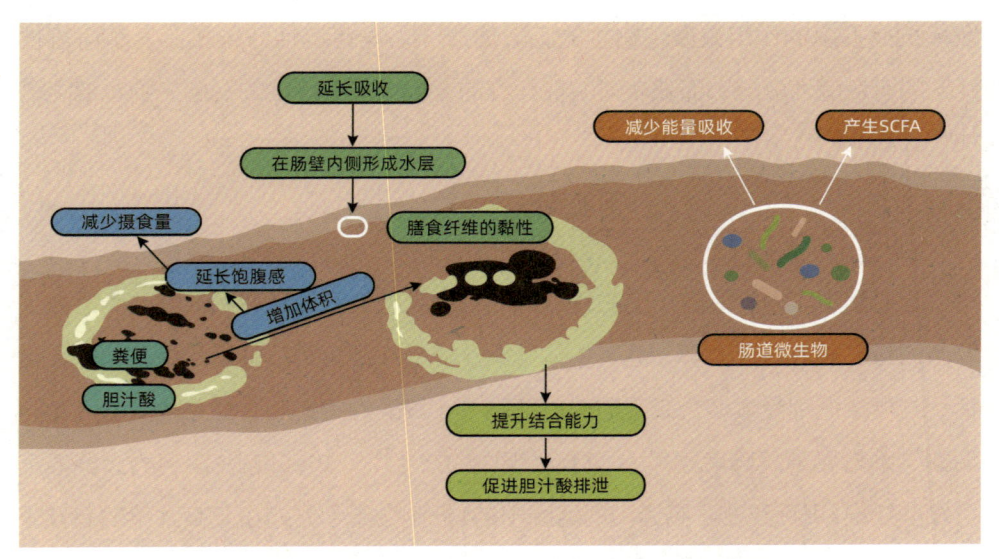

图6-4 膳食纤维的黏度、吸附和发酵特性对健康的益处

膳食纤维的发酵特性

日粮中的膳食纤维无法被小肠中的消化酶分解，而大肠中存在大量可发酵膳食纤维的微生物。在长期的驯化过程中，犬在肠道微生物组成及饮食上与人类具有较高的相似性[17]，因此犬具有与人更为类似的饮食结构，纤维同样作为一种重要的营养成分影响犬的健康。而猫作为专性肉食动物，其较短的结肠使人们通常忽视了日粮纤维对猫的重要性。研究表明，猫的肠道微生物对不同纤维都具有一定的发酵能力[18-19]。对猫的肠道微生物进行测序后发现，尽管猫是肉食动物，但其肠道微生物群在微生物系统发育和基因含量方面与杂食动物相似[20]。在日粮中添加纤维有益于改善猫肠道健康、调节血糖、控制肥胖等[21-24]。此外，在猫的天然饮食中的部分难以消化的动物纤维成分（动物软骨、皮毛、骨骼等）被发现可作为肉食动物大肠发酵的底物，且这些富含蛋白质的动物纤维发挥类似植物纤维的生理功能[25-26]。

膳食纤维可作为肠道微生物的底物产生短链脂肪酸等代谢产物来改善机体的肠道健康[27]。这些短链脂肪酸可通过为结肠上皮细胞提供能量、改善肠道屏障、发挥抗炎抑菌的作用来改善宿主的肠道健康[28]。与可溶性纤维相比，不可溶性纤维的可发酵性较差。而随着可溶性纤维的含量增加，纤维的发酵产物也随之增加[29]（图6-4）。

膳食纤维的免疫调节作用

肠道黏膜作为机体的一道防线，其结构的完整性受到破坏后会导致肠道微生物与内毒素进入血液循环，危害机体健康。膳食纤维可调节肠道的免疫功能，包括：与模式识别受体结合来影响免疫细胞[30]；发酵为短链脂肪酸来改变肠道黏膜稳态、维持肠道屏障完整[31]；调节黏蛋白的产生[32]。Field等[33]发现给犬饲喂高可发酵纤维2周后改变了肠道淋巴组织中的T细胞数量，并产生更高水平的有丝分裂。免疫球蛋白A（IgA）是哺乳动物肠道中含量最多的免疫球蛋白，在肠道黏膜的免疫功能上有重要作用[34]。Panasevich等[35]发现给犬饲喂纤维混合物（甜菜浆、低聚果糖、甘露寡糖、菊粉和海带）可以增加粪便中的乙酸和丙酸浓度，并提高IgA含量。

膳食纤维对犬、猫的健康影响

改善犬、猫的肠道健康

肠道不仅是营养物质消化吸收的主要场所，还是宠物体内重要的免疫屏障，影响着机体的整体健康。结肠中寄宿着大量的微生物，这些微生物可以产生多种活性物质，直接或间接参与宿主的能量代谢和免疫反应等生理活动[36]。因此，维持肠道微生物的稳定对肠道和宿主的健康具有重要意义。无法被消化的纤维进入后肠时，可作为肠道微生物的底物被发酵，为微生物提供能量，同时产生短链脂肪酸等代谢物来调节肠道稳态。

促进肠道蠕动和改变粪便特性

由于纤维有吸水膨胀的特性，可发酵性较差但具有较好持水性的不可溶性纤维可增加粪便的含水量，使粪便松软并增加肠道蠕动，从而起到缓解便秘等作用，但也可能会增加宠物的排便频率和排便量[37-38]。Bueno等[39]研究发现在饲喂犬添加膳食纤维的罐头后，可刺激犬的肠胃蠕动、缩短肠道运输时间和增加粪便量。Freiche等[40]研究了洋车前籽壳改善猫便秘的效果，结果表明在添加洋车前籽壳（11.5%的总膳食纤维）后可有效改善猫的便秘情况。Lappin等[41]研究了膳食纤维对犬急性大肠腹泻的影响，结果发现饲喂高水平的膳食纤维（19.7%总膳食纤维）能明显改善腹泻犬的粪便评分。Rossi等[42]发现高纤维饮食与高浓度益生菌联合使用可以治疗犬的大肠性慢性腹泻。

调节肠道菌群及其代谢产物

在日粮中加入可发酵纤维可以有效改善肠道微生物，并通过调节发酵产物对宿主健康产生有益影响。Cleusa等[43]研究发现在日粮中添加9%的苹果渣能调节犬的肠道微生物，增加粪便中的丁酸含量，并降低氨的浓度。Fischer等[44]研究发现添加甜菜粕会降低猫的粪便pH，增加粪便中的短链脂肪酸含量。未被小肠消化吸收的蛋白质进入大肠后，会被肠道微生物分解产生氨基酸，随后通过进一步氧化还原反应产生各种腐烂化合物，如酚类、吲哚和氨等物质。这些物质是导致宠物粪便有臭味的主要物质，会对宠物健康产生不良影响[45-46]。研究表明，在日粮中添加纤维可降低犬后肠中的蛋白质腐败产物，改善慢性腹泻症状[47-48]。

添加膳食纤维可通过改善肠道紊乱来缓解宠物疾病。Ephraim等[49]研究发现添加甜菜碱和可溶性纤维可以改善早期慢性肾病犬血清、粪便代谢，降低尿毒症毒素水平。Hall等[50]研究发现添加短链低聚果糖增加了慢性肾病猫与尿毒素呈负相关菌的数量，降低了血浆酚类尿毒素的含量。

降低日粮能量密度和增加饱腹感

由于膳食纤维无法被小肠中的内源消化酶水解，无法向宠物提供能量，因此在日粮里加入膳食纤维可以降低日粮的能量密度。此外，在日粮中添加膳食纤维可增加动物咀嚼时间，膳食纤维可吸水膨胀使胃膨胀，延长食糜通过胃和肠道的时间，也能在结肠内发酵产生短链脂肪酸等，都能促进机体维持饱腹感[51]。研究还发现，饲喂高含量的膳食纤维或高可发酵的膳食纤维可增加犬的饱腹感，降低其采食量[52-53]。因此，可以通过在日粮中添加膳食纤维，让患有肥胖症的宠物达到减肥效果。对于猫，添加不同膳食纤维对猫采食欲望的影响与其他物种存在差异[54]，这可能是因为膳食纤维的可溶性和黏度等因素不同，还需要进一步研究膳食纤维对猫饱腹感的影响。

降低日粮的适口性和消化率

日粮的适口性是评估宠物食品的一个重要指标，受到大多数宠物主人的重视。Alegría等[55-56]研究发现提高膳食纤维含量会降低犬、猫对日粮的偏好性。这可能是因为在日粮中添加膳食纤维会影响日粮的硬度和风味等，进而影响日粮的适口性[57]。此外，由于膳食纤维在胃肠道中形成的凝胶会阻碍酶的分解作用，添加高含量的膳食纤维也会降低宠物对日粮的消化吸收[58-59]。

调节血糖和胆固醇的含量

膳食纤维的黏性使其会增加食糜黏度，让食糜缓慢通过肠道，延长肠道运输时间，降低了包括葡萄糖在内的营养物质的吸收率，减缓餐后葡萄糖和胰岛素水平上升，使摄入碳水化合物后的血糖曲线变平缓[60]。饲喂犬、猫不可溶性膳食纤维含量高的日粮，可有效降低犬、猫的血糖含量[61-62]。膳食纤维的吸附特性让膳食纤维可与胆汁酸结合，增加胆汁酸排泄，促进胆固醇转化为胆汁酸，从而降低血液内的胆固醇含量[63]。

减少猫体内形成的毛球

猫每天会花费大量时间梳理自己的毛发，在舔舐毛发时会摄入大量毛发，这些毛发无法被猫消化，只能通过粪便排出体外。大量毛发在消化道内积累时会形成毛球，引起猫呕吐、便秘和厌食等症状[64]。在日粮中添加纤维可促进胃肠道蠕动，促进毛发的排泄。Weber等[65]评估了不同膳食纤维水平对猫粪便毛发排泄的影响，研究发现在饲喂中等（11%总膳食纤维）和高等膳食纤维水平（15%总膳食纤维）日粮时，长毛猫粪便中的毛发重量显著增加。

总结

膳食纤维被誉为"第七大营养素"，人们关于其对动物的健康作用的了解不断加深。了解膳食纤维的特性及生理功能有助于更好地认识不同纤维来源的活性物质和加工方式差别，能更好地利用不同类型的膳食纤维来增强宠物的健康，治疗宠物的肥胖症和糖尿病等。但是，由于不同膳食纤维原料的结构特性不同，对宠物的作用也存在差异，还需要进一步了解不同膳食纤维在宠物体内的作用机制。此外，猫作为肉食动物，在许多相关实验中都表现出与犬不相同的实验结果。在今后的研究中还需进一步确定针对犬、猫不同物种以及不同生理、病理状况下的膳食纤维的适宜添加量。

参考文献

[1] EARLE K E, KIENZLE E, OPITZ B, et al. Fiber affects digestibility of organic matter and energy in pet foods[J]. The Journal of Nutrition, 1998, 128(12 Suppl): 2798S-2800S.

[2] DE GODOY M R C, KERR K R, JR FAHEY G C. Alternative dietary fiber sources in companion animal nutrition[J]. Nutrients, 2013, 5(8): 3099-3117.

[3] PACHECO P D G, BALLER M A, PERES F M, et al. Citrus pulp and orange fiber as dietary fiber sources for dogs[J]. Animal Feed Science and Technology, 2021, 282: 115123.

[4] DAINTON A N. Avocado meal: a novel dietary fiber source in feline and canine diets[D]. Illinois: University of Illinois, 2018.

[5] WERNIMONT S M, FRITSCH D A, SCHIEFELBEIN H M, et al. Food with specialized dietary fiber sources improves clinical outcomes in adult cats with constipation or diarrhea[J]. The FASEB Journal, 2020, 34(S1): 1.

[6] GERMAN A J. The growing problem of obesity in dogs and cats[J]. The Journal of Nutrition, 2006, 136(7 Suppl): 1940S-1946S.

[7] JHA R, FOUHSE J M, TIWARI U P, et al. Dietary fiber and intestinal health of monogastric animals[J]. Frontiers in Veterinary Science, 2019, 6: 48.

[8] FULLER S, BECK E, SALMAN H, et al. New horizons for the study of dietary fiber and health: a review[J]. Plant Foods for Human Nutrition, 2016, 71(1): 1-12.

[9] MUDGIL D, BARAK S. Composition, properties and health benefits of indigestible carbohydrate polymers as dietary fiber: a review[J]. International Journal of Biological Macromolecules, 2013, 61: 1-6.

[10] LEE A H, LIN C Y, DO S, et al. Dietary supplementation with fiber, "biotics," and spray-dried plasma affects apparent total tract macronutrient digestibility and the fecal characteristics, fecal microbiota, and immune function of adult dogs[J]. Journal of Animal Science, 2022, 100(3): skac048.

[11] ROBERTSON J A, DE MONREDON F D, DYSSELER P, et al. Hydration properties of dietary fibre and resistant starch: a European collaborative study[J]. LWT - Food Science and Technology, 2000, 33(2): 72-79.

[12] LAMBERT J E, PARNELL J A, TUNNICLIFFE J M, et al. Consuming yellow pea fiber reduces voluntary energy intake and body fat in overweight/obese adults in a 12-week randomized controlled trial[J]. Clinical Nutrition, 2017, 36(1): 126-133.

[13] 陈广勇. 不同膳食纤维对便秘的影响及其作用机理研究[D]. 杭州: 浙江农林大学, 2021.

[14] 蔡松铃, 刘琳, 战倩, 等. 膳食纤维的黏度特性及其生理功能研究进展[J]. 食品科学, 2020, 41(3): 224-231.

[15] DIKEMAN C L, FAHEY G C. Viscosity as related to dietary fiber: a review[J]. Critical Reviews in Food Science and Nutrition, 2006, 46(8): 649-663.

[16] ZHENG Y J, LI Y, XU J G, et al. Adsorption activity of coconut (Cocos nuciferaL.) cake dietary fibers: effect of acidic treatment, cellulase hydrolysis, particle size and pH[J]. RSC Advances, 2018, 8(6): 2844-2850.

[17] COELHO L P, KULTIMA J R, COSTEA P I, et al. Similarity of the dog and human gut microbiomes in gene content and response to diet[J]. Microbiome, 2018, 6(1): 72.

[18] SUNVOLD G D, FAHEY G C Jr, MERCHEN N R, et al. Dietary fiber for cats: in vitro fermentation of selected fiber sources by cat fecal inoculum and in vivo utilization of diets containing selected fiber sources and their blends[J]. Journal of Animal Science, 1995, 73(8): 2329-2339.

[19] SUNVOLD G D, FAHEY G C Jr, MERCHEN N R, et al. In vitro fermentation of selected fibrous substrates by dog and cat fecal inoculum: influence of diet composition on substrate organic matter disappearance and short-chain fatty acid production[J]. Journal of Animal Science, 1995, 73(4): 1110-1122.

[20] BARRY K A, MIDDELBOS I S, VESTER BOLER B M, et al. Effects of dietary fiber on the feline gastrointestinal metagenome[J]. Journal of Proteome Research, 2012, 11(12): 5924-5933.

[21] BUENO A R, CAPPEL T G, SUNVOLD G D, et al. Feline colonic morphology and mucosal tissue energetics as influenced via the source of dietary fiber[J]. Nutrition Research, 2000, 20(7): 985-993.

[22] BARRY K A, WOJCICKI B J, MIDDELBOS I S, et al. Dietary cellulose, fructooligosaccharides, and pectin modify fecal protein catabolites and microbial populations in adult cats[J]. Journal of Animal Science, 2010, 88(9): 2978-2987.

[23] VERBRUGGHE A, HESTA M, DAMINET S, et al. Nutritional modulation of insulin resistance in the true carnivorous cat: a review[J]. Critical Reviews in Food Science and Nutrition, 2012, 52(2): 172-182.

[24] OWENS T J, LARSEN J A, FARCAS A K, et al. Total dietary fiber composition of diets used for management of obesity and diabetes mellitus in cats[J]. Journal of the American Veterinary Medical Association, 2014, 245(1): 99-105.

[25] DEPAUW S, BOSCH G, HESTA M, et al. Fermentation of animal components in strict carnivores: a comparative study with cheetah fecal inoculum[J]. Journal of Animal Science, 2012, 90(8): 2540-2548.

[26] DEPAUW S, HESTA M, WHITEHOUSE-TEDD K, et al. Animal fibre: the forgotten nutrient in strict carnivores? First insights in the cheetah[J]. Journal of Animal Physiology

and Animal Nutrition, 2013, 97(1): 146-154.

[27] 王俊, 耿贝贝, 白晓丽, 等. 膳食纤维的发酵特性及其对促进肠道健康的研究进展[J]. 中国食物与营养, 2022: 1-6.

[28] MONDO E, MARLIANI G, ACCORSI P A, et al. Role of gut microbiota in dog and cat's health and diseases[J]. Open Veterinary Journal, 2019, 9(3): 253-258.

[29] DONADELLI R A, TITGEMEYER E C, ALDRICH C G. Organic matter disappearance and production of short- and branched-chain fatty acids from selected fiber sources used in pet foods by a canine in vitro fermentation model1[J]. Journal of Animal Science, 2019, 97(11): 4532-4539.

[30] PRADO S B R, BEUKEMA M, JERMENDI E, et al. Pectin interaction with immune receptors is modulated by ripening process in papayas[J]. Scientific Reports, 2020, 10(1): 1690.

[31] TAN J K, MACIA L, MACKAY C R. Dietary fiber and SCFAs in the regulation of mucosal immunity[J]. Journal of Allergy and Clinical Immunology, 2023, 151(2): 361-370.

[32] HAN X B, MA Y, DING S J, et al. Regulation of dietary fiber on intestinal microorganisms and its effects on animal health[J]. Animal Nutrition, 2023, 14: 356-369.

[33] FIELD C J, MCBURNEY M I, MASSIMINO S, et al. The fermentable fiber content of the diet alters the function and composition of canine gut associated lymphoid tissue[J]. Veterinary Immunology and Immunopathology, 1999, 72(3/4): 325-341.

[34] 梅丽亚. 乳杆菌促进肠道分泌IgA 的差异性研究[D]. 无锡: 江南大学, 2022.

[35] PANASEVICH M R, DARISTOTLE L, QUESNELL R, et al. Altered fecal microbiota, IgA, and fermentative end-products in adult dogs fed prebiotics and a nonviable Lactobacillus acidophilus[J]. Journal of Animal Science, 2021, 99(12): skab347.

[36] 许巧, 张礼根, 滑志民, 等. 犬猫肠道菌群特点与营养调控研究进展[J]. 中国饲料, 2023(7): 90-96.

[37] STEPHEN A M, CHAMP M M J, CLORAN S J, et al. Dietary fibre in Europe: current state of knowledge on definitions, sources, recommendations, intakes and relationships to health[J]. Nutrition Research Reviews, 2017, 30(2): 149-190.

[38] DIEZ M, HORNICK J L, BALDWIN P, et al. The influence of sugar-beet fibre, guar gum and inulin on nutrient digestibility, water consumption and plasma metabolites in healthy Beagle dogs[J]. Research in Veterinary Science, 1998, 64(2): 91-96.

[39] BUENO L, PRADDAUDE F, FIORAMONTI J, et al. Effect of dietary fiber on gastrointestinal motility and jejunal transit time in dogs[J]. Gastroenterology, 1981, 80(4): 701-707.

[40] FREICHE V, HOUSTON D, WEESE H, et al. Uncontrolled study assessing the impact of a psyllium-enriched extruded dry diet on faecal consistency in cats with constipation[J]. Journal of Feline Medicine & Surgery, 2011, 13(12): 903-911.

[41] LAPPIN M R, ZUG A, HOVENGA C, et al. Efficacy of feeding a diet containing a high concentration of mixed fiber sources for management of acute large bowel diarrhea in dogs in shelters[J]. Journal of Veterinary Internal Medicine, 2022, 36(2): 488-492.

[42] ROSSI G, CERQUETELLA M, GAVAZZA A, et al. Rapid resolution of large bowel diarrhea after the administration of a combination of a high-fiber diet and a probiotic mixture in 30 dogs[J]. Veterinary Sciences, 2020, 7(1): 21.

[43] DE BRITO C B M, MENEZES SOUZA C M, BASTOS T S, et al. Effect of dietary inclusion of dried apple pomace on faecal butyrate concentration and modulation of gut microbiota in dogs[J]. Archives of Animal Nutrition, 2021, 75(1): 48-63.

[44] FISCHER M M, KESSLER A M, DE SÁ L R M, et al. Fiber fermentability effects on energy and macronutrient digestibility, fecal traits, postprandial metabolite responses, and colon histology of overweight cats[J]. Journal of Animal Science, 2012, 90(7): 2233-2245.

[45] URREGO M I G, PEDREIRA R S, SANTOS K M, et al. Dietary protein sources and their effects on faecal odour and the composition of volatile organic compounds in faeces of French Bulldogs[J]. Journal of Animal Physiology and Animal Nutrition, 2021, 105(Suppl 1): 65-75.

[46] WERNIMONT S M, RADOSEVICH J, JACKSON M I, et al. The effects of nutrition on the gastrointestinal microbiome of cats and dogs: impact on health and disease[J]. Frontiers in Microbiology, 2020, 11: 1266.

[47] FRITSCH D A, JACKSON M I, WERNIMONT S M, et al. Microbiome function underpins the efficacy of a fiber-supplemented dietary intervention in dogs with chronic large bowel diarrhea[J]. BMC Veterinary Research, 2022, 18(1): 245.

[48] ALVES J C, SANTOS A, JORGE P, et al. The use of soluble fibre for the management of chronic idiopathic large-bowel diarrhoea in police working dogs[J]. BMC Veterinary Research, 2021, 17(1): 100.

[49] EPHRAIM E, JEWELL D E. Effect of added dietary betaine and soluble fiber on metabolites and fecal microbiome in dogs with early renal disease[J]. Metabolites, 2020, 10(9): 370.

[50] HALL J A, JACKSON M I, JEWELL D E, et al. Chronic kidney disease in cats alters response of the plasma metabolome and fecal microbiome to dietary fiber[J]. PLoS One, 2020, 15(7): e0235480.

[51] AKHLAGHI M. The role of dietary fibers in regulating appetite, an overview of mechanisms and weight consequences[J]. Critical Reviews in Food Science and Nutrition, 2024, 64(10): 3139-3150.

[52] JEWELL D E, TOLL P W, NOVOTNY B J. Satiety reduces adiposity in dogs[J]. Veterinary Therapeutics, 2000, 1(1): 17-23.

[53] BOSCH G, VERBRUGGHE A, HESTA M, et al. The effects of dietary fibre type on satiety-related hormones and voluntary food intake in dogs[J]. British Journal of Nutrition, 2009,

102(2): 318-325.
[54] BOSCH G, GILBERT M, BEERDA B. Properties of foods that impact appetite regulation in cats[J]. Frontiers in Animal Science, 2022, 3: 873924.
[55] ALEGRÍA-MORÁN R A, GUZMÁN-PINO S A, EGAÑA J I, et al. Food preferences in cats: effect of dietary composition and intrinsic variables on diet selection[J]. Animals, 2019, 9(6): 372.
[56] ALEGRÍA-MORÁN R A, ǴUZMÁN-PINO S A, EGAÑA J I, et al. Food preferences in dogs: effect of dietary composition and intrinsic variables on diet selection[J]. Animals, 2019, 9(5): 219.
[57] KOPPEL K, MONTI M, GIBSON M, et al. The effects of fiber inclusion on pet food sensory characteristics and palatability[J]. Animals, 2015, 5(1): 110-125.
[58] VOLPE L M, PUTAROV T C, IKUMA C T, et al. Orange fibre effects on nutrient digestibility, fermentation products in faeces and digesta mean retention time in dogs[J]. Archives of Animal Nutrition, 2021, 75(3): 222-236.
[59] FEKETE S G, HULLÁR I, ANDRÁSOFSZKY E, et al. Effect of different fibre types on the digestibility of nutrients in cats[J]. Journal of Animal Physiology and Animal Nutrition, 2004, 88(3/4): 138-142.
[60] JOVANOVSKI E, KHAYYAT R, ZURBAU A, et al. Should viscous fiber supplements be considered in diabetes control? results from a systematic review and meta-analysis of randomized controlled trials[J]. Diabetes Care, 2019, 42(5): 755-766.
[61] KIMMEL S E, MICHEL K E, HESS R S, et al. Effects of insoluble and soluble dietary fiber on glycemic control in dogs with naturally occurring insulin-dependent diabetes mellitus[J]. Journal of the American Veterinary Medical Association, 2000, 216(7): 1076-1081.
[62] NELSON R W, SCOTT-MONCRIEFF J C, FELDMAN E C, et al. Effect of dietary insoluble fiber on control of glycemia in cats with naturally acquired diabetes mellitus[J]. Journal of the American Veterinary Medical Association, 2000, 216(7): 1082-1088.
[63] THEUWISSEN E, MENSINK R P. Water-soluble dietary fibers and cardiovascular disease[J]. Physiology & Behavior, 2008, 94(2): 285-292.
[64] WEBER M, SAMS L, FEUGIER A, et al. Influence of the dietary fibre levels on faecal hair excretion after 14 days in short and long-haired domestic cats[J]. Veterinary Medicine and Science, 2015, 1(1): 30-37.
[65] WEBER M, SAMS L, FEUGIER A, et al. Influence of the dietary fibre levels on faecal hair excretion after 14 days in short and long-haired domestic cats[J]. Veterinary Medicine and Science, 2015, 1(1): 30-37.

实验五
不同膳食纤维组合对犬血生化、粗蛋白消化率、免疫功能、肠道菌群的影响

戴文欣　温超宇　许　佳

摘要： 本实验旨在评估不同膳食纤维组合的日粮对犬血生化、粗蛋白消化率、免疫功能、肠道菌群的影响。实验选择14只健康成年金毛，随机分成2组，经过7天适应期后，分别饲喂对照日粮（含4.5%甜菜粕）和实验日粮（含1.8%木质纤维素+1.8%甜菜粕）28天。实验期间，每周记录犬的体重和体况评分，在第0天和第28天对受试犬进行血液和粪便样品采集，测定血液生化指标、粪便评分、粗蛋白消化率、短链脂肪酸、免疫指标和16S rRNA。结果显示：与对照组相比，实验组的体重、体况和粪便评分没有显著变化（$P > 0.05$）。饲喂实验日粮的犬血清总蛋白含量显著降低（$P < 0.05$），而其他生化指标、短链脂肪酸含量、IgG和IgM含量没有显著性差异（$P > 0.05$）。另外，实验组粗蛋白消化率有明显提高（$P < 0.05$）。通过线性判别分析效应量（LEfSe）显示，*Catenisphaera*、漫游菌属（*Vagococcus*）、片球菌（*Pediococcus*）在实验组富集（LDA >2，$P < 0.05$）。这表明实验日粮在一定程度上提高了粗蛋白的表观消化率，并调节了肠道菌群，为未来探讨膳食纤维在调节动物生理状态和肠道健康方面的作用提供了一定参考。

关键词： 犬；膳食纤维；肠道健康；免疫功能

1 材料与方法

1.1 受试物

对照日粮（不含木质纤维素）、实验日粮（含1.83%木质纤维素）均为全价成年犬日粮，除了膳食纤维成分不同，其他配料均相同。日粮详细成分见表S5-1和表S5-2。甜菜粕、木质纤维素分别作为可溶性纤维和不可溶性纤维的来源，为确保粗纤维的总量保持一致水平，对照日粮中添加了5.49%的甜菜粕，实验日粮中添加了1.83%甜菜粕和1.83%木质纤维素。

表S5-1 对照日粮和实验日粮配料成分

日粮组成	对照日粮/%	实验日粮/%
防霉剂	0.09	0.09
鸡肉	18.31	18.31
碎米	25.64	26.55
鸡肉粉（75%蛋白）	19.23	20.14
豌豆	7.32	7.32
牛磺酸	0.02	0.02
木质纤维素	0.00	1.83
氯化钾	0.46	0.46
氯化钠	0.27	0.27
甜菜粕	5.49	1.83
氯化胆碱	0.09	0.09
木薯粉	4.58	4.58
啤酒酵母粉	1.83	1.83
碳酸钙	0.37	0.37
沸石粉	0.46	0.46
磷酸氢钙	0.27	0.27
0.5%维矿复合包	0.46	0.46
鱼油粉	1.37	1.37

(续表)

日粮组成	对照日粮 /%	实验日粮 /%
鸡油	8.24	8.24
调味浆	4.58	4.58
调味粉	0.92	0.92

表S5-2 对照日粮和实验日粮营养水平（以干物质计）

营养水平（干基）	对照日粮 /%	实验日粮 /%
粗蛋白	29.86	30.50
粗脂肪	19.37	17.40
粗纤维	2.6	2.6
中性洗涤纤维	0.70	1.90
粗灰分	5.89	5.89
钙	0.93	0.91
磷	0.82	0.84
水溶性氯化物	0.42	0.42

1.2 实验动物及设计

本研究通过纳入标准（纳入标准：健康成年犬，疫苗驱虫正常；排除标准：拒食、体重减轻超过2%/周）筛选出14只符合要求的成年金毛进行实验，按照性别、年龄、体重随机分为2组，每组7只。对照组饲喂对照日粮，实验组饲喂实验日粮，并通过称重计算饲喂量，适应期7天，实验期28天。适应期饲喂豆柴低敏犬粮系列，自由饮水，每周进行体况评分、体重称量。实验在豆柴肠胃研发中心进行。

1.3 样品采集

血液采集

在实验第0天和第28天通过前肢静脉对每只犬进行空腹采血。使用无抗凝剂管收集血清样本，在3 000g、4 ℃条件下离心15分钟，取血清样品测定血生化，剩余样品置于-20 ℃冰箱保存，用于免疫指标测定。

粪便采集

在实验第0天和第28天，每只犬排便后15分钟内收集新鲜粪样，每只动物粪样分成两份放入粪便收集管中，用干冰速冻后置于-80 ℃冰箱内保存，用于粪便短链脂肪酸测定和16S rRNA测序。在实验第0～2天和第26～28天，分别连续3天对犬的粪便进行评分，在第0～2天和第26～28天记录采食量并收集粪便，以测定表观消化率。

1.4 测定指标

日粮纤维成分测定

对照日粮和实验日粮中粗纤维测定具体方法参照GB/T 6434—2022《饲料中粗纤维的含量测定》，中性洗涤纤维测定具体方法参照GB/T 20806—2022《饲料中中性洗涤纤维（NDF）的测定》。

体重和体况评分

在第0天（W1），第7天（W2），第14天（W3），第21天（W4）和第28天（W5）对犬进行称重和体况评分。采用9分制进行体况评分，详细方法见附录图4。

血生化指标

采集新鲜血液样本至采血管（含抗凝剂）中，4℃、4 000 r/min离心10分钟后取上清液-20℃待用。采用全自动生化分析仪（BC-2800vet，迈瑞医疗设备有限公司）检测以下血清生化指标：总蛋白（TP）、白蛋白（ALB）、球蛋白（GLO）、白球比（A/G）、总胆红素（TBIL）、丙氨酸氨基转移酶（ALT）、天门冬氨酸氨基转移酶（AST）、谷草谷丙比（AST/ALT）、γ-谷氨酰基转移酶（GGT）、碱性磷酸酶（ALP）、总胆汁酸（TBA）、肌酸激酶（CK）、淀粉酶（AMY）、甘油三酯（TG）、胆固醇（CHOL）、葡萄糖（GLU）、肌酐（CRE）、尿素氮（BUN）、尿素氮肌酐比（BUN/CRE）、总二氧化碳（tCO_2）、钙（Ca）、无机磷（P）、钙磷乘积（Ca·P）、镁（Mg）。

粪便评分

粪便评分采用7分制，详细方法见附录图2。

表观消化率

测定表观消化率时将粪便样品取出置于65 ℃恒温烘干，称重，粉碎（过40目筛），按照国标方法测定酸不溶性灰分（GB/T 5009.4—2016《食物安全国家标准 食品中灰分的测定》）和粗蛋白（GB/T 6432—2018《饲料中粗蛋白的测定 凯氏定氮法》）的含量，并用酸不溶性灰分法计算粗蛋白消化率。计算公式：粗蛋白消化率（%）=100-100×（粪便粗蛋白%/饲料粗蛋白%）×（饲料酸不溶性灰分/粪便酸不溶性灰分）。

短链脂肪酸

收集粪便，检测粪便代谢物短链脂肪酸乙酸、丙酸、异丁酸、丁酸、异戊酸、戊酸、异己酸和己酸的含量，具体采用气相色谱法[1]。

免疫指标

免疫指标检测：免疫球蛋白G（IgG）和免疫球蛋白M（IgM）。以上试剂盒均购于南京建成生物研究所。

肠道微生物

分别对实验开始（第0天）和实验结束（第28天）的犬排出的新鲜粪便进行16S rRNA测序，选择16S rRNA 基因的V3-V4 区作为目的片段，设计引物对目的片段进行扩增，构建 16S rRNA 测序上机文库。基于测序数据，利用生物信息学统计方法分析肠道微生物α多样性，包括Ace、Shannon、Simpson和Sobs多样性指数；通过Bray-Curtis距离分析研究肠道菌群的β多样性。

1.5 统计方法

采用Excel 2019软件对实验数据进行初步处理，数据统计分析前首先进行Shapiro-Wilk检验以判断数据是否符合正态分布。对检验结果符合正态分布（$P > 0.05$）的数据采用SPSS 21.0软件进行t检验，不符合正态分布（$P < 0.05$）的数据进行非参数检验，$P < 0.05$时差异显著。分组样本的物种组成和群落结构采用ANOVA方差分析、LEfSe统计分析方法和Adonis多元方差分析进行差异显著性检验，LEfSe是基于线性判别分析（linear discriminant analysis，LDA）效应量的一种比较方法，定义LDA差异分析对数得分大于4具有统计学意义（$P < 0.05$）。数据结果以"平均值±标准差"表示。

2 结果与分析

2.1 实验动物情况

本研究通过纳入标准筛选出14只符合要求的健康成年金毛进行实验，雌雄各半，年龄均在1~2岁。

2.2 体况和体重

对照组和实验组的犬体重和体况评分变化见表S5-3和表S5-4。由表S5-3可知，饲喂周期和组别的交互作用对犬体重影响不显著（$P > 0.05$）。随着饲喂周期的延长，从第1周到第3周体重逐渐增加（$P < 0.05$），在第4周和第5周维持稳定状态（$P > 0.05$）。由表S5-4可知，犬的体况评分随着饲喂时间的延长评分逐渐增长并趋于稳定，第1周和第2周的平均值属于偏瘦，在第3周到第5周的体况评分显著大于第1周和第2周（$P < 0.05$）。两组犬体况评分平均值在3~5分，其中，3分体况评分表现为肋骨易触诊，无皮下脂肪，腰椎顶部可见，盆骨突出，明显的腰部和腹部曲线，属于过瘦体况。4分表现为肋骨易触诊，脂肪覆盖量少，腰身明显，腰部明显上收，属于理想体况。5分体况表现为肋骨无多余脂肪覆盖，从上面可观察肋骨后的腰部，从侧面看，腹部卷起来，属于理想体况。在饲喂周期内，对照组和实验组犬的体重和体况评分没有统计学显著性差异（$P > 0.05$），说明饲喂对照日粮和实验日粮对犬体重和体况没有影响。

表S5-3 对照组和实验组犬体重的变化

周期	体重/kg 对照组	体重/kg 实验组	平均值	P值 周期	P值 分组	P值 周期×分组
W1	29.74 ± 5.43	27.61 ± 5.54	28.68 ± 5.39^d	<0.001	0.370	0.219
W2	30.31 ± 4.94	28.87 ± 5.04	29.59 ± 4.85^c			
W3	31.86 ± 4.98	29.73 ± 4.93	30.79 ± 4.89^b			
W4	34.07 ± 4.38	31.56 ± 5.08	32.81 ± 4.74^a			
W5	35.64 ± 5.20	31.71 ± 4.61	33.68 ± 5.14^a			
平均值	27.10 ± 5.22	25.25 ± 5.00				

注：平均值同一列肩标不同字母表示饲喂周期对该指标影响显著，无字母或字母相同表示饲喂周期对该指标影响不显著；平均值同一行无字母表示分组对该指标影响不显著；数据结果均以"平均值±标准差"表示。

表S5-4 对照组和实验组犬体况评分的变化

周期	体况评分 对照组	体况评分 实验组	P值
W1	3.86 ± 1.07	3.29 ± 0.95	0.315
W2	4.00 ± 1.29	3.29 ± 1.11	0.315
W3	4.43 ± 0.98	4.29 ± 0.76	0.838
W4	4.86 ± 0.38	4.86 ± 0.38	1.000
W5	4.86 ± 0.38	4.71 ± 0.49	0.530

注：数据结果均以"平均值±标准差"表示。

2.3 血生化

第0天和第28天对照组和实验组血各生化指标测定结果见表S5-5。第0天，实验组淀粉酶含量显著低于对照组，尿素氮含量显著高于对照组（$P < 0.05$），各生化指标测定结果无显著性差异（$P > 0.05$）。第28天时，实验组相对于对照组总蛋白含量降低（$P < 0.05$），但是在正常生理范围内。其他生化测定指标无显著性差异（$P > 0.05$）。Lee等[2]在成年犬日粮中添加核桃壳碎、亚麻籽、甜菜粕等纤维组合（不可溶性纤维占比7.58%，可溶性纤维占比1.18%），McGrath等[3]在幼犬日粮中添加甜菜粕、亚麻籽粕、豌豆纤维等纤维组合（不可溶性纤维占比11.1%，可溶性纤维占比5.5%）。两项研究结果均显示，添加纤维组合对血液总蛋白含量没有影响。造成结果差异的原因可能是纤维种类和含量的不同。

表S5-5 对照日粮和实验日粮对犬血生化的影响

血生化指标	对照组	实验组	P值	参考范围
第0天				
总蛋白/（g/L）	72.6 ± 5.62	68.5 ± 7.13	0.255	52~82
白蛋白/（g/L）	30.80 ± 3.81	34.09 ± 3.39	0.114	22~44
球蛋白/（g/L）	41.80 ± 8.84	34.41 ± 8.91	0.146	23~52
白球比	0.77 ± 0.23	1.09 ± 0.36	0.081	
总胆红素/（μmol/L）	5.33 ± 2.24	4.45 ± 2.06	0.461	2~15

实验五　不同膳食纤维组合对犬血生化、粗蛋白消化率、免疫功能、肠道菌群的影响

（续表）

血生化指标	对照组	实验组	P 值	参考范围
丙氨酸氨基转移酶/（U/L）	31.57 ± 12.18	32.71 ± 11.37	0.859	10~118
天门冬氨酸氨基转移酶/（U/L）	130.14 ± 29.66	118.57 ± 35.35	0.520	8.9~48.5
谷草谷丙比	4.43 ± 1.15	3.71 ± 0.7	0.177	
γ-谷氨酰基转移酶/（U/L）	1.30 ± 0.47	1.40 ± 0.64	0.743	0~7
碱性磷酸酶/（U/L）	22.43 ± 7.61	21.00 ± 4.28	0.673	20~150
总胆汁酸/（μmol/L）	0.65 ± 1.02	0.70 ± 0.70	0.909	0~15
肌酸激酶/（U/L）	724.71 ± 144.4	707.29 ± 147.57	0.827	20~200
淀粉酶/（U/L）	2016.43 ± 418.98^a	1435.86 ± 392.44^b	0.020	400~2500
甘油三酯/（mmol/L）	1.17 ± 0.63	1.06 ± 0.20	0.667	0.1~0.9
胆固醇/（mmol/L）	6.84 ± 1.81	7.9 ± 2.26	0.355	2.84~8.26
葡萄糖/（mmol/L）	9.05 ± 3.64	7.83 ± 1.48	0.437	3.89~7.95
肌酐/（μmol/L）	62 ± 18.04	67.14 ± 12.95	0.551	27~124
尿素氮/（mmol/L）	6.29 ± 1.02^b	8.24 ± 1.59^a	0.018	2.5~9.6
尿素氮肌酐比	26.86 ± 8.3	30.86 ± 4.95	0.295	
总二氧化碳/（mmol/L）	19.57 ± 1.51	19.00 ± 1.00	0.421	12~27
钙/（mmol/L）	1.67 ± 0.36	1.75 ± 0.23	0.620	1.98~2.95
无机磷/（mmol/L）	1.73 ± 0.27	1.95 ± 0.57	0.366	0.81~2.2
钙磷乘积/（mg/dL）	34.86 ± 5.18	42.29 ± 14.09	0.215	
镁/（mmol/L）	0.90 ± 0.05^b	0.99 ± 0.07^a	0.014	0.74~0.99
第28天				
总蛋白/（g/L）	77.13 ± 7.19^a	68.3 ± 5.93^b	0.028	52~82
白蛋白/（g/L）	33.89 ± 7.3	35.77 ± 2.44	0.537	22~44
球蛋白/（g/L）	43.24 ± 13.75	32.53 ± 7.22	0.093	23~52
白球比	0.90 ± 0.45	1.18 ± 0.33	0.215	
总胆红素/（μmol/L）	4.83 ± 2.25	5.32 ± 1.81	0.665	2~15
丙氨酸氨基转移酶/（U/L）	34.29 ± 12.76	39.86 ± 15.43	0.476	10~118
天门冬氨酸氨基转移酶/（U/L）	123.14 ± 38.75	151.43 ± 47.22	0.244	8.9~48.5
谷草谷丙比	3.87 ± 1.22	3.67 ± 1.89	0.814	
γ-谷氨酰基转移酶/（U/L）	5.21 ± 9.76	1.49 ± 1.3	0.336	0~7
碱性磷酸酶/（U/L）	25.14 ± 2.19	27.86 ± 12.33	0.577	20~150
总胆汁酸/（μmol/L）	1.92 ± 1.91	2.95 ± 4.27	0.573	0~15
肌酸激酶/（U/L）	982.86 ± 370.03	928.86 ± 263.75	0.759	20~200
淀粉酶/（U/L）	1730.57 ± 450.08	1314.86 ± 401.23	0.093	400~2500
甘油三酯/（mmol/L）	1.70 ± 0.37	1.95 ± 0.59	0.355	0.1~0.9
胆固醇/（mmol/L）	9.8 ± 1.73	9.75 ± 0.94	0.939	2.84~8.26
葡萄糖/（mmol/L）	8.62 ± 2.17	9.38 ± 2.06	0.515	3.89~7.95

血生化指标	对照组	实验组	P值	参考范围
肌酐/（μmol/L）	66.86±5.55	58.57±9.57	0.071	27~124
尿素氮/（mmol/L）	8.46±1.06	7.65±0.99	0.164	2.5~9.6
尿素氮肌酐比	31.43±4.12	34.43±7.98	0.394	
总二氧化碳/（mmol/L）	19±0.82	18.14±1.35	0.175	12~27
钙/（mmol/L）	1.54±0.36	1.49±0.26	0.738	1.98~2.95
无机磷/（mmol/L）	2.21±0.32	2.36±0.37	0.414	0.81~2.2
钙磷乘积/（mg/dL）	34±7.02	36.29±14.52	0.714	
镁/（mmol/L）	0.94±0.11	1.00±0.05	0.201	0.74~0.99

注：数据结果均以"平均值±标准差"表示。

2.4 粪便评分

对照日粮和实验日粮对犬粪便评分的影响见表S5-6，对照组和实验组的粪便均值在2~4分。其中，2分粪便表现为干但不硬，外观有分节，拾起来地面几乎无残留，3分粪便表现为成形、无分节、表面湿润，拾起来地面有残留，但形态不变，4分粪便表现为湿润、形态明显，拾起来地面有残留且失去形态。由表S5-6可知，时间和分组对犬粪便评分交互作用不显著（$P > 0.05$），与第0~2天的粪便评分相比，第26~28天犬粪便评分显著降低（$P < 0.05$），但在对照组和实验组之间无显著性差异（$P > 0.05$），说明在对照日粮和实验日粮不同膳食纤维成分不会影响犬粪便评分。这和Montserrat-Malagarriga等人的研究结果相似[4]。

表S5-6 对照日粮和实验日粮对犬粪便评分的影响

采样时间	粪便评分（7分制） 对照组	粪便评分（7分制） 实验组	平均值	P值 时间	P值 分组
第0~2天	3.43±1.60	3.05±1.25	3.24±1.39[a]	0.044	0.676
第26~28天	2.24±0.63	2.29±0.49	2.26±0.54[b]		
平均值	2.83±1.32[A]	2.67±1.00[A]			

注：平均值同一列肩标不同字母表示时间对该指标影响显著，无字母或字母相同表示时间对该指标影响不显著；平均值同一行肩标相同字母表示分组对该指标影响不显著；数据结果均以"平均值±标准差"表示。

2.5 粗蛋白消化率

对照日粮和实验日粮对犬粗蛋白消化率的影响结果见表S5-7。实验第0~2天，实验组犬粗蛋白消化率有高于对照组的趋势（$P = 0.085$）；实验第26~28天时，实验组相较于对照组的粗蛋白消化率显著增加（$P < 0.05$）。Detweiler等[5]在日粮中添加16.6%的甜菜浆，犬粗蛋白消化率为78%，明显低于添加10.3%纤维素或15%大豆壳粉的日粮，并认为可溶性膳食纤维会促进更多微生物生长，增加粪便中氮含量，从而提高测定的未消化蛋白含量。Kröger等[6]观察到犬日粮添加2.7%甜菜粕或者2.7%木质纤维素比添加12%甜菜粕的粗蛋白消化率更高。然而，Wahab等[7]的研究中设置了不同水平木质纤维素（1%、2%和4%）的日粮，结果发现，木质纤维素浓度的变化对犬粗蛋白消化率没有影响。甜菜粕是一种富含果胶的可溶性膳食纤维来源。可溶性膳食纤维可以快速溶于水并增加消化液黏度，从而降低了消化酶与营养物质的相互作用和吸收[8]。综合来看，日粮中添加1.9%的木质纤维素替代甜菜粕对犬的粗蛋白表观消化率没有负面影响，且相比仅含甜菜粕的对照组，粗蛋白的表观消化率更高，部分可能与甜菜粕增加后肠微生物发酵产生菌体蛋白有关。

表S5-7　对照日粮和实验日粮对犬粗蛋白消化率的影响

采样时间	粗蛋白消化率/% 对照组	粗蛋白消化率/% 实验组	P值
D0-D2	83.89 ± 4.14	88.73 ± 5.07	0.085
D26-D28	81.80 ± 9.27[b]	92.12 ± 2.72[a]	0.041

注：同一行数据肩标a、b不同字母表示两组粗蛋白消化率差异显著，无字母表示不显著；数据结果均以"平均值±标准差"表示。

2.6 短链脂肪酸

在实验第0天和第28天，测定对照组和实验组的粪便中短链脂肪酸含量，结果分析见表S5-8。第0天，实验组的异丁酸和异戊酸含量显著低于对照组（$P <$

0.05）；第28天，对照组和实验组犬粪便中乙酸、丙酸、异丁酸、丁酸、异戊酸、戊酸、异己酸、己酸和总酸的含量均无统计学差异（$P > 0.05$）。在实验开始时观察到异丁酸和异戊酸含量的差异，但是在实验结束时差异消除，表明木质素在28天内可能对犬粪便中短链脂肪酸的含量产生了一定影响，但大部分短链脂肪酸的含量基本没有变化。Vinelli等[9]文献中提到在膳食纤维相关的12项研究中，其中有7项研究表明食用膳食纤维导致总短链脂肪酸的含量显著增加，而另外5项研究则没有观察到显著变化。因此，这些结果表明现有数据仍不足以明确膳食纤维与短链脂肪酸产生之间的关系。

表S5-8 对照日粮和实验日粮对犬粪便中短链脂肪酸的影响

短链脂肪酸	对照组	实验组	P 值
第0天			
乙酸	7.25 ± 1.10	6.57 ± 2.24	0.493
丙酸	3.52 ± 0.72	3.44 ± 1.25	0.896
异丁酸	0.34 ± 0.06[a]	0.22 ± 0.09[b]	0.011
丁酸	1.66 ± 0.46	2.11 ± 0.90	0.274
异戊酸	0.40 ± 0.10[a]	0.26 ± 0.11[b]	0.029
戊酸	0.12 ± 0.14	0.04 ± 0.02	0.191
异己酸	0.073 ± 0.047	0.071 ± 0.056	0.927
己酸	0.0083 ± 0.0018	0.0067 ± 0.0008	0.055
总酸	13.36 ± 2.22	12.72 ± 4.06	0.719
第28天			
乙酸	7.80 ± 1.93	6.9 ± 1.10	0.304
丙酸	3.86 ± 0.49	3.58 ± 0.67	0.381
异丁酸	0.31 ± 0.08	0.33 ± 0.08	0.742
丁酸	1.56 ± 0.49	1.35 ± 0.35	0.378
异戊酸	0.36 ± 0.08	0.37 ± 0.10	0.747
戊酸	0.08 ± 0.08	0.09 ± 0.09	0.783
异己酸	0.062 ± 0.027	0.076 ± 0.031	0.395
己酸	0.0107 ± 0.0008	0.0116 ± 0.0011	0.122
总酸	14.05 ± 3.02	12.72 ± 2.09	0.357

注：同一行数据肩标不同字母表示不同处理组之间该指标差异显著，无字母表示不显著；数据结果均以"平均值±标准差"表示。

2.7 免疫指标

在实验第0天和第28天,测定对照组和实验组的IgG和IgM含量,结果见表S5-9,时间和分组的交互作用对IgG和IgM含量影响不显著($P > 0.05$)。随着饲喂时间的延长,实验第28天相比于第0天,IgG含量显著增加($P < 0.05$),IgM含量显著减少($P < 0.05$)。IgG含量的增加和IgM含量的减少反映了免疫系统从初期应答向长期应答的转变,提示饲喂的饮食可能对免疫系统有积极的调节作用,但两组的IgG和IgM含量均无统计学差异($P > 0.05$)。本研究结果表明,对照日粮和实验日粮对犬免疫功能没有影响。

表S5-9 对照日粮和实验日粮对犬免疫指标的影响

指标	采样时间	对照组	实验组	平均值	P值 分组	P值 时间
IgG(g/L)	第0天	7.34 ± 3.26	7.81 ± 3.15	7.58 ± 3.09^B	0.300	<0.001
	第28天	12.67 ± 2.35	14.68 ± 3.52	13.67 ± 3.06^A		
	平均值	10.09 ± 3.88	10.96 ± 4.80			
IgM(Mg/mL)	第0天	1038 ± 355	1 156 ± 447	1 097 ± 392^A	0.515	0.004
	第28天	685 ± 219	730 ± 223	707 ± 213^B		
	平均值	901 ± 337	898 ± 405			

注:同一行数据肩标无字母,表示分组对该指标影响不显著;同一列肩标不同字母表示时间对该指标影响显著;数据结果均以"平均值±标准差"表示。

2.8 肠道微生物

对照组和实验组样本的Goods_coverage都为0.998以上,表明样本文库的覆盖率高,序列未被检出的可能性小,本次测序结果能够较真实地反映样本中的微生物群落。16S rRNA测序结果的分组及编号详细说明见表S5-10。

表S5-10 16S rRNA测序结果分组及编号说明

采样时间	分组	编号
实验开始(第0天)	对照组	CON0
	实验组	MC0

采样时间	分组	编号
实验结束（第28天）	对照组	CON28
	实验组	MC28

相对丰度分析

根据物种注释结果，选取每个分组在微生物分类门水平上菌群最大丰度排名前10的物种，生成物种相对丰度柱形累加图，如图S5-1所示。在门水平上，优势菌群为厚壁菌门、梭杆菌门、放线菌门、拟杆菌门和变形菌门，为健康犬肠道的主要微生物门，与人类较为相似[10]。5个门的菌群数量占全部菌群数量的99%以上，其中厚壁菌门相对丰度最大，菌群数量占全部菌群数量的69%以上。排名前10的菌门中，相对丰度在不同组之间均不存在显著性差异（$P > 0.05$）。

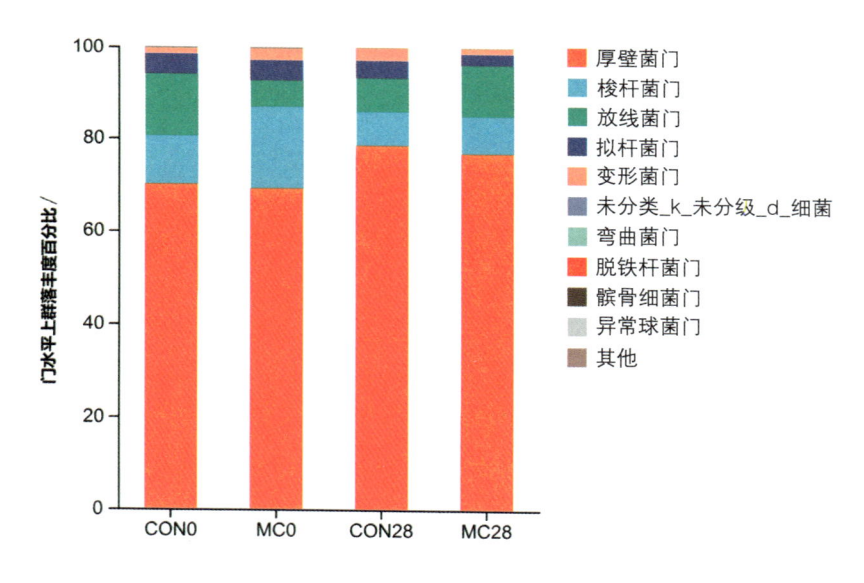

图S5-1　门水平上的相对丰度

在属的水平上选取菌群最大相对丰度前10的物种，绘制相对丰度柱形累加图，如图S5-2所示。艰难梭菌属、梭杆菌属、柯林斯菌属等是主要的优势属。其中，艰难梭菌属占比最高（第0天对照组18.8%、实验组21.2%，第28天对照组38.6%、实验组29.9%），其次是乳酸菌属（第0天对照组10.3%、实验组17.7%，第28天对照组7.3%、实验组8.1%）。排名前10的菌属相对丰度在各组间均无显著性差异（$P > 0.05$）。

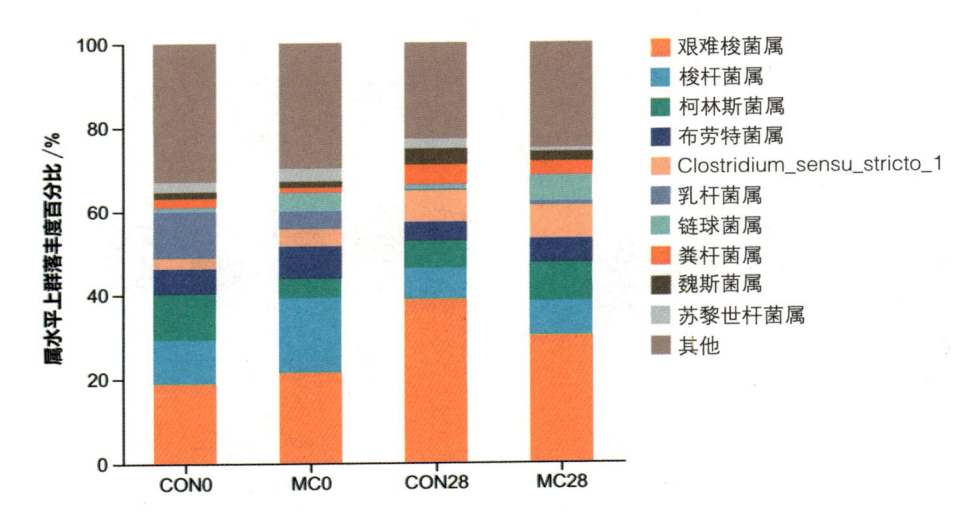

图S5-2 属水平上的相对丰度

α多样性分析

通过α多样性分析对样本微生物物种的丰度和多样性进行评估，各指数分析结果如图S5-3所示。其中，Ace指数是一种用于估计未观测到的物种丰度的指标，一般来说，Ace指数越高，表示物种丰度越大。Shannon指数和simpson指数一般用来描述菌群的物种多样性，其值越大，表示菌群物种多样性越高。Sobs指数为生态优势度指数，其反映了各物种种群数量的变化情况，Sobs指数越大，说明群落内物种数量分布越不均匀，优势种的地位越突出。结果显示，各组间α多样性指数差异不显著（$P > 0.05$）。

图S5-3　α多样性指数

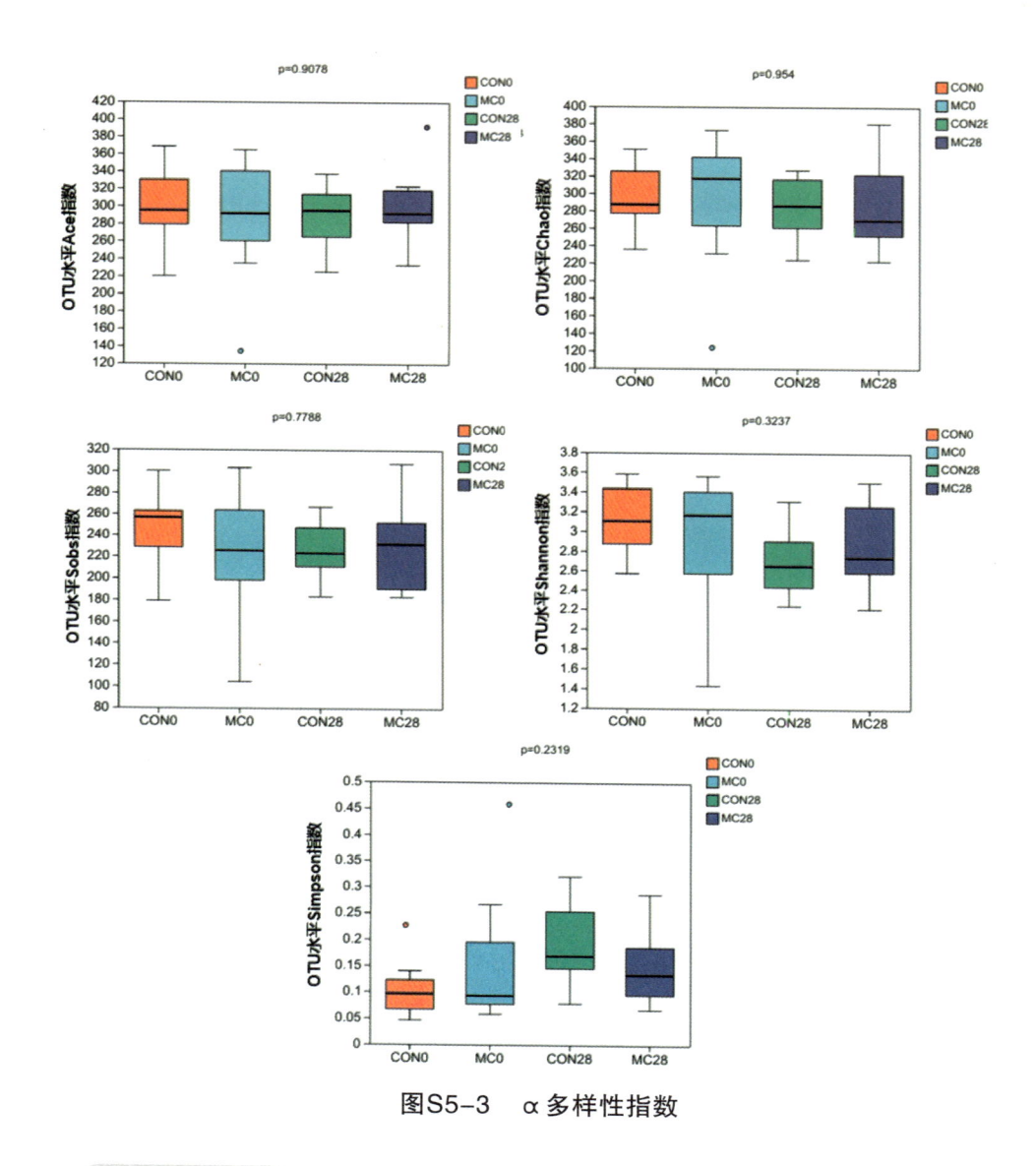

β多样性分析

各组样本的微生物群落主坐标分析（PCoA）结果如图S5-4所示。从图S5-4可知，实验结束（第28天）时两组犬的菌群相对于实验开始时（第0天）两组分离趋势并不明显，说明在犬日粮中添加膳食纤维不影响犬肠道微生物β多样性。

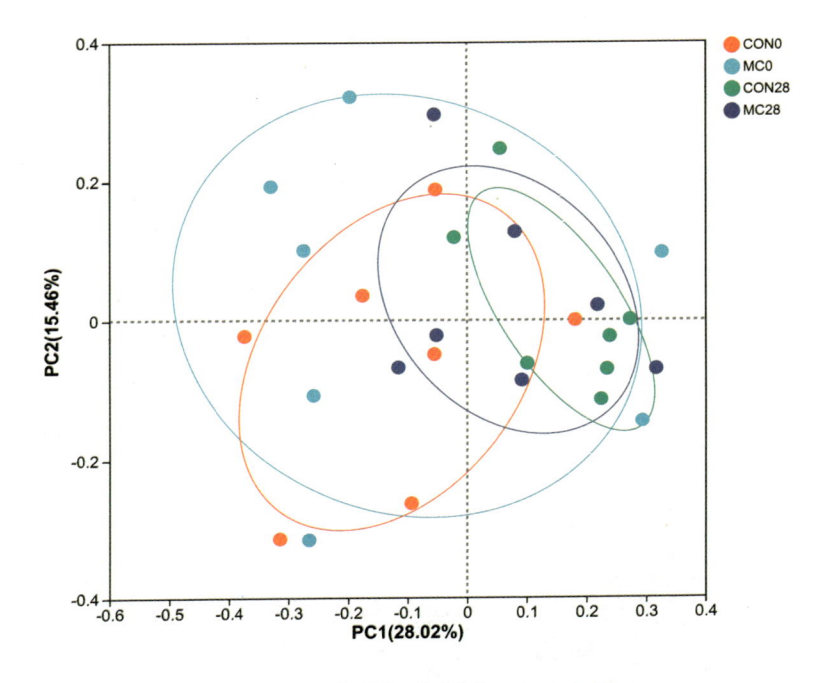

实验五　不同膳食纤维组合对犬血生化、粗蛋白消化率、免疫功能、肠道菌群的影响

图S5-4　主坐标分析（PCoA）图

组间差异分析

菌群LEfSe分析结果如图S5-5所示。由图S5-5可知，变形菌纲、芽孢杆菌目、微球菌目、气球菌科、丁酸球菌科等的菌群丰度在不同组别之间存在显著性差异（LDA > 2，$P < 0.05$）。第0天的对照组显示变形菌纲显著富集，而实验组则显示丁酸球菌科显著富集。随着饲喂时间延长，第28天，对照组芽孢杆菌目、八叠球菌属、嗜冷菌属、短状杆菌属、赖氨酸芽孢杆菌显著富集。特别值得注意的是，嗜冷杆菌属可能作为一种肠道共生菌，具有降解可溶性碳水化合物的能力[11]。进一步分析显示，微球菌目、气球菌科、*Catenisphaera*、漫游菌属、片球菌、丹毒丝菌属在实验组犬肠道中富集。其中，*Catenisphaera*和丹毒丝菌属属于丹毒科。*Catenisphaera*能产生乳酸，可能和葡萄糖发酵有关，并且已被证明与粪便微生物群移植相关，可缓解部分仔猪断奶后腹泻的症状[12]。而对比饲喂谷物

229

纤维组合（10%小麦中间体、6%燕麦麸、1.5%燕麦纤维、5.5%甜菜粕），水果纤维组合（5%柑橘果肉、3.5%苹果纤维、0.6%橘皮、0.5%石榴皮）会减少犬肠道 *Catenisphaera* 的丰度。饲喂水果纤维组合能够减少犬肠道中丹毒丝菌属的丰度[4]。已知丹毒丝菌属与小鼠的肥胖有关[13]，并且在细小病毒感染的犬中增加[14]。丁酸球菌科在第0天到第28天在实验组丰度下调。Finet等[15]研究发现，在猫日粮中添加11%甜菜粕显著降低了丁酸球菌科的丰度。而给犬补充乳酸发酵产物会增加肠道丁酸球菌科的丰度[16]。这提示了实验日粮中膳食纤维成分在后肠发酵产物会影响丁酸球菌科的丰度，同时说明了用1.8%木质纤维素替代甜菜粕对肠道微生物组成产生了一定影响。

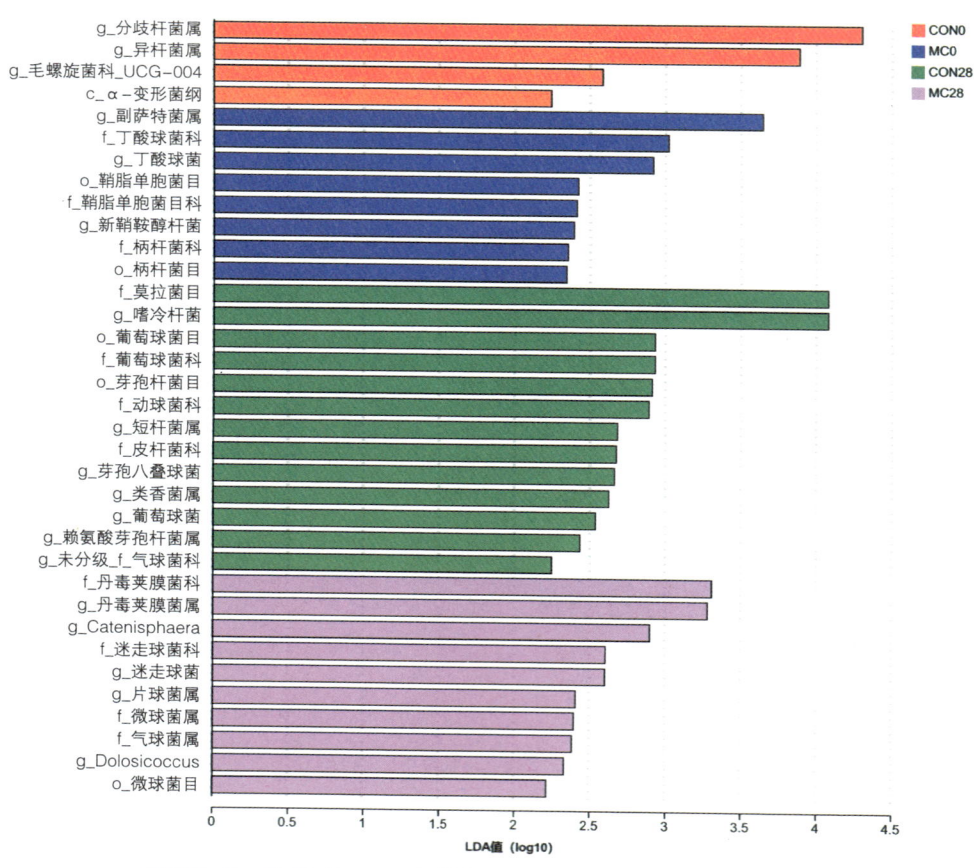

图S5-5　实验第28天犬粪便微生物LEfSe分析LDA评分图

实验五　不同膳食纤维组合对犬血生化、粗蛋白消化率、免疫功能、肠道菌群的影响

3 结论

本研究中，与对照组相比，实验组对体重、体况评分、粪便评分、短链脂肪酸和免疫指标没有明显影响。实验组的粗蛋白表观消化率有增加，但犬血清总蛋白含量在正常生理范围内有所降低。此外，通过线性判别分析效应量（LEfSe）显示，实验组中富集了*Catenisphaera*、漫游菌属、片球菌。这些结果表明，用1.8%木质纤维素替代甜菜粕在一定程度上可能提高了粗蛋白表观消化率并调节了肠道菌群，为未来探讨膳食纤维在调节动物生理状态和肠道健康方面的作用提供了一定参考。

参考文献

[1] 毛爱鹏, 孙皓然, 周宁, 等. 嗜酸乳杆菌分离成分对中华田园犬营养物质消化代谢的影响[J]. 动物营养学报, 2023, 35(2): 1241-1249.

[2] LEE A H, LIN C Y, DO S, et al. Dietary supplementation with fiber, "biotics," and spray-dried plasma affects apparent total tract macronutrient digestibility and the fecal characteristics, fecal microbiota, and immune function of adult dogs[J]. Journal of Animal Science, 2022, 100(3): skac048.

[3] MCGRATH A P, MOTSINGER L A, BREJDA J, et al. Prebiotic fiber blend supports growth and development and favorable digestive health in puppies[J]. Frontiers in Veterinary Science, 2024, 11: 1409394.

[4] MONTSERRAT-MALAGARRIGA M, CASTILLEJOS L, SALAS-MANI A, et al. The impact of fiber source on digestive function, fecal microbiota, and immune response in adult dogs[J]. Animals, 2024, 14(2): 196.

[5] DETWEILER K B, HE F, MANGIAN H F, et al. Effects of high inclusion of soybean hulls on apparent total tract macronutrient digestibility, fecal quality, and fecal fermentative end-product concentrations in extruded diets of adult dogs[J]. Journal of Animal Science, 2019, 97(3): 1027-1035.

[6] KRÖGER S, VAHJEN W, ZENTEK J. Influence of lignocellulose and low or high levels of sugar beet pulp on nutrient digestibility and the fecal microbiota in dogs[J]. Journal of Animal Science, 2017, 95(4): 1598-1605.

[7] DE GODOY M R C, KERR K R, JR FAHEY G C. Alternative dietary fiber sources in companion animal nutrition[J]. Nutrients, 2013, 5(8): 3099-3117.

[8] ABD EL-WAHAB A, CHUPPAVA B, SIEBERT D C, et al. Digestibility of a lignocellulose supplemented diet and fecal quality in beagle dogs[J]. Animals, 2022, 12(15): 1965.

[9] VINELLI V, BISCOTTI P, MARTINI D, et al. Effects of dietary fibers on short-chain fatty acids and gut microbiota composition in healthy adults: a systematic review[J]. Nutrients, 2022, 14(13): 2559.

[10] WERNIMONT S M, RADOSEVICH J, JACKSON M I, et al. The effects of nutrition on the gastrointestinal microbiome of cats and dogs: impact on health and disease[J]. Frontiers in Microbiology, 2020, 11: 1266.

[11] SALAVATI SCHMITZ S, SALGADO J P A, GLENDINNING L. Microbiota of healthy

dogs demonstrate a significant decrease in richness and changes in specific bacterial groups in response to supplementation with resistant starch, but not psyllium or methylcellulose, in a randomized cross-over trial[J]. Access Microbiology, 2024, 6(5): 000774.v4.

[12] HANKEL J, CHUPPAVA B, WILKE V, et al. High dietary intake of rye affects porcine gut microbiota in a Salmonella typhimurium infection study[J]. Plants, 2022, 11(17): 2232.

[13] MILOSAVLJEVIC M N, KOSTIC M, MILOVANOVIC J, et al. Antimicrobial treatment of erysipelatoclostridium ramosum invasive infections: a systematic review[J]. Revista Do Instituto de Medicina Tropical de Sao Paulo, 2021, 63: e30.

[14] CHEN G, PENG Y, HUANG Y, et al.. Fluoride induced leaky gut and bloom of Erysipelatoclostridium ramosum mediate the exacerbation of obesity in high-fat-diet fed mice[J]. Journal of Advanced Research, 2023(50):35-54.

[15] FINET S E, SOUTHEY B R, RODRIGUEZ-ZAS S L, et al. Miscanthus grass as a novel functional fiber source in extruded feline diets[J]. Frontiers in Veterinary Science, 2021, 8: 668288.

[16] KOZIOL S A, OBA P M, SOTO-DIAZ K, et al. Effects of a Lactobacillus fermentation product on the fecal characteristics, fecal microbial populations, immune function, and stress markers of adult dogs[J]. Journal of Animal Science, 2023, 101: skad160.

第七章
犬、猫的常见肠道健康功能原料

石青松　黄江妮　李怡菲

引言

如果读者在过去几年中一直在关注关于健康的新闻,那么很可能听说过益生元和益生菌。益生元和益生菌与保持消化系统健康有关,还有其他一些潜在的健康益处,因而为人们所熟知。

后生元远不如益生元和益生菌那样广为人知,但最近的研究表明后生元在维持和改善人类健康方面具有同等重要的作用,甚至更重要。事实上,许多原本认为是益生元带来的健康益处实际上可能应归功于后生元[1]。益生菌、益生元和后生元到底有哪些关联和不同呢?此外,植物多酚作为含有多个羟基的芳香化合物,被证实具有抗氧化、抗菌、抗炎和调节肠道菌群等生物活性,越来越被广泛用作动物肠道健康功能性原料之一。本章将介绍益生菌、益生元、后生元和植物多酚的基本概念及应用现状、后生元和植物多酚在宠物食品的应用情况,以及它们对犬、猫胃肠道健康的影响。

益生菌

益生菌有广泛的应用方位和成熟的应用方法,因而被人们熟知。益生菌通常被定义为可以定植在肠道系统内并发挥有益健康的一类微生物。益生菌的健康益处包括加强抵抗感染的肠道屏障、抗菌、调节免疫和抗炎。酸奶、康普茶和泡菜等食物的制作过程中都会涉及益生菌的使用。常见的益生菌种类包括乳酸菌、双歧杆菌和嗜热链球菌等(图7-1)。

```
                            常见的益生菌
        ┌───────────────────┼───────────────────┐
      乳酸菌              双歧杆菌               其他
```

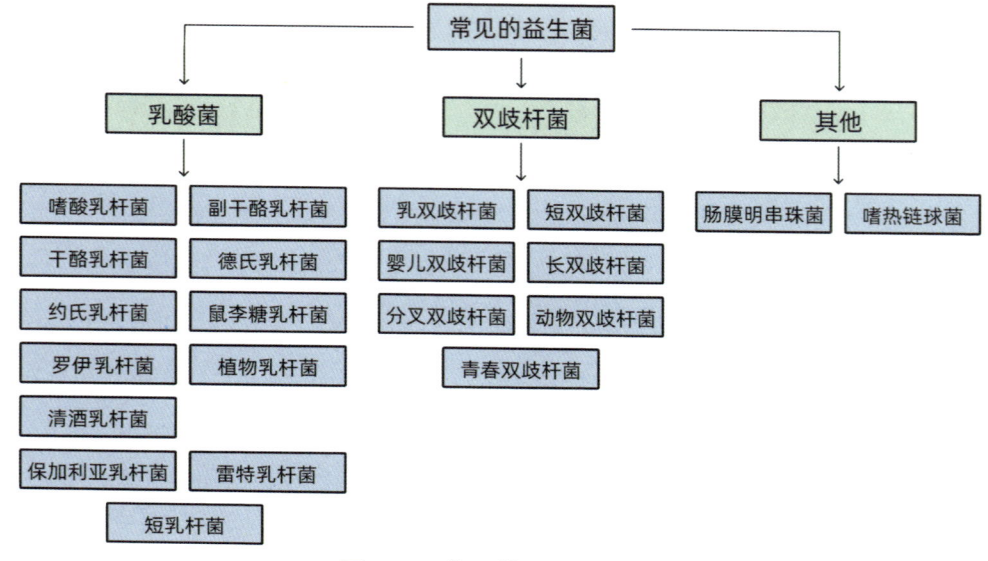

乳酸菌		双歧杆菌		其他	
嗜酸乳杆菌	副干酪乳杆菌	乳双歧杆菌	短双歧杆菌	肠膜明串珠菌	嗜热链球菌
干酪乳杆菌	德氏乳杆菌	婴儿双歧杆菌	长双歧杆菌		
约氏乳杆菌	鼠李糖乳杆菌	分叉双歧杆菌	动物双歧杆菌		
罗伊乳杆菌	植物乳杆菌	青春双歧杆菌			
清酒乳杆菌					
保加利亚乳杆菌	雷特乳杆菌				
短乳杆菌					

图7-1 常见的益生菌种类

益生菌微生物包括不同的物种，包括乳酸菌、双歧杆菌、酵母菌和一些特定的革兰阴性菌株等[2]。乳酸菌是一组革兰阳性、过氧化氢酶阴性的微生物。传统的乳酸菌由不同的属组成，主要包括链球菌属、乳球菌属、乳杆菌属和明串珠菌属[3]。乳酸菌和双歧杆菌是目前表现最好的益生菌，也是商业化最成熟的益生菌。这两类益生菌是结肠中的主要有益微生物，适合在肠道中增殖且不会引起任何明显的不良反应。其他乳酸菌和酵母菌也被应用在发酵食品中[4]，比如嗜酸乳杆菌是在一些知名食品公司（如 BIO®、Actimel®、LC1® 和 Yakult®）的益生菌食品中使用的益生菌菌株。为了让益生菌在肠道中生长并产生生物活性物质，通常加入益生元、必要的可溶性糖（如果寡糖或半乳寡糖）和其他必要营养素[5]。

一些研究表明，益生菌可以通过促进产生黏液来调节肠上皮功能层，促进肠道分泌抗菌因子，促进分泌型免疫球蛋白A（secretory immunoglobulin A，SIgA）的分泌，并参与肠上皮细胞的竞争性黏附[6,7]，增加形成紧密连接结构[8]。尽管当前的研究结果已经证明了益生菌的健康益处，但尚未彻底论证益生菌影响肠道屏障的潜在分子机制。益生菌的表面成分包括鞭毛、菌毛、表层蛋白

(surface layer protein，SLP）、荚膜多糖（capsular polysaccharide，CPS）、脂磷壁酸和脂多糖，这些成分构成了与微生物相关的分子模式（microbe-associated molecular patterns，MAMP）[9]。MAMP可以通过特异性结合模式识别受体（pattern recognition receptor，PRR），例如NOD样受体（Nod-like receptor，NLR）和Toll样受体（Toll-like receptors，TLR）[10,11]，并调节核因子（NF-κB）、丝裂原活化蛋白激酶（mitogen-activated protein kinase，MAPK）、过氧化物酶体增殖物激活受体γ和IEC中的其他信号通路[12]。MAMP还调节细胞蛋白酶依赖性信号级联反应，由此产生多种细胞因子和趋化因子，从而减轻炎症并增强肠上皮功能[8,13]。MAMP通过促进杯状细胞分泌黏液，增加产生抗菌肽，或者增强紧密连接的表达（图7-2）[14]。研究证明，免疫系统-微生物群的相互作用是正常发育不可或缺的过程，微生物代谢活动在免疫系统发育和正常发挥作用中起到了非常关键的作用[15]（图7-3）。

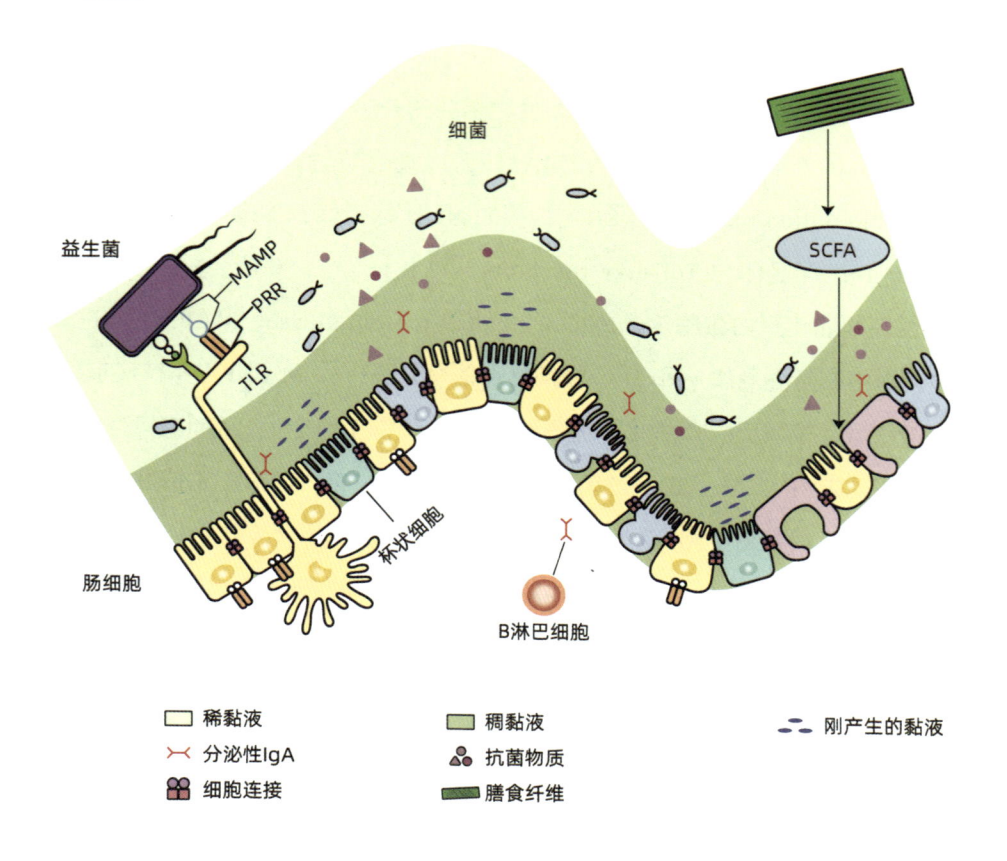

MAMP-与微生物相关的分子模式；PRR-受体；TLR-Toll样受体；SCFA-短链脂肪酸

图7-2 肠道上皮屏障

图7-3 益生菌的益处

益生元

益生元是一类不易被动物肠道消化的营养成分，通过影响后肠中的细菌生长，并在肠道中选择性定植，来对宿主动物产生有益作用。大多数益生元是一种源自植物的短链碳水化合物，由于不能被哺乳动物的内源酶消化，但能被肠道微生物选择性发酵，因此被归类为纤维。常见的益生元包括菊粉、半乳寡糖、乳果糖、果寡糖和甘露寡糖[16]。其中，果寡糖和甘露寡糖是高度可发酵的益生元，在宠物食品中的应用已得到广泛的研究。果寡糖含有果糖结构，作为主要的碳水化合物组成天然存在于各种水果、蔬菜和谷物中，可以从大豆皮、洋车前籽、菊苣和甜菜根（在制浆过程之后）浓缩得到，也可以由黑曲霉（aspergillus niger）发酵制得[17]。目前，在宠物食品中最被广泛使用的是菊苣来源的果寡糖，并且表现出较为明确的健康益处。甘露寡糖主要由甘露糖组成，这也是其发挥益生作用的主要原因。甘露寡糖主要由酵母细胞壁分离得到。

尽管果寡糖和甘露寡糖都可以作为益生元，但它们影响肠道微生物的机制并不相同。果寡糖可以被胃肠道中的某些有益菌选择性代谢利用[18,19]，比如大多数双歧杆菌、乳酸杆菌和拟杆菌可以像利用葡萄糖那样利用果寡糖作为能量来源，真细菌、沙门菌和梭菌等有害菌则不能利用果寡糖，或者并不能高效地利用果寡糖[20]。因此，在日粮中添加果寡糖可以促进有益微生物生长，尤其是双歧杆菌和乳酸菌，并可以限制有害微生物生长。与果寡糖不同，甘露寡糖主要通过抑制有害菌在肠道黏膜上定植和生长来发挥益生元作用。一些致病菌会与肠细胞表面的甘露糖残基结合，有害菌能由此固定在肠细胞上，并抑制肠细胞的分泌作用。甘露寡糖通过竞争性抑制有害菌附着，促进有害菌随粪便排出体外，以此发挥对宿主动物的有益作用（图7-4）。

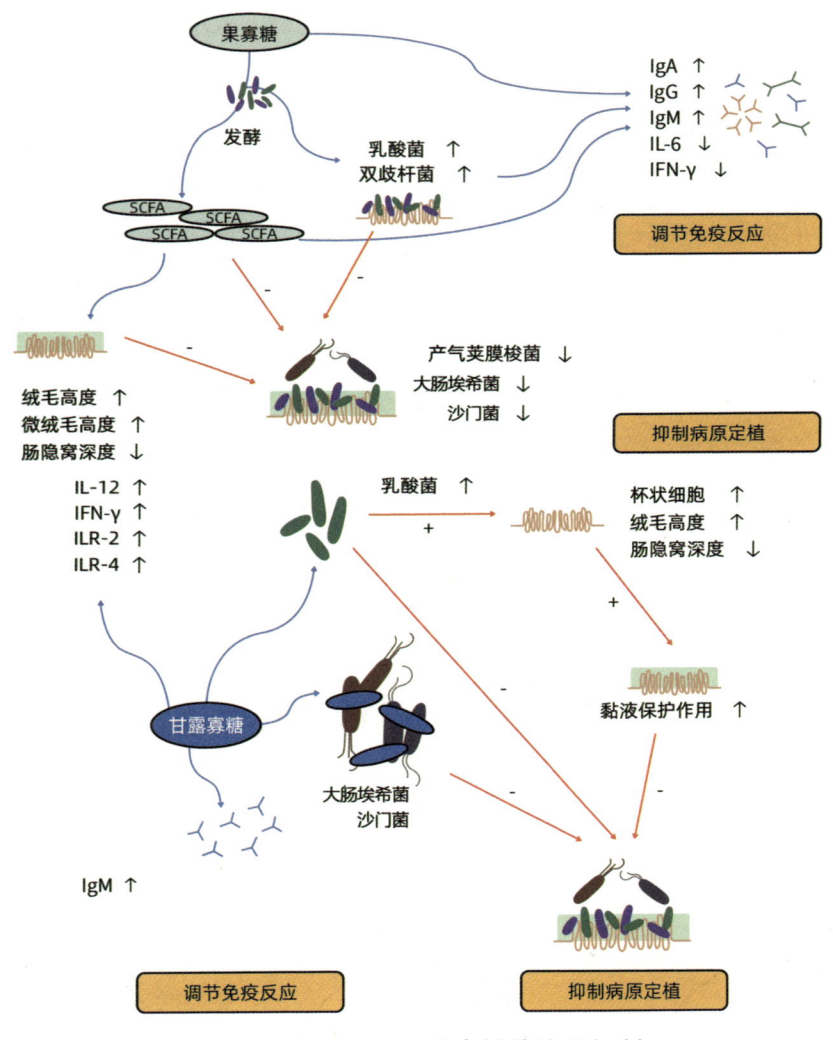

第七章 犬、猫的常见肠道健康功能原料

图7-4 果寡糖和甘露寡糖的作用机制

需要注意的是，犬的肠道微生物对益生元的反应并不一致。有研究显示，给犬饲喂含有劣质蛋白质来源的高蛋白质日粮时，犬后肠中的梭菌数量增加；降低该日粮的蛋白质水平后，肠道中的双歧杆菌数量开始增加[21]。更值得关注的是，在低水平蛋白质日粮中添加益生元（来自菊苣）时，犬肠道中益生菌的群体数量增加，但增加幅度较小。同样，另一项研究报告发现，给健康犬饲喂含有1%果

243

寡糖的干粮，可以显著增加粪便中双歧杆菌和梭菌属的数量[22]。研究人员指出，基础日粮中的可发酵纤维水平会影响果寡糖发挥作用。最后，还应注意到，不同犬的肠胃微生物菌群组成差异很大，随着年龄和健康状况改变，微生物组成也会发生明显改变，这些因素都会影响个体犬对益生元的反应[23]。

另一项关于比格犬的研究发现，分别饲喂含有纤维素（不可发酵纤维）或组合添加了甜菜渣和果寡糖的日粮，犬粪便中的细菌数量没有差异，但饲喂含有果寡糖日粮的犬粪便中的肠细菌和梭状芽孢杆菌数量减少，同时乳酸杆菌和链球菌数量增加[24]。此外，饲喂含果寡糖日粮的犬的小肠黏膜重量、吸收面积和营养物质吸收效率都增加。

后生元

后生元是益生菌的代谢物，或者是益生菌在肠道中活动（如发酵）产生的成分。肠道微生物发酵或消耗益生元纤维的结果就是产生后生元（图7-5）。后生元富含高／低分子量的生物活性代谢物，但目前对这些富含活性代谢产物的具体成分的研究仍然有很大的空白。

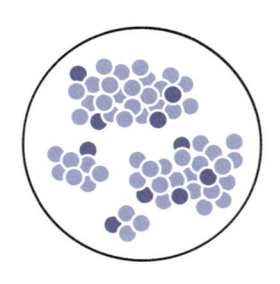

益生元
可被益生菌利用的纤维

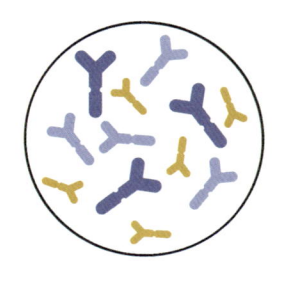

益生菌
胃肠道内活的有益菌

后生元
有益菌产生的代谢物

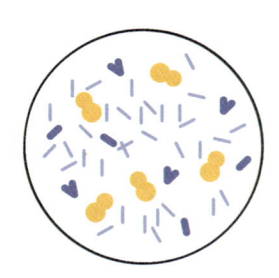

图7-5 后生元的定义

目前，关于这类由食品级微生物发酵产生的功能性化合物有很多种命名[25,26]，然而"后生元"的使用频次最高。实际上，目前对于后生元的定义仍未达成共识，但大多数研究认为后生元必须能为宿主提供多种生理益处，有类似于活性益生菌的作用[27-29]。对益生菌和非益生菌产生的代谢物的定义不明确，并且这些代谢物都具有广泛的生物活性。后生元也可以被定义为任何可溶性因子（微生物的代谢产物、代谢副产物或增殖产生的物质）。当前的一个观点提出，食品级微生物在复杂培养基生长和发酵过程中，微生物分泌或在细胞裂解后释放的产物被称为后生元。从这个角度来看，后生元是由益生菌发酵制备的，包含数百种代谢物浓缩粗提物或半纯化产物（图7-6）。

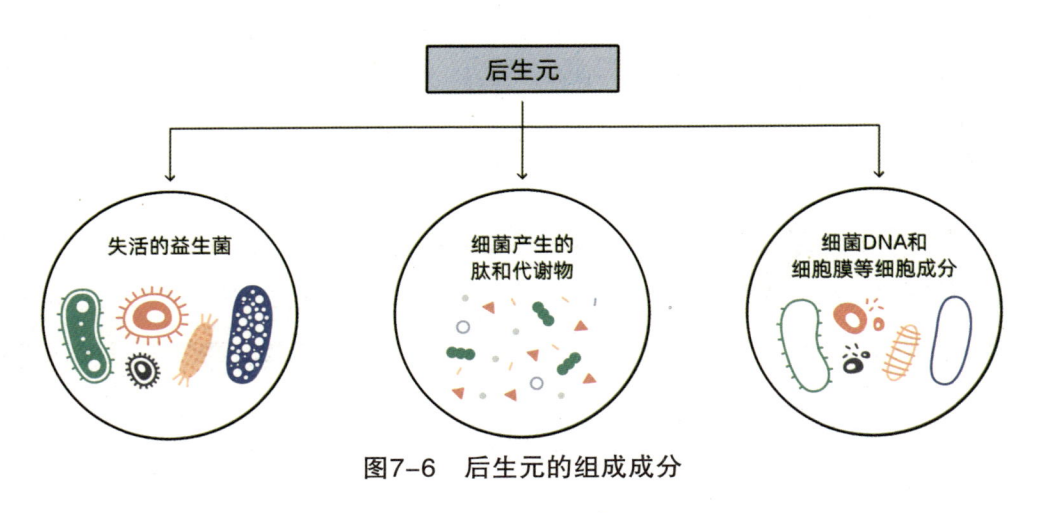

图7-6 后生元的组成成分

后生元能提供对主要食源性病原体具有拮抗作用的球菌素和类细菌素抑制物质。此外，后生元也含有微生物细胞代谢物和细胞壁衍生物（胞外多糖、磷壁酸、肽聚糖、极性脂质、糖脂、肽聚糖和蛋白质）[30]，可以通过热处理、酶处理或超声波处理来裂解、破裂细胞壁。细胞成分常在宿主中表现出免疫调节和抗增殖活性[31]。灭活益生菌指无活力或失活的益生菌菌株，形态可能是完整的也可能是已被裂解的[32]。虽然当前关于后生元的定义还未统一，但通常将后生元定义为含有益生菌衍生代谢物或细胞壁衍生物／细菌裂解产物的组合成分。可以确定的是，这些组成成分不含有活的微生物或细胞结构[30,33]。

最重要的后生元是有机酸、短链脂肪酸、色氨酸和细菌素。使用后生元可能产生直接的或间接的益处[34]。后生元的直接益处是可直接作用于宿主细胞产生益处，间接益处则是促进有益微生物菌株繁殖，抑制有害菌株发展。不同微生物的类型、菌株和代谢产物组成的后生元的作用非常不同，后生元（尤其是SCFA）最重要的有益作用是抗炎和抗氧化[35]。

随着饲料中禁用抗生素，坏死性肠炎等家禽疾病的发病率激增，寻找抗生素替代品变得至关重要。后生元被认为是最有前途的抗生素替代品。在本实验中，后生元主要通过调节空肠组织发生免疫应答，产生免疫调节作用。在有感染的情况下，后生元减少了促炎反应，并维持了体内免疫系统的稳定。

呼吸道和胃肠道感染是重大的公共卫生问题。5岁以下的儿童特别容易受到感染，其中一个重要原因可能是儿童的免疫系统和器官功能尚未发育成熟[36]。自20世纪80年代初以来，益生菌已被用来减轻儿童[37-40]和婴儿[41]的常见传染病。然而，一些专家和学者并不支持给儿童使用益生菌，这是因为有少量报告显示益生菌可能引发感染（如菌血症），包括坏死性小肠结肠炎、肺炎和脑膜炎[42-46]。此外，一些益生菌菌株可以表达特定的毒力因子，增加了这些益生菌的黏附和侵入倾向，产生细胞毒性作用[47]。另一个担忧是益生菌可能会将抗生素抗性基因转移到肠道中的致病菌上[48,49]。由于有上述担忧，已提议补充后生元作为一种替代策略，来降低儿童传染病的发病率。

目前尚未充分证实后生元的作用机制。据推测，灭活的益生菌及成分可以调节宿主的免疫反应。细菌表膜、荚膜或细胞壁成分（如肽聚糖[50]、脂糖和S层蛋白[51]）可以刺激免疫系统的功能。宿主体内有一系列受体。这些受体主要识别由具有微生物特异性的先天免疫系统细胞表达的蛋白质（称为PAMP分子）。有两种类型的受体在宿主先天免疫反应调节中发挥主要作用：TLR和NLR。不同类型的TLR可以结合特定的微生物结构，包括细菌碳水化合物（脂多糖）、细菌核酸（DNA或RNA）、细菌肽（鞭毛蛋白）、脂蛋白、脂磷壁酸和肽聚糖[52]。NLR

能够识别来自微生物病原体的不同配体，如病毒RNA、肽聚糖和鞭毛蛋白等[53]。此外，有人提出 NLR 可能对不同的细胞因子有反应，包括干扰素[54]。NLR 可能有助于激活 T 细胞和 B 细胞，以响应后生元的刺激。后生元可能具有抗炎作用，可以减少产生活性氧（reactive oxygen species，ROS）和IL-2，还可以增加细胞因子IL-4、IL-6和IL-10[55]。

在宠物食品中，有关后生元的应用并不成熟。在过去10年中，一些国外的品牌其实已经将一些霉菌代谢产物应用到了宠物食品中，并取得了可观的实际效果。在国内也有一些细菌代谢物（如链球菌素）被用在宠物食品中。应用这些成分主要是为了解决胃肠道健康和消化问题。由于无法得到有效的相关数据，仍需要通过一些正式的、科学的动物实验来验证后生元在宠物食品中是否也可以发挥健康益处作用。此外，越来越多酵母代谢物被用于调理宠物肠道健康。有人发现，在宠粮中添加酵母代谢物可以提高适口性，促进SCFA的生成，降低粪便气味，显著调节犬的肠道微生物群，从而改善犬的肠道健康[56]。有研究表明，日粮中补充布拉迪酵母菌能够显著降低粪便钙卫蛋白和皮质醇含量，改善健康成年犬的肠道炎症状态并减轻环境应激[57]。

益生元、益生菌和后生元的关系

虽然名称非常相似，但益生元、益生菌和后生元是不同的物质。尽管如此，这三种物质之间仍有相关性。益生元是通过提供能促进良好细菌生长的"食物"来定向改变肠道微生物群组成的营养素，益生元主要是膳食纤维。最近的研究提供的证据表明过去归功于益生菌的大部分有益作用实际上来源于后生元。简而言之，益生元帮助益生菌增殖，益生菌产生后生元。反过来，后生元又能促进益生菌使用益生元。益生元就像"食物"，益生菌是微生物本身，而后生元是益生菌食用该"食物"的结果。

植物多酚

植物多酚[58]作为一类天然的生物活性物质,具有强大的抗氧化能力。许多植物中都含有植物多酚,包括水果、蔬菜和草药等(图7-7)。植物多酚由于具有多样的化学结构,会表现出不同的抗氧化作用,如清除自由基和螯合金属离子等[59]。近年来,越来越多的研究表明,植物多酚在保护肠道免受氧化应激损伤方面具有潜在作用[60]。

水果&蔬菜
苹果、浆果、西兰花、胡萝卜、葡萄、生菜、西红柿

草药&香料
葛缕子、芹菜籽(干燥)、肉桂、丁香、鼠尾草、咖喱(粉末)、姜(干燥)、墨西哥牛至、香菜(干燥)、红色菊苣、迷迭香(干燥)、留兰香(干燥)、八角、甜罗勒(干燥)和百里香

其他食物
可可豆、可可粉、黑巧克力、亚麻籽粉、橄榄油和橄榄

茶饮
啤酒、咖啡、茶(红茶、绿茶、乌龙茶)和葡萄酒

图7-7　植物多酚来源

但是，关于植物多酚与犬、猫肠道氧化应激之间关系的综合研究还相对较少。因此，本文接下来将全面回顾和总结植物多酚对犬、猫肠道健康的作用，尤其是在氧化应激方面的作用机制和效果，包括深入探讨植物多酚对肠道屏障功能、免疫调节和犬、猫采食量等临床指标的影响，旨在为进一步理解和应用植物多酚提供有益的参考和指导。

植物多酚的来源和分类

常见的植物多酚类别如图7-8所示。

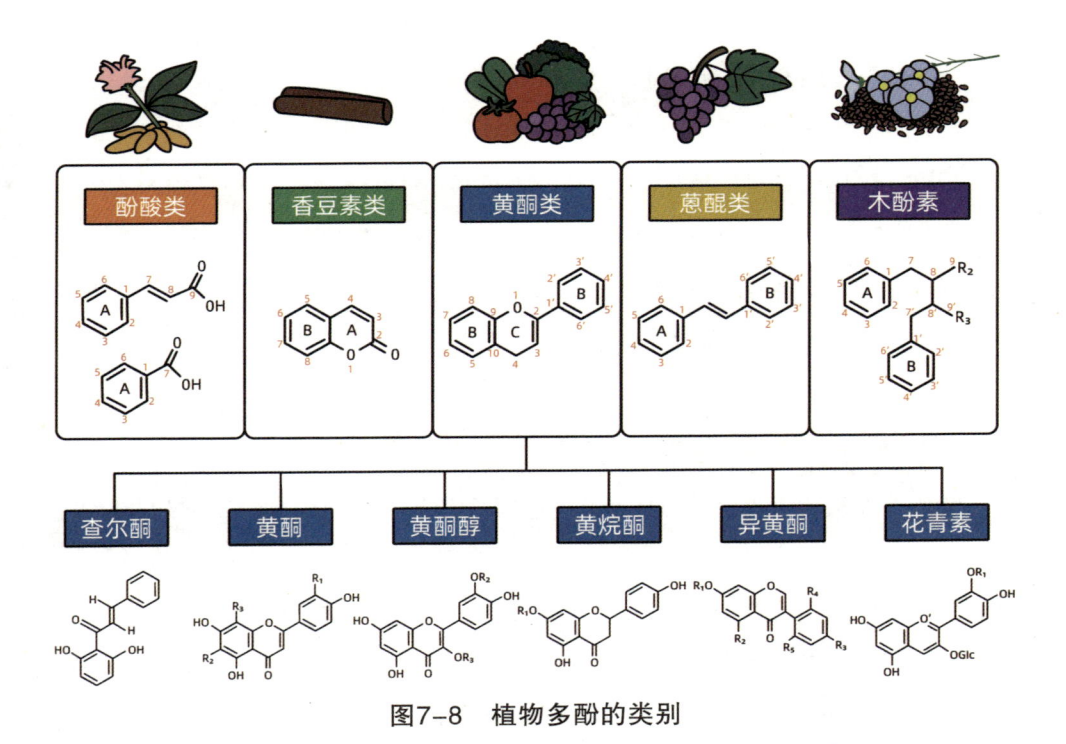

图7-8 植物多酚的类别

黄酮类：黄酮类化合物是一类含有花色素的化合物，包括大豆异黄酮、花青素和花色素苷等。这类物质具有强大的抗氧化能力，能够中和自由基，减轻氧化应激对肠道的损伤[61]。

异黄酮类化合物是一类具有特殊结构的黄酮类物质，如大豆异黄酮等。这类物质具有抗氧化、抗炎和抗肿瘤活性，在保护肠道健康方面发挥重要作用[62]。

类黄酮类：类黄酮类化合物是一类与黄酮类似的化合物，包括类胡萝卜素、类胡萝卜素醇和黄酮醇等。这类物质具有抗氧化、抗炎和免疫调节作用，有助于维持肠道的健康状态。

酚酸类：酚酸类化合物包括咖啡酸、绿原酸等，广泛存在于水果、蔬菜和茶叶中。这类物质具有抗氧化和抗炎作用，能够保护肠道免受氧化应激损伤。

非黄酮类多酚：非黄酮类多酚化合物包括白藜芦醇、茶多酚和儿茶素等。这类物质具有显著的抗氧化和抗炎作用，有助于维护肠道的健康状态。

这些植物多酚对犬、猫肠道健康有复杂且多样的作用机制和效果。进一步研究表明，不同类型的植物多酚可能通过多种途径对犬、猫肠道健康产生影响。首先，植物多酚可能通过抗氧化作用中和体内的自由基，减少氧化应激引起的肠道细胞损伤[63]。其次，植物多酚具有抗炎特性，可以调节炎症反应，减轻炎症对肠道的不良影响[64]。此外，植物多酚还能够调节肠道屏障功能，维持肠道黏膜的完整性，从而防止有害物质的渗透和侵入。

植物多酚对肠道免疫功能的调节作用

肠道免疫功能在犬、猫的整体健康中起着重要作用。免疫系统能够识别和应对有害的微生物、抗原和炎症刺激，从而维护肠道的稳态。近年来的研究表明，植物多酚对肠道免疫功能具有调节作用。首先，植物多酚能够调节肠道的免疫细胞活性。研究发现某些植物多酚可以增强免疫细胞的活性，如增加巨噬细胞的吞噬能力和NK细胞的杀伤作用[65]。这些调节作用可以增强肠道免疫细胞对病原微生物和炎症的清除能力，提高肠道的免疫防御能力。其次，植物多酚还可以调节免疫细胞的分泌物质。研究表明，植物多酚能够调节肠道免疫细胞产生的细胞因子，如促炎细胞因子和抗炎细胞因子的分泌平衡，有助于抑制过度的炎症反应，维护免疫系统的调节功能[66]。此外，植物多酚还可以影响肠道免疫的信号通路。

一些研究表明，植物多酚可以通过调节免疫相关信号通路的活性，如NF-κB通路和MAPK通路，来影响免疫细胞的功能，调控炎症反应。通过调节这些信号通路可以影响免疫细胞的活性和免疫应答[67]。

总的来说，植物多酚能调节肠道免疫细胞活性、调控细胞因子的平衡和影响免疫信号通路的活性，对肠道免疫功能产生积极影响。这些调节作用有助于提高肠道的免疫防御能力，维持肠道的稳态。

植物多酚对犬、猫采食量的影响

犬、猫的采食量是评估营养摄入情况的重要指标，对整体健康和生长发育至关重要。植物多酚作为一种天然的生物活性物质，可能影响犬、猫的采食行为和食欲。研究显示，植物多酚具有调节食欲的潜力。一些植物多酚可以通过改变食物的味道、气味和口感等因素，影响犬、猫对食物的喜好和选择。犬、猫可能对富含植物多酚的食物更感兴趣，会对应增加采食量。另外，植物多酚还可以通过与胃肠道的相关受体相互作用，来影响食欲调节激素的分泌，从而调节犬、猫的食欲和进食行为[68]。植物多酚的抗氧化和抗炎特性也可能对犬、猫的食欲和消化功能产生积极影响。一些研究表明，氧化应激和炎症反应会对犬、猫的食欲和胃肠道功能产生负面影响。植物多酚的抗氧化和抗炎作用有助于减轻这些不良影响，提高犬、猫的食欲和消化能力[69]。

需要注意的是，植物多酚对犬、猫采食量的影响可能存在个体差异。不同品种、年龄和健康状况的犬、猫对植物多酚的反应可能有所不同。因此，在应用植物多酚作为食物添加剂或药物时，需要考虑到个体差异的因素，并进行适当的监测和调整。

植物多酚对肠道健康的其他作用

除了影响采食量外，植物多酚还可能影响犬、猫的消化和营养吸收。研究表明，一些植物多酚可以促进肠道消化酶的活性，如淀粉酶、脂肪酶和蛋白酶，从而增强消化功能[70]。这可能有助于提高食物中营养物质的利用率，使犬、猫能更有效地吸收和利用摄入的营养物质。此外，植物多酚还具有促进益生菌的作用[71]。研究发现，植物多酚可以作为益生菌的营养源，促进益生菌的生长和繁殖。这种作用有助于维持肠道菌群的稳定和多样性，进一步改善犬、猫的肠道健康状况[72]。

同样，植物多酚对犬、猫消化和营养吸收的影响可能受到多种因素的影响，包括植物多酚的类型、浓度、摄入方式以及犬、猫的个体差异等。因此，在应用植物多酚时，需要综合考虑这些因素，进行适当的监测和调整。

植物多酚的应用和潜在风险

尽管植物多酚在犬、猫的肠道健康方面显示出许多潜在益处，但在应用和使用该类物质时，仍需考虑一些重要因素。首先，植物多酚的来源和纯度对效果和安全性起着关键作用。不同植物种类和部位中的多酚含量和种类差异较大，在选择植物多酚补充剂时，应选择经过质量检测和认证的产品。其次，也需要谨慎考虑植物多酚的剂量和使用时间。虽然植物多酚具有许多潜在的健康益处，但高剂量摄入植物多酚可能引发消化不良或其他不良反应。因此，应根据宠物的体重、年龄和健康状况，以及植物多酚的种类和含量，制订适当的剂量方案。此外，还需要通过进一步长期监测和研究来确定长期使用植物多酚是否会导致不良影响。

在给犬、猫应用植物多酚时，也需要考虑个体差异。每只犬、猫的肠道健康状况和免疫系统都可能存在差异，对植物多酚的反应也可能不同。一些宠物可能对植物多酚过敏或不耐受，在使用植物多酚补充剂时，应注意观察宠物的反应，必要时应咨询兽医等专业人士的建议。虽然植物多酚被认为是天然的、相对安全的物质，但仍存在潜在的风险。某些植物多酚可能会与某些药物相互作用，影响药物有效成分的吸收、代谢而影响药效。因此，在给犬、猫使用植物多酚补充剂之前，应与兽医等专业人士讨论，了解潜在的药物相互作用风险。

宠物主人在选择植物多酚补充剂时，应注意产品的合法性和来源可靠性。来路不明或质量不可靠的产品可能存在掺杂或不纯的情况，可能会对宠物的健康造成潜在风险。应选择正规生产商生产的合格产品，并查看产品的认证和测试报告，确保质量和安全性。

其他有益犬、猫肠道健康的功能原料

一些天然的抗炎成分，如ω-3脂肪酸、维生素E和胡萝卜素等，可以减轻肠道炎症反应，支持肠道免疫健康。将这些抗炎成分添加到犬粮和猫粮中，有助于降低肠道炎症水平，维持肠道黏膜免疫的稳态。除了上文提及的植物多酚，还有一些植物提取物，如丝兰提取物含皂苷、多糖和多酚等活性成分，可以调控宿主机体肠道环境，促进有益菌繁殖，提高蛋白消化率，减轻粪便臭味。一些研究表明，丝兰提取物能够降低犬、猫粪便中有害的挥发性代谢物，降低粪氮，减轻粪便气味，参与肠道微生物群调节[73,74]。日粮中添加沸石也会影响肠道微生物群组成，有人发现沸石可以促进有益菌乳酸杆菌和双歧杆菌的繁殖，减少与犬胃肠道感染相关的病原体，改善犬的肠道健康[75]。此外，丁酸钠等动物饲料添加剂也可以通过其有效成分即丁酸，促进营养物质消化吸收，在肠道发挥抗炎作用，增强肠道屏障。国内越来越多的功能性原料被广泛应用于宠物食品，专注于呵护宠物肠道健康，但功能性原料和添加剂在动物饲料中的添加量和作用时效还需要进一步筛选和研究。

总结

为了满足宠物不同阶段的营养需求，国内外的宠物品牌倾向于在日粮中添加功能性原料和添加剂，主要包含各种营养素组合及新原料。额外添加的功能性原料能针对性地改善宠物健康功能，包括胃肠道功能、关节健康、免疫功能、被毛健康和泌尿健康等方面。随着宠物主人对宠物肠道健康的关注，越来越多的功能性原料聚焦于改善宠物胃肠道功能，如各种益生菌、益生元、后生元和植物多酚等具有益生特性的功能性原料，在胃肠道都表现出显著的改善效果，维持肠道微生态稳态。但关于犬、猫胃肠道健康功能性原料的研究较少，不同组合、用量、作用时效及保存方法仍需进一步确认。相信随着人们对于犬、猫胃肠道健康认识的深入，会有更多显著改善犬、猫胃肠道健康的功能性原料问世，为增强犬、猫胃肠道功能奠定基础。

参考文献

[1] MORADI M, MOLAEI R, GUIMARÃES J T. A review on preparation and chemical analysis of postbiotics from lactic acid bacteria[J]. Enzyme and Microbial Technology, 2021, 143: 109722.

[2] FOO H L, LOH T C, ABDUL MUTALIB N E, et al. The myth and therapeutic potentials of Postbiotics[M]//Microbiome and Metabolome in Diagnosis, Therapy, and other Strategic Applications. Amsterdam: Elsevier, 2019: 201-211.

[3] ZHENG J S, WITTOUCK S, SALVETTI E, et al. A taxonomic note on the genus Lactobacillus: description of 23 novel Genera, emended description of the genus Lactobacillus beijerinck 1901, and union of Lactobacillaceae and Leuconostocaceae[J]. International Journal of Systematic and Evolutionary Microbiology, 2020, 70(4): 2782-2858.

[4] FIJAN S. Microorganisms with claimed probiotic properties: an overview of recent literature[J]. International Journal of Environmental Research and Public Health, 2014, 11(5): 4745-4767.

[5] MARKOWIAK P, EWSKA K. Effects of probiotics, prebiotics, and synbiotics on human health[J]. Nutrients, 2017, 9(9): 1021.

[6] ARTIS D. Epithelial-cell recognition of commensal bacteria and maintenance of immune homeostasis in the gut[J]. Nature Reviews. Immunology, 2008, 8(6): 411-420.

[7] PATEL R, DUPONT H L. New approaches for bacteriotherapy: prebiotics, new-generation probiotics, and synbiotics[J]. Clinical Infectious Diseases, 2015, 60(Suppl 2): S108-S121.

[8] ROOK G, BÄCKHED F, LEVIN B R, et al. Evolution, human-microbe interactions, and life history plasticity[J]. The Lancet, 2017, 390(10093): 521-530.

[9] LEBEER S, BRON P A, MARCO M L, et al. Identification of probiotic effector molecules: present state and future perspectives[J]. Current Opinion in Biotechnology, 2018, 49: 217-223.

[10] WELLS J M, ROSSI O, MEIJERINK M, et al. Epithelial crosstalk at the microbiota-mucosal interface[J]. Proceedings of the National Academy of Sciences of the United States of America, 2011, 108(Suppl 1): 4607-4614.

[11] KLEEREBEZEM M, HOLS P, BERNARD E, et al. The extracellular biology of the lactobacilli[J]. FEMS Microbiology Reviews, 2010, 34(2): 199-230.

[12] SICILIANO R A, MAZZEO M F. Molecular mechanisms of probiotic action: a proteomic perspective[J]. Current Opinion in Microbiology, 2012, 15(3): 390-396.

[13] SHARMA R, YOUNG C, NEU J. Molecular modulation of intestinal epithelial barrier: contribution of microbiota[J]. Journal of Biomedicine & Biotechnology, 2010, 2010: 305879.

[14] KUMAR M, NAGPAL R, VERMA V, et al. Probiotic metabolites as epigenetic targets in the prevention of colon cancer[J]. Journal of Nutrition Reviews, 2013, 71(1): 23-34.

[15] BLACHER E, LEVY M, TATIROVSKY E, et al. Microbiome-modulated metabolites at the interface of host immunity[J]. Journal of Immunology (Baltimore, Md., 2017, 198(2): 572-580.

[16] MACFARLANE S, MACFARLANE G T, CUMMINGS J H. Review article: prebiotics in the gastrointestinal tract[J]. Alimentary Pharmacology & Therapeutics, 2006, 24(5): 701-714.

[17] BROWN D. Applications of fructooligosaccharides in human foods [J]. 1996.

[18] MITSUOKA T, HIDAKA H, EIDA T. Effect of fructo-oligosaccharides on intestinal microflora[J]. Die Nahrung, 1987, 31(5/6): 427-436.

[19] HIDAKA H, HIRAYAMA M, TOKUNAGA T, et al. The effects of undigestible fructooligosaccharides on intestinal microflora and various physiological functions on human health[J]. Advances in Experimental Medicine and Biology, 1990, 270: 105-117.

[20] HIDAKA H, EIDA T, TAKIZAWA T, et al. Effects of fructooligosaccharides on intestinal flora and human health[J]. Bifidobacteria and Microflora, 1986, 5(1): 37-50.

[21] ZENTEK J, MARQUART B, PIETRZAK T, et al. Dietary effects on bifidobacteria andClostridium perfringensin the canine intestinal tract[J]. Journal of Animal Physiology and Animal Nutrition, 2003, 87(11/12): 397-407.

[22] BEYNEN A C, BAAS J C, HOEKEMEIJER P E, et al. Faecal bacterial profile, nitrogen excretion and mineral absorption in healthy dogs fed supplemental oligofructose[J]. Journal of Animal Physiology and Animal Nutrition, 2002, 86(9/10): 298-305.

[23] WILLARD M D, SIMPSON R B, COHEN N D, et al. Effects of dietary fructooligosaccharide on selected bacterial populations in feces of dogs[J]. American Journal of Veterinary Research, 2000, 61(7): 820-825.

[24] BUDDINGTON R K, BUDDINGTON K K, SUNVOLD G D. Influence of fermentable fiber on small intestinal dimensions and transport of glucose and proline in dogs[J]. American Journal of Veterinary Research, 1999, 60(3): 354-358.

[25] DE ALMADA C N, ALMADA C N, MARTINEZ R C R, et al. Paraprobiotics: Evidences on their ability to modify biological responses, inactivation methods and perspectives on their application in foods[J]. Trends in Food Science & Technology, 2016, 58: 96-114.

[26] MARTÍN R, LANGELLA P. Emerging health concepts in the probiotics field: streamlining the definitions[J]. Frontiers in Microbiology, 2019, 10: 1047.

[27] TEAME T, WANG A R, XIE M X, et al. Paraprobiotics and postbiotics of probiotic Lactobacilli, their positive effects on the host and action mechanisms: a review[J]. Frontiers in Nutrition, 2020, 7: 570344.

[28] TOMASIK P, TOMASIK P. Probiotics, non-dairy prebiotics and postbiotics in nutrition[J]. Applied Sciences, 2020, 10(4): 1470.

[29] MALAGÓN-ROJAS J N, MANTZIARI A, SALMINEN S, et al. Postbiotics for preventing and treating common infectious diseases in children: a systematic review[J]. Nutrients, 2020, 12(2): 389.

[30] MORADI M, KOUSHEH S A, ALMASI H, et al. Postbiotics produced by lactic acid bacteria: the next frontier in food safety[J]. Comprehensive Reviews in Food Science and Food Safety, 2020, 19(6): 3390-3415.

[31] HERNÁNDEZ-GRANADOS M J, FRANCO-ROBLES E. Postbiotics in human health: Possible new functional ingredients?[J]. Food Research International, 2020, 137: 109660.

[32] WEGH C A M, GEERLINGS S Y, KNOL J, et al. Postbiotics and their potential applications in early life nutrition and beyond[J]. International Journal of Molecular Sciences, 2019, 20(19): 4673.

[33] NATARAJ B H, ALI S A, BEHARE P V, et al. Postbiotics-parabiotics: the new horizons in microbial biotherapy and functional foods[J]. Microbial Cell Factories, 2020, 19(1): 168.

[34] OLESKIN A V, SHENDEROV B A. Microbial Communication and Microbiota-Host Interactivity: Neurophysiological, Biotechnological, and Biopolitical Implications[M]. New York: Nova Science Publishers, 2020.

[35] AGGELETOPOULOU I, KONSTANTAKIS C, ASSIMAKOPOULOS S F, et al. The role of the gut microbiota in the treatment of inflammatory bowel diseases[J]. Microbial Pathogenesis, 2019, 137: 103774.

[36] MALDONADO J, CAÑABATE F, SEMPERE L, et al. Human milk probiotic Lactobacillus fermentum CECT5716 reduces the incidence of gastrointestinal and upper respiratory tract infections in infants[J]. Journal of Pediatric Gastroenterology and Nutrition, 2012, 54(1): 55-61.

[37] WANG Y Z, LI X L, GE T, et al. Probiotics for prevention and treatment of respiratory tract infections in children: a systematic review and meta-analysis of randomized controlled trials[J]. Medicine, 2016, 95(31): e4509.

[38] AMARAL M A, GUEDES G H B F, EPIFANIO M, et al. Network meta-analysis of probiotics to prevent respiratory infections in children and adolescents[J]. Pediatric Pulmonology, 2017, 52(6): 833-843.

[39] BIDOSSI A, DE GRANDI R, TOSCANO M, et al. Probiotics Streptococcus salivarius 24SMB and Streptococcus oralis 89a interfere with biofilm formation of pathogens of the upper respiratory tract[J]. BMC Infectious Diseases, 2018, 18(1): 653.

[40] KARA S S, VOLKAN B, ERTEN I. Lactobacillus rhamnosus GG can protect malnourished children[J]. Beneficial Microbes, 2019, 10(3): 237-244.

[41] HOJSAK I. Probiotics in children: what is the evidence?[J]. Pediatric Gastroenterology,

Hepatology & Nutrition, 2017, 20(3): 139-146.

[42] EMBLETON N D, ZALEWSKI S, BERRINGTON J E. Probiotics for prevention of necrotizing enterocolitis and sepsis in preterm infants[J]. Current Opinion in Infectious Diseases, 2016, 29(3): 256-261.

[43] DANI C, COVIELLO C C, CORSINI I I, et al. Lactobacillus sepsis and probiotic therapy in newborns: two new cases and literature review[J]. AJP Reports, 2016, 6(1): e25-9.

[44] KANE A F, BHATIA A D, DENNING P W, et al. Routine supplementation of Lactobacillus rhamnosus GG and risk of necrotizing enterocolitis in very low birth weight infants[J]. The Journal of Pediatrics, 2018, 195: 73-79.e2.

[45] ROBIN F, PAILLARD C, MARCHANDIN H, et al. Lactobacillus rhamnosus meningitis following recurrent episodes of bacteremia in a child undergoing allogeneic hematopoietic stem cell transplantation[J]. Journal of Clinical Microbiology, 2010, 48(11): 4317-4319.

[46] REID B M, THOMPSON-BRANCH A. Necrotizing enterocolitis: a narrative review of updated therapeutic and preventive interventions[J]. Journal of Pediatrics Review, 2016, 4(2): 38-45.

[47] ROWAN N J, DEANS K, ANDERSON J G, et al. Putative virulence factor expression by clinical and food isolates of Bacillus spp. after growth in reconstituted infant milk formulae[J]. Applied and Environmental Microbiology, 2001, 67(9): 3873-3881.

[48] WONG A, NGU D Y, DAN L A, et al. Detection of antibiotic resistance in probiotics of dietary supplements[J]. Nutrition Journal, 2015, 14: 95.

[49] ACETI A, BEGHETTI I, MAGGIO L, et al. Filling the gaps: current research directions for a rational use of probiotics in preterm infants[J]. Nutrients, 2018, 10(10): 1472.

[50] CHAPOT-CHARTIER M P, VINOGRADOV E, SADOVSKAYA I, et al. Cell surface of lactococcus lactis is covered by a protective polysaccharide pellicle[J]. Journal of Biological Chemistry, 2010, 285(14): 10464-10471.

[51] FRECE J, KOS B, SVETEC I K, et al. Importance of S-layer proteins in probiotic activity of Lactobacillus acidophilus M92[J]. Journal of Applied Microbiology, 2005, 98(2): 285-292.

[52] MOGENSEN T H. Pathogen recognition and inflammatory signaling in innate immune defenses[J]. Clinical Microbiology Reviews, 2009, 22(2): 240-273, TableofContents.

[53] KAWAI T, AKIRA S. The roles of TLRs, RLRs and NLRs in pathogen recognition[J]. International Immunology, 2009, 21(4): 317-337.

[54] FEERICK C L, MCKERNAN D P. Understanding the regulation of pattern recognition receptors in inflammatory diseases - a 'Nod' in the right direction[J]. Immunology, 2017, 150(3): 237-247.

[55] KIM K W, KANG S S, WOO S J, et al. Lipoteichoic acid of probiotic Lactobacillus plantarum attenuates poly I: C-induced IL-8 production in porcine intestinal epithelial cells[J]. Frontiers in Microbiology, 2017, 8: 1827.

[56] BASTOS T S, SOUZA C M M, LEGENDRE H, et al. Effect of yeast Saccharomyces cerevisiae as a probiotic on diet digestibility, fermentative metabolites, and composition and functional potential of the fecal microbiota of dogs submitted to an abrupt dietary change[J]. Microorganisms, 2023, 11(2): 506.

[57] MEINERI G, MARTELLO E, ATUAHENE D, et al. Effects of Saccharomyces boulardii supplementation on nutritional status, fecal parameters, microbiota, and mycobiota in breeding adult dogs[J]. Veterinary Sciences, 2022, 9(8): 389.

[58] 王曼玲, 胡中立, 周明全, 等. 植物多酚氧化酶的研究进展[J]. 植物学通报, 2005, 40(2): 215-222.

[59] 宋立江, 狄莹, 石碧. 植物多酚研究与利用的意义及发展趋势[J]. 化学进展, 2000, 12(2): 161-170.

[60] 文秋, 杨瑞瑞, 金晓露. 植物多酚对畜禽肠道健康的保护作用研究进展[J]. 中国科学: 生命科学, 2020, 50(9): 914-926.

[61] QUIDEAU S, DEFFIEUX D, DOUAT-CASASSUS C, et al. Plant polyphenols: chemical properties, biological activities, and synthesis[J]. Angewandte Chemie (International Ed), 2011, 50(3): 586-621.

[62] ZDUNCZYK Z, FREJNAGEL S, WRÓBLEWSKA M, et al. Biological activity of polyphenol extracts from different plant sources[J]. Food Research International, 2002, 35(2/3): 183-186.

[63] DUTHIE G G, DUTHIE S J, KYLE J A. Plant polyphenols in cancer and heart disease: implications as nutritional antioxidants[J]. Nutrition Research Reviews, 2000, 13(1): 79-106.

[64] AHMED NASEF N, MEHTA S, FERGUSON L R. Dietary interactions with the bacterial sensing machinery in the intestine: the plant polyphenol case[J]. Frontiers in Genetics, 2014, 5: 64.

[65] TUOHY K M, CONTERNO L, GASPEROTTI M, et al. Up-regulating the human intestinal microbiome using whole plant foods, polyphenols, and/or fiber[J]. Journal of Agricultural and Food Chemistry, 2012, 60(36): 8776-8782.

[66] DRYDEN G W, SONG M, MCCLAIN C. Polyphenols and gastrointestinal diseases[J]. Current Opinion in Gastroenterology, 2006, 22(2): 165-170.

[67] FIESEL A, GESSNER D K, MOST E, et al. Effects of dietary polyphenol-rich plant products from grape or hop on pro-inflammatory gene expression in the intestine, nutrient digestibility and faecal microbiota of weaned pigs[J]. BMC Veterinary Research, 2014, 10: 196.

[68] MARTINEZ K B, MACKERT J D, MCINTOSH M K. Polyphenols and intestinal health[M]// Nutrition and Functional Foods for Healthy Aging. Amsterdam: Elsevier, 2017: 191-210.

[72] LEE D, GOH T W, KANG M G, et al. Perspectives and advances in probiotics and the gut microbiome in companion animals[J]. Journal of Animal Science and Technology, 2022, 64(2): 197-217.

[69] SWALLAH M S, FU H L, SUN H, et al. The impact of polyphenol on general nutrient metabolism in the monogastric gastrointestinal tract[J]. Journal of Food Quality, 2020, 2020: 5952834.

[70] ROMIER B, SCHNEIDER Y J, LARONDELLE Y, et al. Dietary polyphenols can modulate the intestinal inflammatory response[J]. Nutrition Reviews, 2009, 67(7): 363-378.

[71] WICI·SKI M, G·BALSKI J, MAZUREK E, et al. The influence of polyphenol compounds on human gastrointestinal tract microbiota[J]. Nutrients, 2020, 12(2): 350.

[72] LEE D, GOH T W, KANG M G, et al. Perspectives and advances in probiotics and the gut microbiome in companion animals[J]. Journal of Animal Science and Technology, 2022, 64(2): 197-217.

[73] PINNA C, VECCHIATO C G, CARDENIA V, et al. An in vitro evaluation of the effects of a Yucca schidigera extract and chestnut tannins on composition and metabolic profiles of canine and feline faecal microbiota[J]. Archives of Animal Nutrition, 2017, 71(5): 395-412.

[74] DOS REIS J S, ZANGERÔNIMO M G, OGOSHI R C S, et al. Inclusion of Yucca schidigera extract in diets with different protein levels for dogs[J]. Animal Science Journal = Nihon Chikusan Gakkaiho, 2016, 87(8): 1019-1027.

[75] SABBIONI A, FERRARIO C, MILANI C, et al. Modulation of the bifidobacterial communities of the dog microbiota by zeolite[J]. Frontiers in Microbiology, 2016, 7: 1491.

实验六
日粮中补充后生元对猫生长性能、血液指标、粪便特性及其代谢物的影响

于 悦　丁志荣　石青松

摘要： 本实验旨在评估日粮中添加后生元对宠物猫生长性能、血液指标、粪便特性及其代谢物的影响。选取14只成年猫，随机分成对照组与实验组2组，每组7只。对照组饲喂基础日粮，实验组饲喂基础日粮+后生元，预实验7天，正式实验28天。结果表明：与对照组相比，实验组粗蛋白消化率显著升高（$P < 0.05$）；实验组血清肌酐含量显著降低，尿素氮肌酐比显著升高（$P < 0.05$）；与实验前后比较，实验组饲喂后生元后IgG和IgA含量显著升高（$P < 0.05$）；两组粪便评分无显著性差异，实验组异丁酸和异戊酸含量显著升高（$P < 0.05$）。研究表明，日粮中补充后生元可以促进宠物猫生长，改善肠道健康。

关键词： 猫；后生元；生长性能；肠道健康

随着科学养宠观念的提升，越来越多的宠主关注宠物的胃肠道疾病，尤其是犬、猫拉稀、腹泻和便秘等肠道相关疾病。肠道是动物机体最大的免疫器官，肠道微生态失衡会引起胃肠道功能紊乱和代谢疾病。肠道微生物群与宿主肠道健康存在密切联系，参与肠道屏障、免疫调节和营养成分消化吸收等生理活动。

市面上宠物食品常通过添加益生菌和益生元来调节犬、猫肠道健康，除此之外，越来越多的研究表明益生菌的死菌体及其代谢产物，即后生元，也具有较强的益生特性。2021年，国际益生菌和益生元科学协会（International Scientific Association for Probiotics and Prebiotics，ISAPP）将后生元定义为"对宿主有益的灭活微生物和（或）其菌体组成成分的制剂"[1]。后生元不仅具有调节肠道菌群平衡和增强肠道屏障免疫等益生特性，还因其不受高温影响的特点在宠物食品生产中受到青睐。不同于其他活的益生菌，后生元稳定性较高，生产上能够精准控制用量且货架期较长，能够一定程度上保证食品生产安全。但目前犬、猫宠粮研制领域关于后生元的研究较少，本文将评估日粮中补充后生元对宠物猫实验前后血液生化指标、免疫指标、粪便代谢物及消化率的变化，探讨后生元对宠物猫肠道健康的影响，为后生元在宠物食品中的应用提供参考。

1 材料与方法

1.1 实验材料

本研究所采用的基础日粮及后生元日粮均由深圳市豆柴宠物用品有限公司提供。基础日粮主要原料为鸡肉粉、鸡肝粉、鲜鸡肝、鱼油粉、马铃薯淀粉、纤维素、复合维生素和矿物质等。基础日粮的配料成分及营养水平见表表S6-1。

后生元原料由青岛诺安百特股份有限公司提供。实际日粮中按0.5%添加灭活乳酸片球菌（*Pediococcus acidilactici*）。

表S6-1 基础日粮的配料成分及营养水平（以干物质计）

配料成分	含量 /%	营养水平	计算值（干基）/%
鸡肉粉75%	34.00	粗蛋白	47.00
鸡肉粉禾丰	17.00	粗脂肪	22.24
水解鸡肝粉	3.00	粗纤维	3.34
鲜鸡肝	20.00	粗灰分	8.13
0.5% 维矿复合包	0.50	钙	1.14
纤维素	3.00	磷	0.93
山梨酸钾	0.10	无氮浸出物	12.80
牛磺酸	0.20		
甜菜粕	3.00		
氯化胆碱	0.20		

实验六　日粮中补充后生元对猫生长性能、血液指标、粪便特性及其代谢物的影响

（续表）

配料成分	含量 /%	营养水平	计算值（干基）/%
氯化钠	0.30		
氯化钾	0.50		
沸石粉	0.50		
鱼油粉	1.00		
马铃薯淀粉	16.00		

1.2　实验设计与饲养管理

按照体况评分（附录图3）选取14只成年猫，随机分成2组，每组各7只，预饲7天。正式实验为28天，实验开始3天和实验结束前3天采用全收粪法收集粪便。实验开始前对笼位进行清理、消毒，对猫进行驱虫。每只猫单笼饲养，实验期间观察并记录实验动物的生理状况。实验在豆柴肠胃研发中心进行。

1.3　检测指标

1.3.1　体重

实验期间，每周在每只猫进食前空腹称一次体重。

1.3.2　消化率

每日记录采食数据，正式实验开始3天及结束前3天对粪便按照全收粪法进行收集，检测粪便和饲料干物质、粗灰分和粗蛋白含量，并进行消化率的计算。

某养分消化率（%）=（饲料中酸不溶灰分/粪便中酸不溶灰分）×（粪便中某养分含量/饲料中某养分含量）

1.3.3　血液指标

采集新鲜血液样本至采血管（含抗凝剂）中，4 ℃、4 000 r/min离心10分

钟后取上清液-20 ℃待用。全自动生化分析仪（BC-2800vet，迈瑞医疗设备有限公司）检测以下血清生化指标：总蛋白（TP）、白蛋白（ALB）、球蛋白（GLO）、总胆红素（TBIL）、丙氨酸氨基转移酶（ALT）、天门冬氨酸氨基转移酶（AST）、γ-谷氨酰基转移酶（GGT）、碱性磷酸酶（ALP）、总胆汁酸（TBA）、肌酸激酶（CK）、淀粉酶（AMY）、甘油三酯（TG）、胆固醇（CHOL）、葡萄糖（GLU）、肌酐（CRE）、尿素氮（BUN）、总二氧化碳（tCO_2）、钙（Ca）、无机磷（P）、镁（Mg）。

免疫指标检测：免疫球蛋白A（IgA）、免疫球蛋白G（IgG）和免疫球蛋白M（IgM）。以上试剂盒均购于南京建成生物研究所。

1.3.4 粪便评分及代谢物分析

依照粪便评分表（7分制，参见附录图2），在正式实验开始后3天，即实验第1~3天，观察记录每只猫排泄情况，收集全部粪便，观察粪便性状，对两组猫的粪便进行评分；正式实验结束前3天，即实验第26~28天，观察记录每只猫排泄情况，收集全部粪便，观察粪便性状，对两组猫的粪便进行评分，收集粪便，按照气相色谱法检测粪便代谢物短链脂肪酸乙酸、丙酸、异丁酸、丁酸、异戊酸、戊酸、异己酸和己酸的含量[2]。

1.4 数据统计

将数据表示为"平均值±标准差"，采用SPSS软件进行独立性 t 检验分析，当 $P<0.05$ 时，具有统计学意义。

实验六　日粮中补充后生元对猫生长性能、血液指标、粪便特性及其代谢物的影响

2 结果与分析

2.1 体况评分（9分制）

由表S6-2可知，对照组和实验组猫体况评分均在5~7分。

表S6-2　体况评分

对照组		实验组	
编号	分数	编号	分数
C-1	7	T-1	5
C-2	5	T-2	5
C-3	5	T-3	7
C-4	5	T-4	5
C-5	7	T-5	7
C-6	5	T-6	5
C-7	5	T-7	7

2.2 后生元对猫体重及消化率的影响

由表S6-3可知，实验组粗蛋白消化率显著高于对照组（$P < 0.05$），平均日采食量、干物质消化率及初、末体重无显著性差异。

表S6-3　后生元对猫体重及消化率的影响

项目	对照组	实验组	P 值
初体重 /kg	3.25 ± 0.64	3.23 ± 0.68	0.946
末体重 /kg	3.32 ± 0.73	3.25 ± 0.71	0.859
平均日采食量 /（g/d）	52.40 ± 11.30	55.49 ± 11.42	0.620
粗蛋白消化率 /%	83.3 ± 0.4	85.7 ± 0.4	0.043
干物质消化率 /%	80.2 ± 0.3	81.6 ± 0.4	0.655

2.3 后生元对猫血清生化指标的影响

对两组猫采血检测血清生化指标，结果显示（表S6-4），相比于对照组，实验组肌酐含量显著降低，而尿素氮肌酐比显著升高（$P < 0.05$），其余大部分指标皆在正常范围内。

表S6-4　后生元对猫血清生化指标的影响

指标	对照组	实验组	P 值
总蛋白/（g/L）	71.63 ± 12.92	71.43 ± 6.99	0.974
白蛋白/（g/L）	34.77 ± 6.86	33.13 ± 6.02	0.659
球蛋白/（g/L）	36.86 ± 17.45	38.37 ± 12.59	0.864
白球比	1.13 ± 0.56	1 ± 0.50	0.657
总胆红素/（μmol/L）	3.93 ± 1.18	3.27 ± 0.73	0.260
丙氨酸氨基转移酶/（U/L）	100 ± 38.44	118 ± 83.12	0.617
天门冬氨酸氨基转移酶/（U/L）	167 ± 76.71	174.33 ± 87.69	0.875
谷草谷丙比	1.66 ± 0.59	3.29 ± 3.99	0.305
γ - 谷氨酰基转移酶/（U/L）	2.61 ± 4.06	0.80 ± 0.57	0.304
碱性磷酸酶/（U/L）	22 ± 3.00	31.83 ± 20.89	0.303
总胆汁酸/（μmol/L）	4.57 ± 2.44	5.48 ± 4.60	0.657
肌酸激酶/（U/L）	495.57 ± 357.97	402.17 ± 126.65	0.558
淀粉酶/（U/L）	1530.43 ± 375.64	1293.75 ± 660.35	0.435
甘油三酯/（mmol/L）	1.90 ± 0.43	2.01 ± 0.26	0.594
胆固醇/（mmol/L）	8.68 ± 2.85	8.76 ± 2.12	0.958
葡萄糖/（mmol/L）	11.14 ± 3.65	11.61 ± 3.22	0.810
肌酐/（μmol/L）	64.57 ± 10.16	45.50 ± 14.64	0.018
尿素氮/（mmol/L）	8.14 ± 1.55	9.13 ± 2.13	0.357
尿素氮肌酐比	31.71 ± 6.13	53.83 ± 18.64	0.032
总二氧化碳/（mmol/L）	16.43 ± 0.53	15.67 ± 0.82	0.068
钙/（mmol/L）	1.57 ± 0.29	1.69 ± 0.15	0.378
无机磷/（mmol/L）	2.74 ± 0.29	2.66 ± 0.29	0.612
钙磷乘积/（mg/dL）	28.14 ± 22.37	25.50 ± 14.72	0.810
镁/（mmol/L）	1.12 ± 0.07	1.14 ± 0.09	0.631

2.4 后生元对猫免疫指标的影响

由表S6-5可知，第0天时，对照组和实验组猫的免疫指标均无显著性差异；

第28天时，饲喂后生元后实验组猫的免疫指标IgA和IgG水平显著升高（$P < 0.05$），IgM含量无显著性差异。

表S6-5　后生元对猫免疫指标的影响

项目	第0天 对照组	第0天 实验组	第28天 对照组	第28天 实验组	P值
IgA /(μg/mL)	1211.4±134.7[a]	1109.8±142.2[a]	1196.2±199.2[a]	1427.1±188.6[b]	0.03
IgG /(g/L)	7.1±2.1[a]	6.2±2.3[a]	7.7±1.7[b]	8.9±1.6[c]	0.03
IgM /(μg/mL)	1043.4±255.9[a]	977.8±202.9[a]	967.2±167.9[a]	1087.1±202.1[a]	0.32

注：同一行数据肩标不同字母，代表存在组间显著性差异（$P < 0.05$）；肩标相同字母，代表组间不存在显著性差异（$P > 0.05$）。

2.5　后生元对猫粪便特性的影响

对两组猫的粪便进行评分，结果见表S6-6。由表S6-6可知，两组猫的粪便无显著性差异（$P > 0.05$）。

表S6-6　后生元对猫粪便的影响

项目	对照组	实验组	P值
粪便评分	3.71±1.25	3.95±0.83	0.690

2.6　后生元对猫粪便短链脂肪酸的影响

对两组猫的粪便短链脂肪酸进行检测，结果见表S6-7，由表S6-7可知，实验开始时两组猫粪便代谢物无显著性差异（$P > 0.05$）；实验结束后，后生元日粮组异丁酸和异戊酸含量显著升高（$P < 0.05$）。

表S6-7 后生元对猫粪便短链脂肪酸的影响

项目	第0天 对照组	第0天 实验组	P值	实验组 第0天	实验组 第28天	P值
乙酸/(μg/mg)	6.36±2.48	6.23±1.49	0.914	6.23±1.49	6.81±2.05	0.578
丙酸/(μg/mg)	3.12±0.99	3.36±1.00	0.681	3.36±1.00	2.57±0.68	0.119
异丁酸/(μg/mg)	0.32±0.11	0.26±0.16	0.496	0.26±0.16	0.54±0.07	0.002
丁酸/(μg/mg)	2.00±0.93	2.04±1.15	0.949	2.04±1.15	1.93±0.57	0.831
异戊酸/(μg/mg)	0.43±0.16	0.37±0.23	0.575	0.37±0.23	0.72±0.08	0.004
戊酸/(μg/mg)	1.03±0.85	0.87±0.41	0.680	0.87±0.41	1.18±0.34	0.172
异己酸/(μg/mg)	0.05±0.01	0.04±0.01	0.381	0.04±0.01	0.04±0.00	0.098
己酸/(μg/mg)	0.05±0.04	0.03±0.02	0.416	0.03±0.02	0.03±0.01	0.531

3 讨论

3.1 后生元对猫体重及消化率的影响

体重、采食量和精神状态等反映了宠物机体的健康程度。本实验中，在日粮中添加后生元不影响宠物猫的体重和平均日采食量，其适口性与基础日粮保持一致。但相比于基础日粮组，后生元组宠物猫的粗蛋白消化率显著升高。徐大海等[3]发现，基础日粮中添加后生元可显著提高肉鸡体重、粗脂肪表观代谢率、绒毛高度及绒隐比，进而促进肉鸡生长性能、调节肠道发育及养分代谢。同样地，黄金贵等[4]研究报道，植物乳杆菌后生元可以显著提高肉鸡的平均日增重和采食量，促进肉鸡生长。本研究表明，日粮中补充后生元可以显著提高宠物猫的消化率，促进体内营养物质消化吸收。

3.2 后生元对猫血清生化指标的影响

血清生化指标可以一定程度衡量宠物生理健康状况。血清肌酐和尿素氮是反映肾脏功能的指标，体现肾小球滤过率。本实验中，补充后生元显著降低宠物猫血清肌酐含量，而尿素氮肌酐比升高，但指标均在正常范围内，这说明后生元可能在保护肾脏功能方面有一定的潜力。其他血清生化指标均无显著变化，表明两组宠物猫生理状态较为接近，补充后生元对宠物猫血清生化指标无不良影响。

3.3 后生元对猫免疫指标的影响

免疫球蛋白参与机体免疫应答反应，对炎性因子敏感度较高。本实验中，饲喂后生元日粮后，实验组IgG和IgA含量显著升高，IgM水平无显著性差异。殷成港等[5]发现，饲粮中添加后生元能够显著提高免疫球蛋白水平。此外，蔡璇等[6]在犬日粮中补充后生元之后发现，犬促炎因子TNF-α和IL-1水平显著降低，但血清IgG也显著降低，其认为可能是炎症缓解引起免疫水平下降。本实验中，后生元日粮组免疫指标水平显著升高，表明后生元可能在增强宠物免疫功能中发挥着重要作用。

3.4 后生元对猫粪便特性及其代谢物的影响

粪便的评分及其代谢物能够体现宠物肠道的健康。本实验中，实验开始时，对照组和实验组粪便代谢物短链脂肪酸水平无显著性差异，两组猫的粪便评分也无显著变化。实验结束后，与饲喂前相比，日粮中补充后生元可以显著提高宠物猫粪便中异丁酸和异戊酸含量。Thu等[7]发现，植物乳杆菌后生元可以提高断奶仔猪有益菌丰度和粪便短链脂肪酸含量，促进生长。此外，Thanh等[8]研究同样表明，植物乳杆菌后生元可以提高肉仔鸡绒毛高度和粪便挥发性脂肪酸含量。短链脂肪酸能够与肠道菌群互相作用，调节肠道抗炎反应、营养物质吸收及代谢等生理活动。本实验表明，后生元能够促进粪便短链脂肪酸生成，进一步调节肠道菌群。

4 结论

本研究表明，日粮中补充后生元能够提高宠物猫消化率、促进粪便短链脂肪酸生成、调节肠道菌群代谢，提示后生元能够提高猫对日粮中蛋白质的消化吸收能力，增强机体免疫功能，改善肠道菌群环境。

参考文献

[1] VINDEROLA G, DRUART C, GOSÁLBEZ L, et al. Postbiotics in the medical field under the perspective of the ISAPP definition: scientific, regulatory, and marketing considerations[J]. Frontiers in Pharmacology, 2023, 14: 1239745.

[2] 毛爱鹏, 孙皓然, 周宁, 等. 嗜酸乳杆菌分离成分对中华田园犬营养物质消化代谢的影响[J]. 动物营养学报, 2023, 35(2): 1241-1249.

[3] 徐大海, 田茂金, 王霄, 等. 后生元对肉鸡生长性能、肠道发育和养分表观代谢率的影响[J]. 中国家禽, 2023, 45(9): 45-51.

[4] 黄金贵, 张勇, 李方方, 等. 植物乳杆菌后生元对肉鸡生长性能、屠宰性能及肠道健康的影响[J]. 动物营养学报, 2022, 34(11): 7109-7119.

[5] 殷成港, 高歌, 商谭, 等. 饲粮中添加后生元对断奶仔猪生长性能、腹泻率、抗氧化能力及粪便微生物菌群的影响[J]. 动物营养学报, 2022, 34(8): 4932-4943.

[6] 蔡旋, 刘珊, 王莹, 等. 补充后生元对犬粪便特性、血清生化指标及粪便菌群的影响[J]. 饲料研究, 2024, 47(1): 131-136.

[7] THU T V, LOH T C, FOO H L, et al. Effects of liquid metabolite combinations produced by Lactobacillus plantarum on growth performance, faeces characteristics, intestinal morphology and diarrhoea incidence in postweaning piglets[J]. Tropical Animal Health and Production, 2011, 43(1): 69-75.

[8] THANH N T, LOH T C, FOO H L, et al. Effects of feeding metabolite combinations produced by Lactobacillus plantarum on growth performance, faecal microbial population, small intestine villus height and faecal volatile fatty acids in broilers[J]. British Poultry Science, 2009, 50(3): 298-306.

实验七
添加木质素多酚对犬的生长性能、免疫力、消化率的影响

丁志荣 于 悦 石青松

摘要： 本实验旨在评估在犬的日粮中添加木质素多酚对犬的生长性能、免疫力、消化率等方面的影响。选择健康状况良好的14只成年犬，随机分为对照组和实验组，每组各7只，对照组饲喂基础日粮，实验组在基础日粮的基础上添加木质素多酚。实验期共35天，其中预实验7天，正式实验28天。实验结果显示，在日粮中添加木质素多酚，能够略提高消化率和消化酶活性，降低MDA水平，增加T-AOC水平（$P < 0.05$），表明木质素多酚可以促进宠物犬对营养物质的消化吸收，增强抗氧化能力，减轻氧化应激，改善机体健康。

关键词： 犬；木质素多酚；生长性能；免疫力；消化率

植物多酚是一类具有多元酚结构的物质的总称，又称为植物次级代谢产物，广泛存在于自然界中，包括水果、蔬菜、谷物以及豆类等。多酚可以与肠道微生物互作，调控机体抗氧化性能，缓解肠道屏障损伤，进而增强肠道屏障功能。植物多酚主要通过调节氧化应激、抗炎、脂质代谢，保护肠道以及与肠道微生物的互作实现对机体的营养保护作用。

木质素多酚是一类水解木质纤维素产生的苯丙烷类植物多酚，对机体肠道具有特殊抗腹泻作用，能够在提高动物生长性能和增强免疫力方面发挥作用[1]。通常认为，使用动物模型进行体内喂养得到的结果是测定植物多酚生物活性和生物利用度的黄金标准。

目前，有关木质素多酚应用在犬、猫日粮上对其健康产生影响的研究报道极少。因此，本实验拟研究添加木质素多酚于犬的日粮中对成年犬的生长性能、免疫力以及消化率等的影响，旨在为犬、猫饲料生产中探寻更有利于犬、猫健康的配方添加剂提供参考。

1 材料与方法

1.1 实验材料

实验用饲喂日粮和木质素多酚（迈特多公司，意大利）均由深圳市豆柴宠物用品公司提供。

1.2 实验设计

选取健康状况良好的14只成年犬，随机分成2组，每组各7只犬。对照组饲喂基础日粮，实验组饲喂基础日粮+0.3%木质素多酚。实验基础日粮配料成分及营养水平见表S7-1。

表S7-1　基础日粮配料成分及营养水平（以干物质计）

配料成分	含量/%	营养水平	计算值（干基）/%
鸡肉粉75%	14.00	蛋白	31.71
鸡肉粉禾丰	17.00	脂肪	20.28
水解鸡肝粉	3.00	纤维	3.98
鲜鸡肝（调制器）	20.00	灰分	8.14
0.5%维矿复合包	0.50	钙	1.19
纤维素	3.00	磷	0.95
山梨酸钾	0.10	碳水化合物	29.39
L-赖氨酸盐酸盐	0.20		
甜菜粕	3.00		
氯化胆碱	0.20		
氯化钠	0.30		
氯化钾	0.50		

（续表）

配料成分	含量/%	营养水平	计算值（干基）/%
沸石粉	0.50		
鱼油粉	1.00		
马铃薯淀粉	36.00		

1.3 饲养管理

实验在豆柴肠胃研发中心进行。实验前对犬舍和笼具进行清理和消毒，对犬进行驱虫。每只犬单笼饲养，犬只每天喂食1次，自由采食和饮水，按常规免疫程序进行免疫。预实验7天，正式实验28天，每天观察实验犬采食和健康状况并记录。

1.4 测定指标及方法

体重和采食量

在预实验7天与正式实验28天内，对各组犬只进行称重，统计实验期间各阶段实验动物采食量，计算平均日采食量。

平均日采食量=总采食量/(实验犬总数×实验天数)

粪便评分

依照粪便评分表（7分制，参见附录图2），在正式实验开始后3天，即实验第1~3天，观察记录每只犬排泄情况，收集全部粪便，观察粪便性状，对两组犬的粪便进行评分；正式实验结束前3天，即实验第26~28天，观察记录每只犬排泄情况，收集全部粪便，观察粪便性状，对两组犬的粪便进行评分。

体况评分

采用WSAVA 9分制体况评分法（body vondition score，BCS）评测实验犬的

营养状态，参见附录图4。

消化率

正式实验开始3天及结束前3天对粪便按照全收粪法进行收集，检测粪便和饲料中的干物质、粗灰分和粗蛋白含量，并进行消化率的计算。

某养分消化率（%）=（饲料中酸不溶灰分/粪便中酸不溶灰分）×（粪便中某养分含量/饲料中某养分含量）

血清生化指标

采集新鲜血液样本至采血管（含抗凝剂）中，4 ℃、4 000 r/min离心10分钟后取上清液-20 ℃待用。采用全自动生化分析仪（BC-2800vet，迈瑞医疗设备有限公司）检测以下血清生化指标：总蛋白（TP）、白蛋白（ALB）、球蛋白（GLO）、总胆红素（TBIL）、丙氨酸氨基转移酶（ALT）、天门冬氨酸氨基转移酶（AST）、γ-谷氨酰基转移酶（GGT）、碱性磷酸酶（ALP）、总胆汁酸（TBA）、肌酸激酶（CK）、淀粉酶（AMY）、甘油三酯（TG）、胆固醇（TC）、葡萄糖（GLU）、肌酐（CREA）、尿素氮（BUN）、总二氧化碳（tCO_2）、钙（Ca）、无机磷（P）、镁（Mg）。

免疫指标

采用ELISA试剂盒检测免疫球蛋白A（IgA）、免疫球蛋白G（IgG）、免疫球蛋白M（IgM）、白细胞介素-6（IL-6）、总抗氧化能力（T-AOC）、丙二醛（MDA），以上试剂盒均购自南京建成生物研究所。

短链脂肪酸

收集粪便，按照气相色谱法检测粪便代谢物短链脂肪酸乙酸、丙酸、异丁酸、丁酸、异戊酸、戊酸、异己酸和己酸的含量[2]。

1.5 数据统计与分析

将数据表示为"平均值±标准差",采用SPSS软件进行独立性t检验分析,当$P<0.05$时,具有统计学意义。

2 结果与分析

2.1 木质素多酚添加对犬体重及采食量的影响

由表S7-2可知,在犬的日粮中添加木质素多酚对犬的体重、日采食量的影响均无显著性差异($P>0.05$)。

表S7-2 木质素多酚添加对犬体重及采食量的影响

项目	对照组	实验组	P 值
初重 /kg	14.28 ± 3.82	12.71 ± 3.20	0.420
末重 /kg	14.71 ± 2.87	12.86 ± 1.68	0.171
平均日采食量/(g/d)	372.12 ± 30.49	356.38 ± 42.40	0.441

2.2 木质素多酚添加对犬粪便性状的影响

对两组犬的粪便进行评分(表S7-3),比较两组在正常日粮和添加木质素多酚的日粮饲喂开始3天(实验第1~3天)和饲喂最后3天(实验第26~28天)的粪便评分是否有显著性差异,结果见表S7-3。由表S7-3可知,两组犬在饲喂前期和饲喂后期的粪便性状评分均无显著性差异($P>0.05$)。

表S7-3　粪便评分

项目	对照组	实验组
初粪便评分	3.62 ± 1.21	3.52 ± 1.05
末粪便评分	3.57 ± 1.37	3.91 ± 0.71
P 值	0.945	0.442

2.3 体况评分（9分制）

两组犬的体况评分见表S7-4。

表S7-4　体况评分

编号	对照组 初评分	对照组 末评分	编号	实验组 初评分	实验组 末评分
C-1	5	5	T-1	5	5
C-2	7	7	T-2	1	3
C-3	5	5	T-3	7	7
C-4	3	3	T-4	7	7
C-5	5	5	T-5	7	7
C-6	3	5	T-6	7	5
C-7	5	5	T-7	5	5

2.4 木质素多酚添加对犬消化率的影响

由表S7-5可知，两组犬的干物质消化率和粗蛋白消化率有略微提高，但无显著性差异（$P > 0.05$）。

表S7-5　木质素多酚添加对犬消化率的影响

项目	对照组	实验组	P 值
干物质消化率 /%	82.5 ± 2.21	83.7 ± 1.78	0.603
粗蛋白消化率 /%	84.4 ± 1.42	85.2 ± 1.31	0.079

2.5 木质素多酚添加对犬血清生化指标的影响

两组犬饲喂28天后进行采血，其血清生化指标见表S7-6，血清生化指标均无显著性差异（$P > 0.05$）。

表S7-6　木质素多酚添加对犬血清生化指标的影响

项目	对照组	实验组	P 值
总蛋白 /（g/L）	62.8 ± 3.94	63.97 ± 5.83	0.667
白蛋白 /（g/L）	32.16 ± 3.88	33.09 ± 2.60	0.608
球蛋白 /（g/L）	30.64 ± 4.00	30.89 ± 6.29	0.933
白球比	1.07 ± 0.21	1.11 ± 0.28	0.750
总胆红素 /（μmol/L）	12.98 ± 4.58	15.22 ± 7.06	0.496
丙氨酸氨基转移酶 /（U/L）	41.71 ± 13.35	42.43 ± 7.79	0.905
天门冬氨酸氨基转移酶 /（U/L）	98.57 ± 23.97	80.57 ± 40.08	0.328
谷草谷丙比	2.45 ± 0.57	1.88 ± 0.82	0.156
γ-谷氨酰基转移酶 /（U/L）	1.26 ± 0.32	1.00 ± 0.62	0.352
碱性磷酸酶 /（U/L）	28.86 ± 6.79	21.14 ± 7.69	0.070
总胆汁酸 /（μmol/L）	2.26 ± 0.82	2.11 ± 2.21	0.872
肌酸激酶 /（U/L）	616.57 ± 148.27	489.00 ± 243.59	0.259
淀粉酶 /（U/L）	1607.71 ± 500.36	1330.57 ± 240.29	0.211
甘油三酯 /（mmol/L）	1.43 ± 0.65	1.27 ± 0.52	0.618
胆固醇 /（mmol/L）	7.76 ± 1.40	7.21 ± 1.55	0.501
葡萄糖 /（mmol/L）	2.97 ± 1.15	2.95 ± 1.46	0.975
肌酐 /（μmol/L）	76.14 ± 13.40	70.86 ± 8.67	0.398
尿素氮 /（mmol/L）	8.37 ± 1.47	8.19 ± 2.33	0.866
尿素氮肌酐比	27.57 ± 4.83	28.43 ± 6.00	0.773
总二氧化碳 /（mmol/L）	19.00 ± 1.29	19.00 ± 1.15	1.000
钙 /（mmol/L）	2.06 ± 0.35	2.04 ± 0.50	0.908
无机磷 /（mmol/L）	2.20 ± 0.31	1.99 ± 0.51	0.364
钙磷乘积 /（mg/dL）	55.57 ± 9.54	49.29 ± 13.96	0.345
镁 /（mmol/L）	0.84 ± 0.05	0.87 ± 0.07	0.458

2.6 木质素多酚添加对犬免疫指标的影响

由表S7-7可知，两组的免疫指标变化均无显著性差异（$P > 0.05$）。

表S7-7　木质素多酚添加对犬免疫指标的影响

项目	对照组	实验组	P 值
IgG/(g/L)	2.89 ± 3.93	4.11 ± 3.76	0.564
IgM/(μg/mL)	823.95 ± 448.20	492.21 ± 494.73	0.213
IgA/(μg/mL)	770.31 ± 431.81	504.34 ± 392.36	0.251
IL-6/(pg/mL)	188.24 ± 97.27	129.68 ± 93.53	0.273

2.7　木质素多酚添加对犬抗氧剂指标的影响

由表S7-8可得，饲喂添加木质素多酚日粮后，T-AOC水平显著升高，MDA水平显著下降（$P < 0.05$）。

表S7-8　木质素多酚添加对犬抗氧化指标的影响

项目	第0天 对照组	第0天 实验组	第28天 对照组	第28天 实验组	P 值
T-AOC/（U/mL）	$0.8 ± 0.3^a$	$0.6 ± 0.2^{bc}$	$0.7 ± 0.3^{ac}$	$1.1 ± 0.4^a$	0.01
MDA/(nmol/mL)	$2.2 ± 0.9^a$	$2.7 ± 0.8^b$	$2.0 ± 0.6^a$	$1.9 ± 0.6^a$	0.001

注：同一行数据肩标不同字母，代表存在组间显著性差异（$P < 0.05$）；肩标相同字母，代表组间不存在显著性差异（$P > 0.05$）。

2.8　短链脂肪酸

对两组犬的粪便短链脂肪酸进行检测，如表S7-9所示，两组犬粪便中短链脂肪酸水平无显著性差异（$P > 0.05$）。

表S7-9　木质素多酚添加对犬粪便短链脂肪酸的影响

项目	对照组	实验组	P 值
乙酸	6.36 ± 1.10	6.14 ± 1.67	0.771
丙酸	4.07 ± 0.72	3.90 ± 0.96	0.712
异丁酸	0.30 ± 0.07	0.30 ± 0.11	0.860
丁酸	1.62 ± 0.36	1.57 ± 0.59	0.867
异戊酸	0.40 ± 0.09	0.41 ± 0.17	0.967
戊酸	0.06 ± 0.03	0.29 ± 0.36	0.147

项目	对照组	实验组	P 值
异己酸	0.03 ± 0.01	0.03 ± 0.01	0.870
己酸	0.01 ± 0.00	0.02 ± 0.03	0.332

3 讨论

3.1 木质素多酚添加对犬体重及采食量的影响

越来越多报道称，木质素多酚能够通过抑制细菌生长，缓解炎症程度，提高抗氧化能力，从而促进动物生长。在动物的饲养中，生长性能的改善主要通过提高采食量和消化率等来体现。在本研究中，实验组与对照组相比，平均日增重、平均日采食量均有略微降低，但无显著性差异。据报道，将联合添加高剂量的木质素多酚与铜锌交联物质的饲料应用于断奶仔猪，可以提高其日增重[1]。在本实验中，可能是由于木质素多酚的添加剂量不足，需要长期饲喂才能见效。此外，一般来说，单宁类化合物也可能因涩味而降低动物采食量[3]。后续实验设计需要增加剂量组及延长实验时间来验证。

3.2 木质素多酚添加对犬免疫力的影响

IgM、IgG和IgA是最常用的免疫球蛋白检测指标，被用于评估体液免疫功能[4]。赵家奇等[5]研究表明，在断奶仔猪日粮中补充葡萄籽原花青素能够显著提高仔猪血清免疫球蛋白的水平，增强机体免疫力。本实验中，日粮中添加木质素多酚没有对宠物犬的血清免疫球蛋白产生显著影响，机体无不良影响。

由于多酚类物质的结构特性，植物多酚普遍具有抗氧化活性。氧化应激是一个损伤机体细胞的过程，免疫细胞对氧化应激非常敏感。血清总抗氧化能力（T-AOC）可以反映动物体整体抗氧化能力，其水平越高则表明动物抗氧化能力越强。动物体在氧化应激状态下，会产生大量的自由基，其会使细胞膜脂质发生过氧化反应，产生丙二醛（MDA）[6]。因此，血清丙二醛含量可以间接反映动物体受氧化应激破坏的程度，其水平越高则表明动物受氧化应激破坏程度越高。在本实验中，实验组T-AOC水平显著升高，MDA水平显著下降，表明日粮中添加木质素多酚可以增强宠物犬抗氧化能力，减轻氧化应激。

3.3 木质素多酚添加对犬消化吸收的影响

多种植物多酚可以增强机体胃肠道的消化功能，促进消化液的分泌，提高消化酶的活性，从而有助于肠道对营养物质的消化吸收。孙耀贵等[7]研究表明，日粮中添加山楂叶总黄酮可以提高肉仔鸡对营养物质的消化利用率，提高肠道胰蛋白酶、淀粉酶活性。印双红等[8]研究表明，藤茶中富含黄酮类、酚类、多糖类和氨基酸等活性成分，可以显著提高杂交鲟幼鱼的肠道消化酶活性。在本实验中，实验组的干物质消化率和粗蛋白消化率较对照组有略微升高，但无显著性差异。这可能是基于植物多酚能促进各种消化酶活性的提高，从而对消化率有提升作用，暗示木质素多酚在犬对营养物质的消化吸收有促进作用，需进一步探究其对宠物健康发挥作用的具体机制。

4 结论

本研究发现，在日粮中添加木质素多酚，可以增强犬的机体抗氧化能力，这有助于机体的整体健康和抗病能力提升，对营养素的吸收、免疫能力和肠道环境无明显影响。

参考文献

[1] 张伟, 贾曾浩, 韩帅娟, 等. 联合添加木质素多酚与铜锌交联物质对断奶仔猪生长性能、免疫力及铜锌沉积的影响[J]. 饲料研究, 2023, 46(8): 24-29.

[2] 毛爱鹏, 孙皓然, 周宁, 等. 嗜酸乳杆菌分离成分对中华田园犬营养物质消化代谢的影响[J]. 动物营养学报, 2023, 35(2): 1241-1249.

[3] 文秋, 杨瑞瑞, 金晓露. 植物多酚对畜禽肠道健康的保护作用研究进展[J]. 中国科学: 生命科学, 2020, 50(9): 914-926.

[4] 周榆凇, 迟艳, 王建梅, 等. 褐藻寡糖对犬生长性能、血液生化及肠道菌群组成的影响[J]. 中国畜牧杂志, 2023, 59(12): 309-312.

[5] 赵家奇, 郝瑞荣, 高俊杰, 等. 葡萄籽原花青素对断奶仔猪免疫力和抗氧化功能的影响[J]. 山西农业大学学报(自然科学版), 2016, 36(10): 735-739.

[6] 毛怀东, 宋海锋, 莫文庆, 等. 依达拉奉治疗急性心肌梗死的酶学观察[J]. 中国实用医药, 2011, 6(17): 170-171.

[7] 孙耀贵, 张向杰, 程佳, 等. 2种中药成分对肉鸡生产性能、营养物质消化利用率、肠道消化酶活性和肠道菌群的影响[J]. 中国畜牧兽医, 2013, 40(4): 93-98.

[8] 印双红, 朱志, 任建华, 等. 藤茶总黄酮对杂交鲟幼鱼的生长性能及血清生化指标的影响[J]. 饲料研究, 2022, 45(8): 57-62.

附录

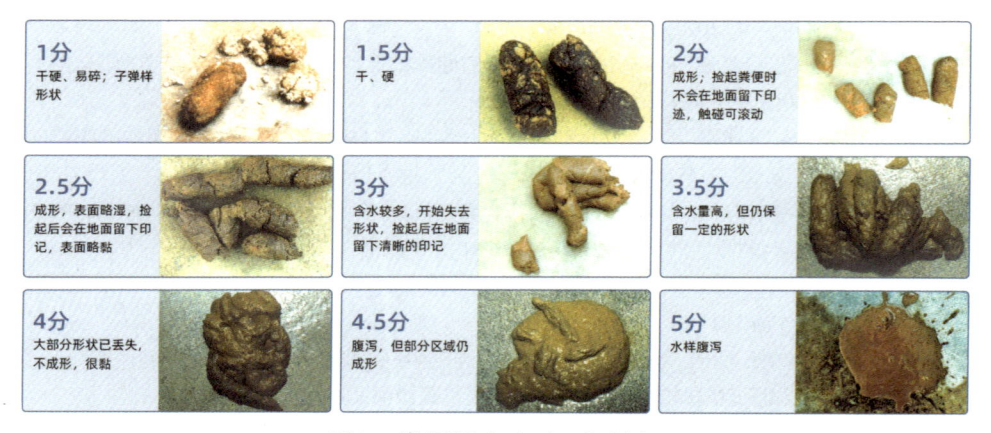

1分 干硬、易碎；子弹样形状	**1.5分** 干、硬	**2分** 成形；捡起粪便时不会在地面留下印迹，触碰可滚动
2.5分 成形，表面略湿，捡起后会在地面留下印记，表面略黏	**3分** 含水较多，开始失去形状，捡起后在地面留下清晰的印记	**3.5分** 含水量高，但仍保留一定的形状
4分 大部分形状已丢失，不成形，很黏	**4.5分** 腹泻，但部分区域仍成形	**5分** 水样腹泻

图1　粪便评分表（5分制）

（源自威豪粪便评分系统）

附 录

分数	样本	特征
1	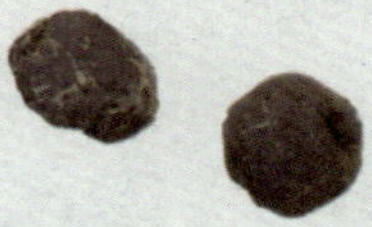	■ 又干又硬 ■ 通常以单个颗粒状排出 ■ 排便很费力 ■ 从地上捡起时地面无残渣残留
2		■ 结实，但不坚硬，柔软 ■ 外观可见分段 ■ 从地上捡起时地面有少量或无残渣残留
3		■ 长柱状，表面湿润 ■ 外观无分段或分段很少 ■ 从地上捡起时地面有残渣残留，但可保持外形
4		■ 非常湿润，浸透水分 ■ 长柱状 ■ 从地上捡起时地面有残渣残留，不能保持外形
5		■ 非常湿润，可观察到明显形状 ■ 外形一般呈堆状，而不是柱状 ■ 从地上捡起时有残渣残留，不能保持外形
6		■ 可观察到粪便结构，无成形形状 ■ 外形呈堆状或点状 ■ 从地上捡起时有残渣残留
7		■ 水样 ■ 无可见粪便结构，无成形形状 ■ 像一滩水渍

图2 粪便评分表（7分制）

（源自雀巢普瑞纳粪便评分系统）

		描述	
过瘦	1	可看出短毛猫的肋骨，腹部严重内缩；可轻易触摸出腰椎与肠骨翼；触摸不到脂肪。	
	2	可轻易看出短毛猫的肋骨；腰椎明显，覆有极少量肌肉；腹部明显内缩；触摸不到脂肪。	
	3	肋骨可轻易触摸到，且有极少量脂肪包覆；腰椎明显；明显看出腰部在肋骨后方；腹部脂肪极少量。	
	4	肋骨可触摸到，且有极少量脂肪包覆；明显看出腰部在肋骨后方；腹部轻微内缩；未见腹部脂肪垫。	
理想体态	5	身体比例均衡；明显看出腰部在肋骨后方；肋骨可触摸到，且有少许脂肪包覆；腹部有极少量脂肪垫。	
过重	6	肋骨可触摸到，包覆肋骨的脂肪些微过多；可看出腰部与腹部的脂肪垫，但不明显；腹部明显内缩。	
	7	肋骨不易触摸到，覆有中量脂肪；腰部难以辨识；腹部明显呈圆型；腹部有中量脂肪垫。	
	8	肋骨触摸不到，包覆肋骨的脂肪过多；看不出腰部；腹部明显呈圆形，且腹部的脂肪垫明显；腰椎有脂肪堆积。	
	9	肋骨触摸不到，有大量脂肪包覆；腰椎、脸部与四肢堆积大量脂肪；腹部膨胀，分辨不出腰部；腹部堆积大量脂肪。	

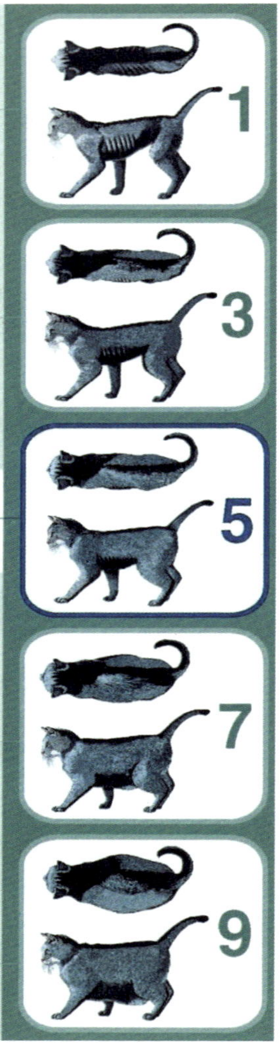

图3　猫体况评分表（9分制）

（源自WSAVA全球营养准则）

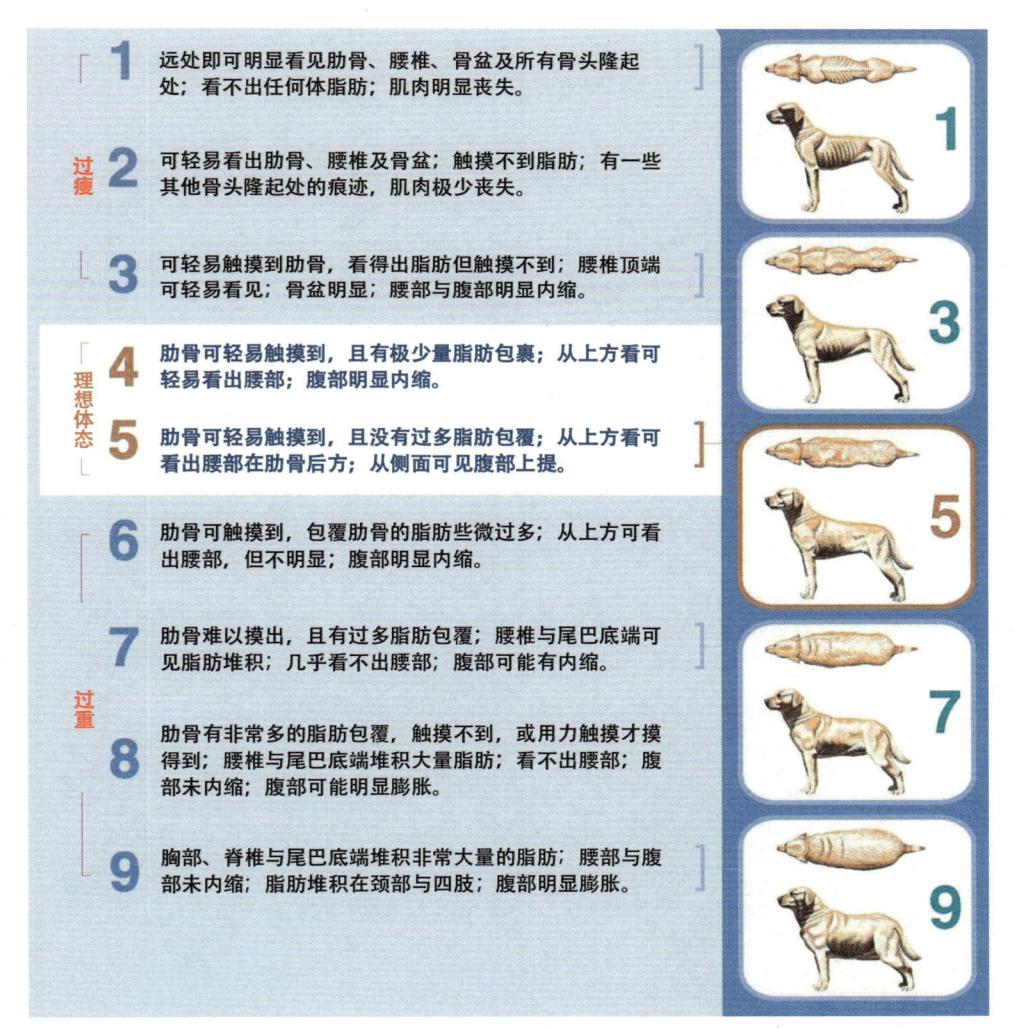

		描述
过瘦	1	远处即可明显看见肋骨、腰椎、骨盆及所有骨头隆起处；看不出任何体脂肪；肌肉明显丧失。
	2	可轻易看出肋骨、腰椎及骨盆；触摸不到脂肪；有一些其他骨头隆起处的痕迹，肌肉极少丧失。
	3	可轻易触摸到肋骨，看得出脂肪但触摸不到；腰椎顶端可轻易看见；骨盆明显；腰部与腹部明显内缩。
理想体态	4	肋骨可轻易触摸到，且有极少量脂肪包裹；从上方看可轻易看出腰部；腹部明显内缩。
	5	肋骨可轻易触摸到，且没有过多脂肪包覆；从上方看可看出腰部在肋骨后方；从侧面可见腹部上提。
	6	肋骨可触摸到，包覆肋骨的脂肪些微过多；从上方可看出腰部，但不明显；腹部明显内缩。
过重	7	肋骨难以摸出，且有过多脂肪包覆；腰椎与尾巴底端可见脂肪堆积；几乎看不出腰部；腹部可能有内缩。
	8	肋骨有非常多的脂肪包覆，触摸不到，或用力触摸才摸得到；腰椎与尾巴底端堆积大量脂肪；看不出腰部；腹部未内缩；腹部可能明显膨胀。
	9	胸部、脊椎与尾巴底端堆积非常大量的脂肪；腰部与腹部未内缩；脂肪堆积在颈部与四肢；腹部明显膨胀。

图4 犬体况评分表（9分制）

（源自WSAVA全球营养准则）